谨以此书献给父母、亲人及所有帮助过我的人！

行走中国

人文风情和自然生态发现之旅

雷东军 著

中国工人出版社

前言

认识中国，需要更多“地理思维”

中国的“中”，核心是“中纬度之国”

用地理视角观察世界，我常常有许多新的收获。

我们通常说中国是“中央之国”，如果从地理视角看，我认为，中国的“中”，核心是“中纬度之国”。正是“中纬度”，塑造了中国的根与魂。

中华文明的发祥地、核心区——被称为“中国两河流域”的黄河、长江，就纬度而言，大致位于北纬 40° 和北回归线之间。按照地球上纬度带的划分，这个区间基本属于中纬度。其实，除了黄河、长江流域之外，中国的大部分国土也位于中纬度。

中国地处中纬度，自有妙处：就温度带而言，这个区间基本属于暖温带和亚热带，气候适中，光热和降水的配合恰到好处。并且，东部地区土壤肥沃，非常适合农耕，属于宜居地带。

因为中国位于世界最大的大陆——亚欧大陆上，所以这个温度带的范围很广阔，格局很大。比如，暖温带，就一直从最东部的渤海、黄海之滨，向西绵延数千公里，到了新疆塔里木盆地的西侧；亚热带，可以从东部的长江口，延伸到藏东南的雅鲁藏布江流域。

相比其他高纬度的国家，如俄罗斯和加拿大，以及低纬度的国家，如印度、巴西、印度尼西亚等，地处中纬度的中国，有着自身显著的特点：气候上既不特别炎热，也不特别寒冷。中国真正的热带范围很小，而且那种热也不是极热。我去过真正的热带国家，比如菲律宾，那里的热就是一种极热，一年四季的极热。要是没有青藏高原的隆起，中国是没有寒带的。青藏高原由于海拔高，才有了高寒的气候特征。

中国还有一大优势——它是东方之国，位于世界最大的大陆——亚欧大陆的东侧，面朝的是世界最大的大洋——太平洋。背靠大陆，面朝大海，中国人天生过的就是一种诗意、桃花源般的生活。背靠最大的大陆，使得中国人一直能与世界上主要的族群保持畅通的交流、沟通，而不会被孤立；面朝最大的大洋，不仅使得中国人具有太平洋一样广阔的胸怀，而且也能通过海洋与世界其他大陆连通。

我们脚下的这块大地，是地球上最好的土地。作为中国人，我们只有深入了解这块土地，才能谈得上热爱它、建设它、守卫它、才能谈得上民族自信、文化自信。嫌弃自己的祖国，天天想着移民海外，这样的人急需“脑补”中国的地理常识。

地势呈三级阶梯状分布，使得中国内部始终具有大一统的强大推动力

中国地势呈三级阶梯状分布，这个特点在世界上是独一无二的。

在地势上，中国最明显的特点就是西高东低，有三级大的地势阶梯。这个特点，我们学过地理的都知道。不过，这种地势特点，给中国大一统的政治格局带来的重大影响，可能是很多人没有想到的。

其实，我们看到的现今中国版图包括了三级阶梯，这只是国家大一统之后的结果。而实际上，在历史上的很长一段时期内，当国家处于分裂状态时，版图并没有把三级阶梯都囊括在内。只有从元朝开始，才真正把三级地势阶梯都包括进去了。

在地理上，三级阶梯至少会造成两个结果：一是海拔高度的差异。三级阶梯，从第一级阶梯的青藏高原（平均海拔 4000 米），到第二级阶梯的内蒙古高原、黄土高原、云贵高原等（平均海拔 1000—2000 米），再到第三级阶梯的东北平原、华北平原、长江中下游平原等（大部分海拔在 500 米以下）。二是很多河流呈东西流向，从高海拔的第一、第二级阶梯，向低海拔的第三级阶梯流淌，比如黄河、长江、海河、珠江等。

上述因地势三级阶梯形成的两个结果，其影响也是极为深刻的。

首先，我们看看海拔高度差异带来的影响。在历史上的冷兵器时代，用兵打仗的特点显示，从高海拔往低海拔“俯冲”，具有很大的“势能”优势，因此在气势上也更容易压倒对方。就算是在热兵器时代，占据山头、居高临下地去打击敌人，也是用兵首选。纵观历史，许多左右王朝更替的重要战争，是发生在低海拔的农耕地区（第三级阶梯）与高海拔的游牧地区（第二、第三级阶梯）之间，大多数的结果，却是低海拔的农耕地区经常处于守势，比较被动。

比如，唐朝最强盛时，虽然成功占稳了第二级阶梯，但是始终未能攻克第一级阶梯青藏高原。吐蕃能跟唐朝抗衡上百年，跟它地处青藏高原具有很大的关系——位于地势第二、第三级阶梯上的唐朝，“逆势”从低海拔地区往高海拔的青藏高原用兵，就困难得多。

中国历史的演变，王朝的更替，很多时候是不同地势阶梯之间的拼杀——简单地说，就是东部平原地区（第三级阶梯上的中原）与西部高原地区（第一、第二级阶梯，发祥于东北地区的女真等游牧民族位于第三级阶梯上，属于特例）之间漫长的拉锯战。

为什么在不同地势阶梯之间会爆发漫长的拉锯战？

原因之一，是不同地势阶梯在地理上的局限，存在一些结构性问题。比如，东部平原地区，虽然农耕发达，但缺少西部地区的良马、皮革等资源；反过来，西部地区又缺乏东部地区的粮食、茶叶、布帛等重要物资。当正常的贸易不能进行时，就会通过战争来解决。拉锯战的结果是，最后谁也没有把对方吃掉，而是走向了“融合”，因为融合是最好的结局——相互取长补短，互通有无，从而形成了一个更强大、坚固的命运共同体。

其次，我们再看看河流呈东西走向所带来的影响。在古代，长途运输主要靠水运。每一条大河就是一条“高速公路”，特别是在径流量大、水运发达的河流，更是如此。许多大河从高海拔的第一、第二级阶梯，向低海拔的第三级阶梯流淌，成为三级阶梯之间有效沟通的桥梁。所以，这些河流就像一条条血脉，将三级阶梯紧密地联系、捆绑在一起。

基于以上分析，我认为，正是中国地势呈三级阶梯状分布这个特点，使得内部始终具有大一统的强大推动力。

中华民族强盛不衰，在于有“儒释道”文化的“三核驱动”

中国传统文化的精髓，蕴藏在“儒释道”里。

儒家，观“人”，强调仁，追求人伦秩序、家国情怀、和谐社会。在孔子故里山东，我曾考察过泰山的封禅历史，了解到背后所隐藏的“敬天爱人”的文化隐喻。

道家，观“天”，追求道法自然，天人合一。在道教发源地——江西龙虎山，我也曾近距离地接触过道教分支——正一派道士们的修行与生活，切身感受到中国这一本土宗教延续至今的独特活力。

佛家则观“心”，洞悉生命奥秘乃至宇宙万法，追求自利利他、众生平等。我走过不同地方，对于汉传、藏传、南传三系佛教，都有过一些了解。从世界范围看，能将三系佛教传承得如此丰富、广博，集大成者，也仅此中国一家。

正是在中国这个心胸宽广、格局远大的国度，才能诞生孔子、老子、玄奘与鉴真这样杰出的人物。

如果回首人类发展史，中华民族能在世界屹立数千年，并在很长一段时期内独领风骚，是因为有“儒释道”文化的“三核驱动”。“儒释道”相互补充、依存，基本无死角地解决了人类在物质、精神层面的所有需求。

如今，在建设中国特色社会主义的新征程中，中共十八大提出了构建“人类命运共同体”的价值观。这个价值观，其实与中国传统文化的内核一脉相承，也是历史发展的必然选择。

同时，这也体现了中国在地理上的优越性：上天已经给了我们最好的土地，为什么还要掠夺别人的？再说，掠夺别人并不符合我们的价值观。

我常常在思考，中国为什么能产生“儒释道”文化、中国特色社会主义道路和“人类命运共同体”价值观？我想，原因肯定是多方面的，除了人的因素之外，所处中纬度的地理环境，可能是其中一个重要因素。自强不息的先辈们，在暖温带、亚热带的肥沃土地上辛勤耕耘，逐渐塑造出了中国独特的根与魂。

“上知天文，下晓地理”并非一个口号：忽视地理将带来严重后果

过去，由于思维的局限性，我们对自己脚下这块土地了解得很不够，特别是对人与土地的关系没有全面、客观的认识——而地理，恰恰是专门研究人地关系的一门科学。也就是说，我们对地理学科的忽视，在历史上导致了一些严重后果：很多重大决策，往往是以“种地”的农耕思维为出发点，对于能种粮食的土地就重视，不能种粮食的土地就不够重视，甚至是忽视、放弃和破坏。

这一点，在我们对西部干旱区以及寒带地区、热带地区、河流和海洋的忽视上都表现出来了——我们可能太执着于中纬度的优势，特别是东部农耕地区的优

势，以至于对其他地区，就容易视而不见。例如，在历史上，我们并不重视河流出海口的问题，这让我们丢失了一些不该失去的重要出海口。而在海洋上，古人更是犯过重大战略失误，导致中国在海洋的开拓、权益、国防等方面损失惨重。中国近代屡次受到西方列强从海上发起的侵略，就是明证。

与此形成鲜明对比的是，英国、俄国、美国等欧美国家，在传统上就很重视地理，特别是在处理国与国之间的疆域关系时，更会运用全球性的地理视角，一般能够让他们居安思危，提前化险为夷。

我们可以看看俄罗斯的做法。由于俄罗斯地处高纬度地区，气候寒冷，所以对他们来说，从欧洲不断向东、向南开疆拓土，寻找温暖的“中纬度”，始终是其既定的国家目标。在此过程中，地理学起到了重要作用。看看俄罗斯的开拓史就会知道，该国的地理学家、探险家等往往会充当先锋，去有目的地进行全方位的地理考察。

学习地理，我们才能更加清晰、科学地了解我国的国情和优劣势；学习地理，我们才能更好地放眼全球，做到“知彼知己，百战不殆”；学习地理，我们才能发自内心地更加热爱我们的祖国。

作为一名地理杂志媒体人，一位地理学研究爱好者，我真心希望，整个国家从上到下都能对地理学产生兴趣，更多人能够具有“地理思维”，运用地理视角，来观察、思考我们这个世界。

于 2021 年国庆节期间

目 录

第一篇 山光

003 泰山：中国人的幸福密码

031 龙虎山：张天师的道家乐土

048 武当山：大道无为的精妙诠释

061 珠峰：六天大本营的“魔鬼生涯”

071 人人心中都有一座“山”

第二篇 水色

079 黄河：从源头到入海口的雄浑

104 长江三峡：人比风景更精彩

119 大运河：一部中国人改造湿地的宏伟史诗

129 汾河：它塑造了黄土高原的“天府之国”

137 呼伦贝尔：草原也是大湿地

149 红旗岭：一个退耕还湿的生态典范

第三篇 城郭

157 长三角：十五城市遗产考察记
190 扬州：传奇盐商和他们的精神家园
207 敖伦布拉格：荒漠里的世外桃源
229 楼兰：探寻西域古道的秘密
245 大西南：在我国地势第二级阶梯上翩翩起舞
255 圆明园：被洗劫和散失的遗产
268 殷商：废墟下的帝国

第四篇 容颜

285 呼伦贝尔游牧人：剽悍的草原武士
299 亲历者们讲述：你不知道的唐山大地震
313 最后的骑士：探秘内蒙古军区骑兵营
325 大漠药材种植人：突破生命极限的奥秘
335 清东陵守陵人：断饷后，成了“掘墓人”
342 少林武僧：功夫背后的真实生活

350 **后记**

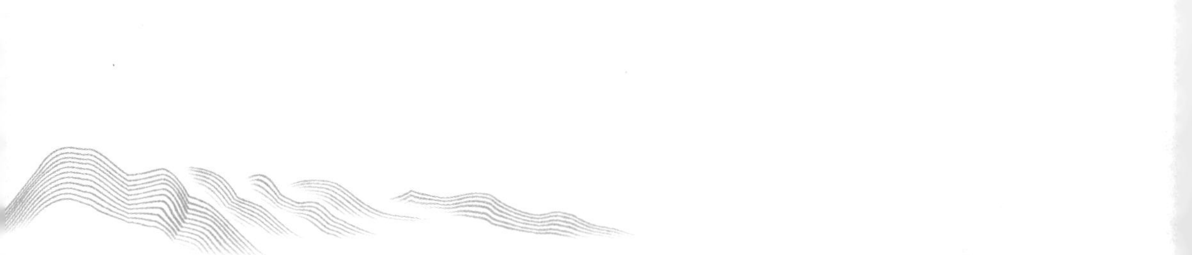

第一篇

山光

雪后的泰山南天门银装素裹，显得分外妖娆。（摄影 / 邱衍庆）

泰山

中国人的幸福密码

如果说从一座山可以读懂中国人的全部秘密，那么它只能是泰山，因为这里有一个民族幸福的终极密码。几千年来，在这座众神护佑的圣山上，帝王们遵循敬天爱人的古训，上演了一幕幕祈祷国泰民安的宫廷大戏，圣贤墨客们也一直以石刻作为教化后人的最佳“微博体”。而过往繁华尚未褪尽，民间的祈福力量又开始主导泰山的精神诉求……

封禅：皇帝最大的梦想

不是每一位帝王都可以登上泰山封禅，因为封禅是对他“替天行道”的最高褒奖。对此，帝王们也心知肚明，他们无不希望通过努力，达至太平盛世，然后到泰山举行风光的封禅大典，祈求众神为苍生降福。尽管如此，有正史记载的封禅泰山，仅有六位皇帝而已。

秦代封禅：载史册，留谜团

摘掉冕旒、脱下龙袍的秦始皇很落寞，独自坐在寝宫里沉思。此时的他神情疲惫不堪，没了千古一帝的气概，只是一个身材虽然健壮但已开始臃肿的中年男人，过大的压力击垮了他的身体，甚至面对众多的后宫佳丽，他也有些无能为力。统一六国的激情犹如过眼云烟，各种烦恼和不安纷至沓来，将他紧紧裹住。

秦始皇撩开宫殿的帷帐，极目望向东方，隐隐有一座大山耸立天际。那是他心目中的圣山——泰山。自古以来，所有帝王最大的梦想，就是能到这座圣山去封禅，祭祀祷告天地，宣扬文治武功，抚慰天下苍生。传说古代的七十二帝曾巡狩祭、祀泰山，其中就有赫赫有名的无怀氏、伏羲、神农、炎帝、黄帝、颛顼、帝喾、尧、舜、禹、汤、周成王。

什么叫封禅？《史记·封禅书》有过解释，就是帝王到泰山祭祀，封和禅是一种礼仪的两个步骤。到泰山上筑坛以祭天，这是“封”；在泰山下的小山（如云云山、社首山、梁父山、蒿里山等）辟基祭地，这是“禅”。

4600 多年前的一天，黄帝带领他的封禅大军浩浩荡荡地开进泰山，阵容可谓空前：大象驾辕，六龙拉车，蚩尤开路，风伯扫地，雨师洒道，蟒蛇伏地，凤凰飞翔，虎狼在后护卫，鬼神簇拥保驾。众人高奏音乐《清角》——有德之人才能欣赏的顶级雅乐，黄帝缓缓登顶泰山，点燃香烛，祭拜山岳诸神，祷告天下太平，并祈求天神赐福护佑。

封禅泰山就是一场规模盛大的祭祀典礼，其隆重程度远远超过了帝王的登基典礼。原因很简单，每个皇帝都可以举行登基仪式，但并不是每个皇帝都能在泰山举行封禅。为什么？司马迁在《史记·封禅书》里一语道破："每世之隆，则封禅答焉，及衰而息。"也就是说，只有盛世，皇帝才可以封禅泰山。为何帝王如此推崇泰山，要在泰山搞封禅？这与自古以来人类的山川崇拜、太阳崇拜、神灵崇拜等都息息相关。

当年"春秋五霸"之一的齐桓公，干出了"九合诸侯，一匡天下"的政绩，极想去泰山封禅，却被管仲劝阻。齐桓公怒气冲天，决意蛮干。管仲只好使出撒手锏，说"远方珍怪物"出现才可以封禅，比如东海的比目鱼、西海的比翼鸟之类的，这叫有祥瑞之象。这一招果然很灵，唬得齐桓公没了脾气，只得作罢。可怜齐桓公等了一辈子，也没有等到"远方珍怪物"的出现。

他，秦始皇，中国真正大一统帝国的开创者，自然比齐桓公更有资格登上泰山。只是，理智告诉他，就在泰山的周围，臣服的东南方诸国，还潜伏着极为可怕的对手。特别是东部文化发达国家的知识分子，对地处西部的秦国打心眼里瞧不起。私底下，秦始皇也常常跟身边的宠臣唠叨"东南有天子气"，因为被征服的六国贵族势力尚在，而他统一六国靠的是"争地以战，杀人盈野"。如今民心不稳，经济凋敝，他最揪心的还是如何尽快稳定天下，恢复战乱后的经济。后来的事实也印证了他的预感，最终埋葬秦帝国的，恰恰是来自东南方的可怕敌人。

那么，如果真去东封泰山，究竟是福是祸？

不管如何，封禅泰山的实惠是巨大的，据说黄帝"封泰山而百日飞升"，说的是黄帝因为封禅泰山而长生。这对于后世那些追求长生不老的帝王来说，比如秦始皇，无疑具有极大的诱惑力。这样，从炫耀君权神授、安定东方诸国到追求长生不老，秦始皇都有足够的理由和欲望去封禅泰山。其实，他内心还有一层更加隐秘的心思：去泰山寻根。原来，秦始皇的远祖是嬴姓氏族，其家族与齐国的宗教神祇都源于上古飞鸟图腾的氏族部落。

秦始皇开始了周密的准备工作。他修建了一条自国都咸阳到泰山的"高速公路"——驰道。当然，这条路是专供他自己使用的，直到汉武帝时代，老百姓要是谁偷偷地上了驰道，被抓住也是要砍头的。驰道修好的第二年（公元前219年），秦始皇终于开始了自己的圆梦之旅。他乘着六匹马拉的青铜车，带着文武百官和大批兵马，浩浩荡荡地飞奔在新修的驰道上，赴泰山封禅。

毕竟心里有些发虚，身边喝过墨水的谋士也不多，秦始皇对具体的封禅礼仪所知甚少。他一到泰山脚下，就急忙召来齐鲁两地70名最有学问的儒生和博士，搞了一次封禅仪式的"专家座谈会"，显得求贤若渴。齐鲁人大多实在，又是读书人，于是大家在秦始皇面前你一句我一句地说开了，什么封禅要用蒲草包起车轮上山，以免伤了山石草木，场面不能铺张浪费啦。一番话下来，说得秦始皇大倒胃口，这与他恢宏盛大的设想相去甚远。一气之下，他轰走了这些迂腐的学究，干脆按照自己的想法敞开了干。此举也让秦始皇与泰山周边的文化人结下了梁子。

得到秦始皇命令的士兵们，开始在神圣的泰山上大动干戈，砍树伐草，开山凿石，打通了一条登顶泰山之路。正式封禅的这一天，时值初夏，晴空万里。秦始皇坐着一辆羊拉的车，一路磕磕绊绊地登上泰山。因为山路陡峭，异常颠簸，坐在车里的秦始皇早已汗流浃背，被颠得七荤八素，但好在总算安全地到了山顶，举行了封禅仪式，还在山上立了一块石碑。

不过，仪式的过程却秘而不宣，后人无法了解详细的经过。就连司马迁的《史记》里也只是寥寥数笔带过。按照秦始皇张狂、霸气的性格，名留青史的封禅本不应该搞得如此神神秘秘。据说唯一一个知道秦始皇封禅仪式全程的人，下山不久就暴病而亡。后人推测，这极可能是秦始皇害怕齐鲁儒生笑话他封禅仪式不合礼制，从而动摇他封禅泰山乃至统治天下的合法性。但可以想象，在泰山极顶面对众神，不可一世的秦始皇也一定惶恐不安、低声下气地向神祈求："朕为始皇帝，后世以计数，二世、三世至于万世……"

完成封禅仪式后，秦始皇从泰山下山，去禅梁父（祭祀梁父山）。半道上，突然天降暴雨，一时电闪雷鸣。不知道队伍中谁嘟囔了一句："天神发怒了！"吓得众人直打哆嗦。秦始皇望着乌云密布的天空，心中也是一惊，急忙四处寻找避雨之地，最后总算找到一片松树林躲了起来。秦始皇对这些护驾有功的树感恩戴德，善于靠封官许愿调动下属积极性的他，干脆给这几棵树封了个"五大夫"的官衔。如今，泰山还有一处叫"五大夫松"的遗迹留待后人凭吊。齐鲁的儒生虽然无法得知秦始皇封禅仪式的过程，但还是知道了他遭遇暴雨的狼狈之相，纷纷幸灾乐祸地出言讥笑，以泄胸中的闷气。

虽然封禅过程费了不少周折，但秦始皇毕竟以中国第一位封禅泰山的皇帝而载入史册。他立的那块歌颂自己功德的石碑也奇迹般地保留了下来，如今就安放在泰山脚下的泰安市岱庙内一处叫"东御座"的院落内，这也是后来乾隆皇帝来泰山祭祀时下榻的地方。这块石刻俗称"李斯碑"，是泰山保存最早的一块石刻，成了国宝级文物。不过可惜的是，清代时这块石刻不幸在火灾中被毁，当年碑上的刻字也都一字不存，如今人们见到的是石碑背面仅存的十个字，还是秦二世胡亥命李斯在背面刻写的。

秦始皇的封禅，无疑为泰山作了一次最佳的广告宣传。泰山也借机上位，在秦汉时一跃成为中国影响最大的山岳，逐渐坐实五岳之首的地位。

汉代封禅：先实干，再东封

16 岁的汉武帝刘彻刚继帝位，就有大臣主张他去封禅。封禅对于汉武帝来说并不陌生，他知道这是多少帝王梦寐以求的事情，也是年少的他渴望的事情。对此，下面的大臣自然心知肚明，封禅这种大事，必须要有臣民的呼声皇帝才好出面去办。到汉武帝即帝位时，大汉王朝经过近 70 年的休养生息，出现“文景之治”，社会生产力得到很大发展。于是，汉武帝开始跃跃欲试，找来大臣商议，着手起草巡狩、封禅等制度。不过，汉武帝毕竟年轻，很多事情，特别是封禅这种大事并不能一人拍板，因为他的背后还有一个老谋深算的窦太后。

窦太后是汉文帝的皇后、汉景帝的母亲、汉武帝的祖母，在汉武帝由胶东王成为太子的地位升迁中，窦太后起了重要作用。后来，汉武帝即使登上帝位，也仍然对窦太后言听计从。令汉武帝无奈的是，喜好“黄老之术”的窦太后，对吸纳儒家学说的封禅并不“感冒”，于是汉武帝只得暂时搁置自己的想法。对他来说，小不忍则乱大谋。毕竟，汉武帝有足够的时间来等待。而这段时间，恰恰可以让他腾出手来解决匈奴问题，旗下的一班名将李广、卫青、霍去病等，一举将匈奴驱赶到大漠以西，而张骞出使西域，更是加强了中原与西域的交流。此时的汉朝，其控制的版图之大是历史上没有过的。

这一等就是 30 年。元封元年（公元前 110 年），攒够足够资本的汉武帝亲率 18 万大军巡视北疆，威慑匈奴。随后，大军一路飞奔到泰山封禅。此次泰山封禅，仪式仍属最高机密，汉武帝只带了一个人跟他一起上泰山封禅，他就是霍嬗。也许很多人不知道霍嬗是何许人也，但提起他的父亲霍去病，则无人不知了。作为把强悍的匈奴打得找不着北的汉朝“战神”，霍去病英年早逝，死时年仅 24 岁，只留下一个儿子霍嬗。爱屋及乌下，汉武帝把霍嬗视为爱子，连封禅也要将他一起带上。

随后，当汉武帝离开泰山，去东海寻访蓬莱岛的神仙时，跟随身边的霍嬗突然暴病而亡。由于霍嬗出生年月不详，他死时距离父亲霍去病去世仅隔了 6 年，因此后人推测霍嬗死时年龄仅有 10 岁左右，而其死因也成了不解之谜，霍去病的后代自此断绝。诡异的是，当年唯一一个知道秦始皇封禅仪式全程的人，下山不久暴病而亡，如今，竟轮到了唯一与汉武帝一起上泰山封禅的霍嬗。

霍嬗死后，汉武帝想起霍门两代的不幸，悲从中来，特地写了一首悼念他的《思奉车子侯歌》：“嘉幽兰兮延秀，蕈妖淫兮中溏。华斐斐兮丽景，风徘徊兮流芳。皇天兮无慧，至人逝兮仙乡。天路远兮无期，不觉涕下兮沾裳。”

作为史官的司马谈——司马迁的父亲也很悲伤。他原本要跟随汉武帝到泰山封禅，途中因事留在洛阳，没有参与封禅大典，竟然忧愤成疾，卧床不起。他跟儿子司马迁说起此事时不禁老泪纵横："汉朝天子承续数千年来封禅泰山的大统，封禅于泰山，而我却不能随行，这是命中注定的呀！"其以不能跟随汉武帝上泰山封禅为一生憾事。

从第一次封禅，到接下来的22年间，汉武帝一口气在泰山举行了6次封禅，数量之多，令人咋舌，也令别的皇帝汗颜。对他来说，内外安定的太平盛世，让他有足够的底气去泰山面对神仙们的拷问。

在第一次封禅之前，自信满满的汉武帝甚至自己明确提出了封禅泰山的三个条件：扫平宇内，一统天下；天下太平，长治久安；不断有吉祥天象出现。前两个条件世人有目共睹，就算第三个条件也难不倒汉武帝（当初齐桓公就被这一条挡住了），下面先后有人来报出现白麟、宝鼎等吉祥之物。不管怎么样，一位皇帝要想封禅泰山，前提至少是天下老百姓的小日子过得平安幸福。

如今，泰山最高峰玉皇顶上矗立着一块汉武帝立的石碑，奇怪的是，后人看到的这块碑跟秦始皇的碑一样都没有文字。但不同的是，汉武帝当初立的就是无字碑。就像6次封禅泰山一样，这一次，极具个性的皇帝再次干出了令人拍案叫绝的事情。不少后人只能暗自揣摩：汉武帝一定是因为觉得自己的功劳太大，已经无法用语言来形容了。当然，这纯粹是后人以小人之心度帝王之腹的揣摩，当年汉武帝内心的真实想法，早已成了千古之谜。

汉武帝之后，憋着上泰山封禅的皇帝不在少数，其中有一位很有意思的人物值得一提，他就是西汉王朝的终结者——王莽。靠玩阴谋登上帝位的他，心里很虚，心虚的人自然首先想到要通过封禅来为自己壮声势，巩固政权。好在王莽自己也算是饱读诗书，很快搞出了一套更加符合儒家礼制的封禅方案。可惜的是，还没等方案派上用场，王莽就被农民起义军杀死。这个精心炮制的封禅方案也落到了他的死对头——汉光武帝刘秀的手里。

刘秀打着"中兴汉室"旗号取代王莽做了东汉开国皇帝，想去泰山封禅，却面临一个解不开的"死结"：他自诩是"正统"的刘氏传人，但自古以来只有"异姓而王"才能封禅，这本身就是一个无法化解的矛盾。

也许是吸取了老祖宗汉武帝的经验，刘秀并没有被封禅的狂热冲昏头脑，而是开始了漫长的等待，这一等竟然就是32年，比汉武帝还能忍。因为即帝位时，天下割据势力尚未消灭，刘秀在登基时祭祀天地宣扬的"平定天下，海内蒙恩"，也只不过是夸耀自己政权合法性的托词而已，当不得真。如果此时贸然去封禅，恐怕只会搞砸了。

玉皇顶上的这座无字碑，形制古朴浑厚，可碑上却无一字，被称为“泰山无字碑”。（摄影/邱衍庆）

沉寂下来的刘秀闷头搞起了建设，他大兴儒学，推崇气节，使东汉成为“风化最美、儒学最盛”的时代，后来的伟人毛泽东甚至评价刘秀是最有学问、最会打仗、最会用人的皇帝。

到了登上帝位30年的时候，勤于政务的刘秀似乎早就把封禅的事儿抛在脑后，而下面的人却急了。建武三十年（54年），一位名叫张纯的大臣直接上疏刘秀，掰开揉碎了给皇帝讲封禅的势在必行，大有你不去封禅就对不起所有人似的。

不过，令张纯大跌眼镜的是，刘秀竟然严词拒绝了，而且说的话还很难听：“即位三十年，百姓怨气满腹，吾谁欺，欺天乎？”意思是，我即位30年了，老百姓还满腹怨气，你让我去封禅，这不是害我，让我欺骗天神吗？也许，此时并非刘秀不想去封禅，而是还没有做好最后的准备。因为紧接着，他马上就去东巡齐鲁，并且专程路过泰山，算是为将来的封禅做了实地考察。

两年后的建武三十二年（56年），忍耐了32年的刘秀终于出手了。此时他已62岁，身体的衰老让他醒悟过来，再不封禅，就不会再有机会了，果然封禅后的第二年他就驾崩了。当然，刘秀对封禅的准备工作还是做得相当扎实的。这一次，刘秀偶然得到了一本《河图会昌符》，准确地说，它是一本上天降下来的预测吉凶的符咒，里面写着："赤刘之九·会命岱宗""赤刘之九"就是刘邦的第九世孙刘秀，"会命岱宗"自然就是封禅泰山了。连老天爷都这么说，那么刘秀只能顺应天意了。

公元56年的正月二十八，做足功夫的刘秀率领封禅车队从洛阳出发。二月初九到达曲阜，刘秀亲切接见了汉室和孔子的后裔，并发放了慰问品——酒肉。在封禅泰山前，先去曲阜慰问，显示了刘秀卓越的政治水平——争取皇室和儒家正统的支持，为封禅营造和谐的外部环境。随后，在汉室和孔子后裔的美好祝福中，刘秀来到泰山脚下，正式开始了日思夜想的封禅仪式。在这里，刘秀向世人展示了一次完整的封禅大典：在泰山之阳，封泰山祭天，以先祖配；在泰山之阴，禅梁父祭地，以先妣配。这套封禅系统融合了儒家、道家思想及神祇、祖先崇拜等丰富内涵，可谓集古人封禅之大成。

与先前秦皇、汉武封禅的神秘不同的是，刘秀的封禅要透明得多，上山封禅的随从大大增加，而且封禅细节也不再保密，因此后人能够窥见当时盛况：第一，在山下"燎祭"，与皇帝平时的郊祭类似；第二，上山之前用"一特牲"（牛或者猪）告祠泰山；第三，登山祭祀，更衣后升坛，尚书捧玉牒，皇帝亲自封上玉牒，发坛石，藏玉牒，覆盖，封石检；第四，礼成，皇帝再拜，群臣称万岁；第五，刻石碑。

在封禅泰山的随从中，有一位叫马第伯的大臣，借这次"公费旅游"的机会写了一篇文章《封禅礼仪》，据说这是中国最早的游记，里面特别提到当时人们将梨、枣、钱供在道旁祈福，说明当时人们到泰山祈福的习俗由来已久。

唐代封禅：不让封，就不封

如果要问哪位皇帝最有资格封禅泰山，相信唐太宗李世民的争议是最少的，因为正是他奠定了盛唐伟业。但偏偏这位牛人没有去封禅泰山，难道他不想吗？不是。事实上，他比谁都想去泰山封禅。但他到死也没能到泰山一步，为什么？

唐太宗一直有个最大的心病：自己是通过宫廷政变登上帝位的，而且是骨肉相残，上台有点名不正言不顺。所以，他明白，自己没有退路，必须向天下人证明自己的能力。在他的治下，政通人和，天下大治。更难得的是，他还善于纳谏自律，对各种诱惑极具抵抗力。当然，他毕竟也是人，那颗最重量级的"糖衣炮弹"——封禅，就差点把他轰趴下。

要想为自己正名，封禅就是最有利的武器。这一点，唐太宗心知肚明，而下面的群臣更是将圣意揣摩得丝毫不差。于是，自然有会来事儿的人勇敢地站出来。贞观五年（631年）正月，这是一个喜庆的日子，地方大臣朝集使（类似于驻京办主任）赵郡、王孝恭等人上奏，提议唐太宗到泰山封禅。唐太宗回答说：不行。因为有大臣反对。谁？是唐太宗的“老冤家”魏征。换作现在的话说，魏征就是朝中最大的一个“刺头”，专挑皇帝不爱听的话说。可唐太宗还真耐得住性子听他老人家唠叨。这回魏征反对的理由是，滨海地区土地荒芜，人民生活并未改善。也就是说，还有需要扶贫的边远地区。唐太宗一听，二话没说，就下诏否决了封禅的提议，但在诏书里，他对自己的功绩作了正面肯定，显然是为将来的封禅留了活口。

第二年，又有大臣提议封禅泰山。唐太宗本想客气一下，没想到又是魏征跳出来坚决反对。这一次，唐太宗终于有点压不住火了。魏征说：“帝王的关键是德，而不是封禅。自打战乱以来，泰山一带州县老百姓的日子最苦。您要是去封禅，那儿的路不好走，下面能不派劳役吗？这不是因为封禅而祸害老百姓吗？”唐太宗一听急了，反问道：“我不能去封禅，难道是我功不够高，德不够厚，国家不安定，外邦不臣服，粮食不丰收，瑞象没出现吗？”魏征倒不急，从容道来：“您说的这六点都具备了。但是自从隋末大乱至今，国库还很空虚，要去封禅得花费巨资吧？您去封禅，势必还得带着各国使节，这一路走下去，看到泰山沿途一带人烟稀少的衰败景象，不是把最虚弱的部分给外人看吗？如果您非得去封禅，图个虚名而使黎民受害，您自个儿掂量吧！”要说魏征是大唐的“第一名嘴”，估计没人敢反对了。连唐太宗也还不了嘴，只得顺坡下驴。

就这样，大臣和皇帝关于讨论封禅的“双簧”演了许多年。到了贞观十一年（637年），唐太宗终于铁下心来要封禅，而且志在必得，因为他有了重大突破，搞定了“第一名嘴”魏征，还指派他和房玄龄、杨师道一起商议封禅礼仪。由于对于礼仪众说纷纭，拖了四五年才搞出一点眉目。贞观十五年（641年），唐太宗下诏确定明年就去泰山封禅。不过，就在一切进展顺利时，老天爷不给力了，“有彗星出于西方”，这被视为极为不祥的天象，唐太宗也“抚躬自省，深以战栗”。恰好此时，唐太宗的“后院起火”，太子李承乾竟然跟突厥人眉来眼去，这也让唐太宗无法安心外出封禅。于是，这次酝酿多年的封禅再次被搅黄。

在封禅面前“屡败屡战”的唐太宗心气儿还是不减当年，但是毕竟岁月不饶人。随着年龄见长，他的身体却每况愈下。这让他想起了前朝皇帝封禅的故事，虽然不想与6次封禅泰山的汉武帝相比，但至少也得和光武帝一样，在死前去一趟泰山吧。

贞观二十一年（647年）正月，唐太宗再次下诏在第二年去泰山封禅。这一次，自然又是未遂，原因是北方草原部落薛延陀刚归顺需要安置，终南山修翠微宫，河北数州发大水。贞观二十三年（649年），唐太宗带着永远的遗憾离世了，把大唐封禅的首席称号让给了他的儿子唐高宗李治。

麟德二年，即665年十月二十八，这一天秋高气爽，风和日丽。一支庞大的队伍

天贶殿属于山东泰安市岱庙的主体建筑，是主祀泰山神东岳大帝的宫殿。（摄影 / 邱衍庆）

从大唐东都洛阳浩浩荡荡地开出，文武百官、仪仗队伍连绵数百里。所有人的营帐帷幕星罗棋布般排在原野上，蔚为壮观。更为奇特的是，队伍中，还夹杂着很多卷发、深目、高鼻的外国人，细看有突厥、波斯、天竺、高丽等国人。一时间，牛羊驼马充塞了所有道路，扬起的尘土遮天蔽日。这一天，心情最愉悦的要属唐高宗李治和皇后武则天了，因为他们正带领文武百官和外国使节走在去泰山封禅的路上。他们不仅开创了大唐帝国首位皇帝封禅泰山的历史，也开创了女人参与封禅的新历史。

也有后世学者认为，这次封禅其实更多是武则天鼓动唐高宗去的。不过，哪位皇帝不想封禅呢？只不过，武则天的智慧在于，她成功地搭了个顺风车，跟随丈夫一起上了泰山。这在男尊女卑的封建社会，不亚于一次“革命”。武则天去泰山，当然不只是去旅游散心，而是要跟唐高宗一起成为封禅的主角。

其实早在显庆五年（660 年），42 岁的唐高宗因为健康日益恶化，甚至到了不能处理朝政的地步，已经把大部分事情交由武则天处理，从而使武则天实际上把持了朝政，以至于时人将武则天与唐高宗并称“二圣”。第二年，武则天就派她宠信的道士到泰山去主持斋醮、行道造像，立起了深具象征意义的岱岳观碑——双束碑，后人又称鸳鸯碑。这是一块特殊的石碑，由两碑并立而成，后人说这是她在向世人强化天有二主的印象。

唐高宗算是一个命好的“帝三代”，有爷爷李渊和父亲李世民的打拼，到他接班时，一派天下太平的盛世，自己虽然没啥突出才华，但不出大乱子凑合着干还是可以的。现在，走出深宫去封禅泰山，顺便游山玩水，身边又有美人武则天相伴，这种机会其实并不多。于是，心情大好的他并不着急赶路，走走停停，竟然到第二年二月才赶到泰山封禅。

好玩的唐高宗还真在封禅中弄出了新花样。这次封禅别出心裁地用上了“高科技”——使用取水、火之器，取火于日，取水于月。因为祭祀用的可是“天火、天水”。怎么取呢？用阳燧在太阳底下聚焦，取得天火，用大蛤取得天水。用阳燧取火并不稀奇，用大蛤取水稍作解释也不难理解：将大蛤（取水之器）加热，夜晚放在月光下，大蛤慢慢冷却，上面就会产生水汽，收集起来即可。

当然，这次封禅大戏的高潮自然是武则天的表演。封禅开始后，首先是唐高宗登泰山，在登封台封玉册；然后禅社首山祭祀地神。唐高宗行完“初献”礼后，武则天升坛开始“亚献”。至此，自帝王封禅泰山以来，第一次有女人直接参与的祭祀拉开帷幕。这个过程其实很有点舞台剧的效果，先是由太监们手拉着锦绣帷幕将祭祀场地围起来，只有武则天在帷幕内进行祭祀，其他文武大臣都在外面恭候。从没见过这种场面的大臣，不禁面面相觑，甚至有些人窃笑不已。帷幕内的武则天忙着与泰山神请示汇报，已经顾不上外面人的蜚短流长了。

封禅之后，郁积在武则天心里的所有阴影一扫而空，此时，谁也无法阻挡她走上皇帝宝座了。她废掉一个又一个太子，最后在690年，又从自己儿子的手中夺取帝位，改国号为周。而称帝后的第六年，她再次封禅，只不过这次封禅的地点改在了嵩山。

武则天死后，宫廷乱成了一锅粥，第八年（713年），她的孙子李隆基先后铲平韦后和太平公主两股势力，登基做了皇帝，也就是后人熟知的风流皇帝唐玄宗。经过励精图治，大唐迎来了著名的“开元盛世”。登基后的第十三年（725年），唐玄宗也踏上了东封泰山之路。

封禅前，唐玄宗特意问了大诗人贺知章：“为何以往皇帝封禅的玉牒都秘而不宣呢？”贺知章回答说：“玉牒文是个人意愿的隐私，例如有人想求长生不老，有人想得道成仙，所以不愿让外人知道。”唐玄宗听后乐了：“我这次来，是为苍生祈福的，没有不可告人的秘密。”于是，这位洒脱的皇帝在泰山极顶留下了让他千古留名的《纪泰山铭》，这就是我们今天在泰山大观峰下看到的摩崖石刻，据说文字和书法都出自唐玄宗之手。该书法一直被后世推崇，内容洋洋洒洒，自然少不了崇拜天神、为百姓祈福以及对自己和祖先歌功颂德的赞誉。“为苍生之祈福”“道在观政，名非从欲”，单看这些文字，可以看出唐玄宗不同凡响的抱负。但事实上呢？封禅之后，这位风流皇帝晚节不保，沉湎于后宫享乐，接下来的“安史之乱”无情地击碎了百姓的幸福美梦。

宋代封禅：为祥瑞，下苦功

宋代是让中国人气短的一个朝代，不为啥，因为老受北方游牧民族欺负。不过，宋代也出了唯一一个，也是最后一个到泰山封禅的皇帝——宋真宗。提起他的大名都知道，正是他在打了胜仗的时候，竟然还与大辽签署“澶渊之盟”，开启了输出“岁币”的恶例。

就是这么个“污点皇帝”，偏偏去泰山封禅了。不过，为了能去封禅，宋真宗在背后动了不少脑筋，其实玩得也不算新鲜，因为此前的光武帝刘秀已经“秀”过一回了。但宋真宗操办的这一套，显然是升级版的。

“澶渊之盟”给宋真宗招来一片骂声，搞得他灰头土脸，情绪跌到冰点。但事实上，这种黑锅全让他来背，确实也有点冤。好在宋真宗身边还有一个能煽呼的大臣——王钦若来给他解闷。这个王钦若算是个典型的投降派，看见契丹人就腿软的主儿，但玩宫廷内斗是个行家，在使计成功扳倒寇准后，他迅速上位，成为宋真宗身边的红人。在揣摩圣意之后，他抛出了封禅泰山，来“镇服四海，夸示外国”，以雪“澶渊之盟”的耻辱。

在王钦若看来，契丹毕竟是游牧民族，文化程度低，迷信原始宗教，宋真宗到泰山封禅，借助天神的力量，没准就能大扬宋朝神威，震慑契丹。说白了，就是想借助封禅吓倒契丹。这种观点很有想象力，也很有点阿Q精神，反正宋真宗听得津津有味。宋真宗也明白，只有搞定北方的契丹人，大宋的百姓才能过上安宁日子，自己的江山也才能稳固，但硬打还真不好打，不如试试封禅？

不但宋真宗，连朝廷上下也没有人站出来反对。于是，宋真宗决定甩开膀子干了。自古以来，皇帝去泰山封禅，必须要具备一定条件才行，比如，如果是开国之君，要有突出贡献；如果不是开国之君，就得有政绩，至少天下太平，百姓富足，祥瑞出现等。对于宋真宗来说，目前社会还算繁荣，但其他能拿得出手的政绩实在不多，而“澶渊之盟”更是成了他脑门上洗不掉的标签，祥瑞之象看来也无法指望。

就在宋真宗愁眉不展时，王钦若给他雪中送炭，想出一个“锦囊妙计”：祥瑞怎么出现？以前就有过人造的，只要皇帝深信并加以利用，然后昭告天下，那不就是祥瑞吗？从这番话能看出，王钦若并非不学无术之人，至少他还研究过以往皇帝封禅的小把戏，于是建议宋真宗照葫芦画瓢。当年的齐桓公要是听见这席话，只能哀叹，怎么自己这么倒霉，偏偏摊上管仲这个认死理的“轴人”。要不然的话，封禅第一人的名头也落不到秦始皇身上了。

正所谓一语点醒梦中人，宋真宗大喜过望，开始认真操练起来。不过，宋真宗还是心里没谱，就问手下一名叫杜镐的大臣：“你饱读古书，所谓《河图》《洛书》，果然有吗？”杜镐是个学问人，也不懂皇帝的心思，就老实回答：“这只不过是圣人为神道设教罢了。”言下之意，这是圣人借助神仙之名写的书。杜镐被称为“杜万卷”，自幼好学，博贯经史，是宋代有名的大学问家。这下，杜镐的一句话算是给宋真宗吃了颗定心丸。

但宋真宗心里还是不踏实，就把宰相王旦召来宴饮，喝得高兴的当口儿，命人取出一坛酒赐予王旦：“带回去同老婆孩子一起享用吧！”王旦回家后打开酒坛一看，哪是什么美酒，全是珠宝。至此，王旦就被宋真宗顺利收买。为了封禅，宋真宗不惜下血本，还开了一个皇帝给大臣行贿的先例。后来，明代宗朱祁钰为立太子而贿赂群臣，其动静就非宋真宗能比了。

扫除主要障碍后，该是“演出”时间了。一番谋划后，大中祥符元年(1008年)正月，“表演帝”宋真宗召集朝臣，跟大家拉起了家常：“去冬十一月庚寅月，将近半夜时分，我刚灭烛就寝，忽然室中亮堂起来，有个穿绛衣的神人对我说：‘来月于正殿建道场一个，将降天书《大中祥符》三篇。’说完就不见了。从十二月初一起，我即斋戒于朝元殿，并建道场以伫候神赐。适才城隍司来奏称，在左承天门南发现有帛布悬于屋脊上，即遣中使去察看，回报说帛布还包有类似天书的东西，封口隐然有字。原来正是神人说的天书啊！”当着朝中众多大臣的面，能把一件子虚乌有的事情说得有鼻子有眼，宋真宗的表演天分确实不一般。

收了皇帝大礼的王旦带头在下面向皇帝道喜。宋真宗也顺杆上爬，马上率百官到承天门，诚惶诚恐地把“天书”迎奉到道场，当众开了封口。只见帛布上写的是：“封受命，兴于宋，付于慎，居其器，守于正，世七百，九九定。”另外还有黄色字条三幅，内容是告诫宋真宗以孝道承统，务以清净简俭，必致世祚长久。宋真宗命知枢密院事陈尧叟宣读后，包好“天书”，郑重其事地盛入预先准备好的金柜中，另派官员祭告天地、宗庙和社稷。

为了扩大影响，宋真宗趁热打铁，接连下了几道诏令：大赦、改元、改左承天门为承天祥符、群臣加恩、特许京师聚饮三日以示庆祝等。这一番舆论造下去，效果不凡，一时间，全国上下掀起了一股“争言祥瑞”的热潮。

祥瑞有了，舆论也造了，“封禅三部曲”的最后一部，该是出现臣民呼声了。这事由宰相王旦牵头最合适，他果然出手不凡，竟然动员了文武百官、各界人士等24300多人，连续5次联名上表，请求宋真宗封禅。

一看火候差不多了，宋真宗马上组建班子筹备封禅事宜。他先召三司使丁谓，了解封禅经费问题后，即命翰林及太常详拟封禅礼仪，又任命主要的负责官员，其中王旦为封禅大礼使，王钦若为封禅度经制置使，丁谓负责计度财用。六月初，宋真宗派王钦若为先行官，赴泰山筹办具体事宜。

王钦若知道表现的时候到了。他一到乾封（今泰安市），立即上言：“泰山醴泉出，锡山苍龙现。”也就是说，泰山这里遍地都有祥瑞出现，只等皇帝来封禅了。不久，他又遣人将自己伪造的“天书”驰送京都。于是，宋真宗再次召集朝臣说：“五月丙子夜，我又梦见上次的神人对我说：‘来月上旬，将赐天书泰山’，即密谕王钦若等凡有祥瑞立即上报，现在果然应验了。”不久，王钦若又献芝草八十本，赵安仁献五色金丹、紫芝八千七百余本，各州献上的芝草、嘉禾、瑞木之类更是多得无法计数。可以说，君臣的“双簧”演得荡气回肠，令人叹为观止。

所有准备就绪后，十月初，宋真宗正式奔赴泰山封禅。尊贵的“天书”被装在以玉为饰的皇帝专车——玉辂里，在前开路，文武百官和一大批服务人员在后跟随，组成了一支2000多人的浩荡队伍，历时17天到达泰山。宋真宗先在山下斋戒3日，才登泰山，在山上完成祭天大典后，第二天又下到社首山举行祭地礼。这次东封前后花了47天，耗银800多万两。

如今，泰安市著名的岱庙天贶殿内的巨型壁画《泰山神启跸回銮图》，据说就是按照宋真宗封禅泰山的场面绘制的，画面气势恢宏。此外，宋真宗的诗写得不错，其《励学篇》很有名，里面有两句脍炙人口的名言：“书中自有黄金屋，书中自有颜如玉。”看来，这位为封禅努力打拼的皇帝，还是为后人留下了有价值的文化遗产。

自宋真宗封禅以后，这个由帝王主导的祭祀大典，被明朝开国皇帝朱元璋废止，改为普通的祭祀泰山了。至此，延续数千年的帝王封禅泰山大戏也落下了帷幕。

祈福：解开人生幸福的密码

泰山为何能吸引所有中国人的目光？无论是三教九流、达官显贵，还是游客市民、祈福香客，泰山的人气始终连绵不绝。这次，让我们走进泰山，看现代人如何寻找自己人生的幸福密码。

红遍全球的泰山诸神

当我真正站在这幅全长62米、高3.3米的壁画前时，顿时感觉自己的渺小。它就是著名的《泰山神启跸回銮图》，绘制在岱庙天贶殿内的三面墙壁上，描绘的是泰山神在文武百官陪同下出巡的盛大场景。虽然很多画面已经开始剥落，但仍掩盖不了壁画穿越历史的沧桑美感。如果你恰好喜好美术，那么还可以细细品味中国传统绘画的技法。

画面里出现了666个人，他们的装束、仪态无一雷同。更令人称奇的是，回銮图竟然还夹杂了一部分西洋风格的绘画。“由于屡经战火、地震等灾害，绘制于宋代的岱庙壁画已被毁，现在我们看到的壁画，是清康熙十七年（1678年）重修岱庙后绘制的，当时西洋绘画已传入中国，所以这幅壁画里也出现了西洋画的透视技法。”一位身穿红棉袄、头戴耳麦的导游人员解开了我的疑惑。

岱庙又叫东岳庙，供奉东岳大帝，是全国各地东岳庙的祖庭。在道教的神谱中，东岳大帝主生和死，所以在过去的帝王和百姓中最受尊崇。因此，岱庙也是历代帝王来泰山举行封禅大典和祭祀泰山神的地方。皇帝来的时候，要先进入岱庙前面的一个小院落，即遥参亭，在这里举行一个简单的参拜仪式，以表虔诚之心，然后再从正阳门进入岱庙，举行正式的封禅大典。随后，皇帝从岱庙的后门上泰山，举行祭天仪式。自打明代以后，皇帝不再来泰山封禅，于是就在北京建了天坛、地坛祭祀，所以说天坛、地坛的起源也可以追溯到泰山。

自汉代帝王封禅，留给后人这座巨大的宫殿式建筑博物馆，现在岱庙已成为泰安

东岳大帝是泰山上主要供奉的神。在民间传说中，东岳大帝具有主生、主死的重要职能。（摄影 / 邱衍庆）

市著名的旅游景点。院内古树苍劲挺拔，殿宇牌坊巍峨耸立。这里有 5 棵汉武帝亲手种植的柏树，距今已有 2100 多年历史。帝王封禅和文人墨客也留下了众多碑刻，可惜在“文化大革命”中破坏严重。

不过，对当地人来说，岱庙更像一个环境优雅的游乐场所。在院内一处长廊下，几名老人聚在一起，一边拉二胡一边唱着地方戏。宿茂振就曾在岱庙工作过，他身材消瘦，眉毛很长，显得慈眉善目，腰杆挺得很直。

“1950 年，我来到泰安，是部队军分区宣传队的，一直搞音乐。”宿茂振告诉我。他家里 10 口人，三代人都安家在泰安。由于他名字的发音与原来山东的球星宿茂臻相同，所以别人见面就调侃他为“球星”。他从部队转业后，调到文化馆从事群众文化工作，单位就在岱庙仁安门里。一直到 1956 年，单位才从岱庙搬到遥参亭，后来

中天门建于清代，为两柱单门式石坊。此处为登顶半程，上下必经之地。（摄影 / 邱衍庆）

因为遥参亭整修，又从遥参亭搬出去了。

新中国成立前的岱庙其实更像一个喧嚣的大杂院，里面有唱戏的，说书的，摆摊的，算卦的，甚至还驻扎过军队。三教九流、士兵马匹，人流芜杂，把原本神圣庄严的场所搞得杂乱不堪。后来，经过不断保护维修，岱庙才又恢复为如今的模样。

“您拜过泰山老奶奶吗？”我好奇地问宿茂振。他笑了笑，摇摇头说：“现在本地人很少信泰山老奶奶，过去都被当作封建迷信打倒了。”但是，著名的东岳庙会一直没有断过，延续至今，就算是“文化大革命”期间，也挡不住人们逛庙会的热情。

在泰山，几乎每个庙里都有泰山老奶奶的塑像。泰山老奶奶就是碧霞元君，是与东岳大帝齐名的泰山神，后来她的名气甚至超过了东岳大帝，在中国各地乃至国外都有极大的影响力。清代时，碧霞元君就漂洋过海，传到了外国，比如越南人信仰的神中，就有“泰山顶上奶奶”。在老百姓眼里，她远比东岳大帝有亲和力，是有求必应、

无所不能的圣母、女神。明清时，供奉她的庙宇从泰山扩展到全国各地，上至帝王，下至百姓，无不对其顶礼膜拜。如今，每年的农历三月十五日，是泰山老奶奶的生日，全国各地的信众纷纷来到泰山朝拜，敲锣打鼓，热闹非凡。

作为京城的北京，自然也不例外。明清时期的北京建有众多的碧霞元君庙，其中最著名的五座庙号称“五顶”，分别为东顶、西顶、南顶、北顶和金顶，环列于京城，在明清及近代北京人的生活中扮演着十分重要的角色。其中，最著名的就是金顶妙峰山娘娘庙，其香会号称“香火甲于天下”，成为老北京及北方省市影响最大的一项民间信仰活动，有“中国民俗学的摇篮”之称。

当然，除了碧霞元君庙，全国各地供奉东岳大帝的东岳庙也是数不胜数。由于东岳大帝和碧霞元君都是泰山的神，所以民间关于他俩的故事传说也不少，其中就有他们为争夺泰山的管辖权而互相斗智斗勇的故事，争斗的结果往往是碧霞元君更胜一筹。

“有一句话说得好，济宁的货最全，泰山的神最多。中国主要的原始神祇都发源于泰山。”泰安当地的学者李继生告诉我。而泰山的万仙楼，就是众神扎堆的地方，它创建于明万历年间，传说是王母娘娘召集泰山万仙聚会的地方，民国年间塑像全部毁坏，后来又重新塑造了126位神仙。但是，由于神仙太多，现在人们要想把这些神仙的脉络梳理清楚，也是一个浩大的工程。

活色生香的信仰之城

李昱增是土生土长的泰安人，在泰安城里做生意。他说话爽快，嗓门洪亮，是个典型的山东汉子。岱庙就是他小时候玩耍的游乐园，小学四年级时，他中午吃完饭不上课，就去岱庙玩。当时岱庙门票是2毛钱，他没钱买票，就爬墙进去，恰好里面正在拍摄电影《燕青打擂》。那时的娱乐匮乏，能现场看拍电影，绝对是一件新鲜好玩的事情。《水浒传》里的“燕青打擂”章节就发生在泰安的岱庙。后来电影《白眉大侠》《武松》也是在这里拍摄。李昱增至今还记得，《武松》里的醉打蒋门神片段很经典，当时他和很多同学都模仿过武松醉拳的动作。

李昱增打小就听老人说，泰山是所有人死后灵魂的归宿，灵魂要先到岱庙，由东岳大帝审判他在人世间的好坏，然后决定是到天堂还是地狱。他听得似懂非懂，只知道东岳大帝很厉害，管着人的生死。去岱庙玩时，每次路过天贶殿，他都会偷偷瞧一眼里面供着的东岳大帝，可从不敢多看，看完后心咚咚直跳，因为感觉东岳大帝一直在用很严厉的眼神盯着他。

如果赶上下雨天，第二天李昱增就会与小伙伴一起，从岱庙北门沿着红门路一直往北，穿过岱宗坊，很快就到了泰山的脚下，然后大家结伴上山采蘑菇。蘑菇长在牛粪上，有碗口这么大，采回家煮了吃，香喷喷的，不过现在再也看不到这种蘑菇了。采蘑菇时，李昱增还碰见了很多蛇。“现在连蛇都很少见了。”李昱增说。

后来工作有了钱，李昱增买了一辆摩托车，没事时，就骑上摩托车，沿着泰山西侧的盘山公路，一直骑到中天门，然后把摩托车放在道旁，一路爬到南天门。也许是爬得兴起，他一路走下山，也不去骑摩托车，直接走回家了。过几天想起来，再到中天门去取摩托车。现在泰山景区管理严格，限制车辆上山，骑摩托车上山也就成了李昱增的美好记忆。

现在李昱增年纪大了，更喜欢步行爬山。我碰见他时，他拄着一根拐杖，正在和一个朋友在泰山经石峪一带爬山。当然，他最喜欢爬的路线不是游客走的中轴路，而是还没有开发的山峰。闲暇时，他会约几个朋友一起爬山，“那些山更漂亮，还没开发，但能进去，一般外地人不知道，比如说天柱峰、傲来峰，风光美极了”。后来，泰山新修了一条非常漂亮的环山路，他又喜欢上骑车绕环山路遛弯了。

与李昱增喜欢逛泰山一样，在泰安人看来，泰山就是他们的后花园。每天清晨，三五成群的泰安人提着塑料桶，先是晃晃悠悠地上山锻炼，然后打一桶纯净的泰山泉水回家泡茶喝。这是很多市民每天必不可少的功课。正因为如此安逸的生活，泰安人一般都不愿意到外地工作。当然，住在城区的代价也不菲，市区房价都要一平方米数千元（现已是八九千元一平方米了），好一点的靠山别墅更是在一平方米一万元以上。

“泉水并没有你想象得好，钙质含量大，喝多了容易得结石，泡茶还凑合。”就在我羡慕泰安人天天喝泉水时，李昱增发表了不同的观点，“说到水，从泰山上流下的水汇成了一条河，就叫奈河。这可是一条大名鼎鼎的河。”我一听乐了，说：“我现在就住在奈河边上的宾馆，推开窗就能看到河里流淌的水藻。”

奈河将泰安城区一分为二，河面并不很宽，水流平缓，还筑了一些小水坝。我住的宾馆就在河的东侧，与奈河一路之隔，这条狭窄的马路就叫奈河东路。据说在古时候，奈河东岸建的是知府县衙，住的是达官贵人，奈河西岸则蒿草满地，属于穷乡僻壤。可以说，一条奈河将人间的泰安城也分出了“阴阳两界”。

在古代民间传说里，奈河直通地狱，又称阴间。阴间在哪儿？在泰山脚下的小山。不论是远古七十二帝的柴望祭祀，还是后来皇帝的封禅大典，都是在泰山顶祭天，在山脚的小山祭地、祭鬼。《西游记》中的孙悟空曾跨过奈河桥，来到阎王殿，一笔勾销了自己的生死簿。凡人没有孙悟空的神威，只有靠多做好事，行善积德，才能避免堕入地狱了。

晚饭后，我喜欢沿着奈河边散步，在周边遍布各种地摊的鼎沸吆喝声中，寻找“地狱”、人间和“天堂”毗邻相处的奇妙感觉。最后，我在河边一个卖男女内裤的地摊前驻足，因为同行的摄影师陈旭以职业眼光捕捉到了这个地摊的卖点——内裤上印着几个颇有些不雅的大字，摊主却是一位妙龄女郎。这幅画面看得陈旭直拍大腿，后悔没带相机。第二天，陈旭兴冲冲地提着相机跑过去，却发现地摊早就人间蒸发了。

无论如何，在光怪陆离的夜色掩映下，奈河东路的各种地摊，将圣山下人世间的活色生香演绎得恰到好处。而一河之隔的西侧，一条挤满南北各色小吃排档的巷子，同样极具活力。一对对穿着时髦的年轻男女坐在露天的小板凳上，就着小火锅，吃喝间也颇具泰山神韵，豪气干云而不留余地。

走出巷子，来到著名的东岳大街，高楼林立间，霓虹灯闪烁出各种颇具诱惑力的广告词。这是一个极具中国特色而又没有特色的中小城市，连街边 iPhone 的店面，也让人对这座城市最后的一点留恋被赶尽杀绝。好在另一块霸气十足的地产广告解了围：“国山御宅，10355 元 / 平方米”。毕竟，泰山底下好卖房。在坐拥国山御宅之后，如果你在奈河边上，一边悠闲地吃着小火锅，一边看全球香客云集泰山进香祈福，那么这种日子的穿越感就无以复加了，甚至很有些后现代感。

还是泰安市博物馆副馆长陶莉一语道破天机：“这是一座信仰之城，因为人类对泰山的信仰而建起了这座城市。”只不过，人总是试图在不断用新的信仰体系打破陈旧的信仰体系。安坐在庙观里的东岳大帝、碧霞元君，一如既往地接受着八方信众的跪拜，只是，他们似乎连山下的这座信仰之城也无法影响。正如这座城市的老人宿茂振所说，泰安市民家中又有几家供奉神圣的东岳大帝、碧霞元君？

不论如何，泰安是一座得到神灵护佑和恩泽的城市，“神仙显灵”的事情也时有发生。比如，民国十九年（1930 年）发生的那场中原大战，泰安城被围 20 多天，却没有受到炮火的损伤，老百姓都说，这是“碧霞元君之神灵默相庇护”。

绵延千年的祈福之路

“泰山神显灵了，被我们来泰山的精神感动，特意给我们下了一场大雪。”在泰山南天门的天街，看到飞舞的雪花，同行的摄影师邱哥不禁欣喜若狂。当地人都说，许多年没下过这么大的雪了。

我们是冒着大雪坐缆车上南天门的，雪越下越大，温度很低，风也很大，吹起了漫天雪花，周围白茫茫一片。缆车被风刮得摇来摆去，我们在担惊受怕中，一边默默祈求泰山神的眷顾，一边欣赏着缆车外的美妙雪景。

安顿好后，大家扛着相机、三脚架外出踩点。我们每人花 20 元钱租了一件军大衣，套在棉衣外面，显得很臃肿。同行的杂志主编周卫军说：“看邱哥，怎么看都是‘秋菊打官司’的感觉。”路上的积雪很厚，刚下的雪松软，踩上去很滑。摄影师杨雷好心提醒：“小心啊！别把机器摔了噢！”在这种千载难逢的天气里，机器坏了没法工作，那倒是比人摔了还悲催。邱哥发明了一个办法，将塑料袋扯破，套在相机上，做了一个防雪的保护套，大家也都纷纷效仿他的做法。

第二天凌晨 4 时，我们摸黑爬起来去南天门布置灯光。雪停了，天气越发寒冷。大家在冰天雪地里哆嗦着拉线，找位置。南天门大殿前的香炉旁，挂着的一串串同心锁积满了白雪，就像长满了白毛。香炉上也垂着长长的雪挂。再看周围被灯光打亮的大树，一派银装素裹的景象。我们要将泰山中轴线的主要景点都用灯光打亮拍摄，希望能营造与白天拍摄不一样的效果。

灯光还没布置完，我就看见一对年轻人从南天门下的台阶“呼哧呼哧”地爬了上来，他们是我们今天最早见到的游客了。这是一对情侣，昨天晚上从烟台坐火车赶到泰安，下了火车直接打车到泰山脚下的红门，然后从红门一路爬上来。

两个年轻人都是烟台大学的大四学生。当我们摄影师提出给他俩拍照时，他们很大方地配合。孙阳穿着一件厚夹克，肩上斜挎一个白色女士坤包，一个棕色男式包，手里抱着两把香，孙晓慧则套着一件军大衣，小鸟依人般地靠在孙阳身边。当我问起孙阳来泰山的目的时，孙阳说：“这是我第二次来泰山，我们就想爬爬山，看看泰山奶奶就行。”他说话的口气，就像是来走亲戚看望长辈一样。

此时是凌晨 4 时 30 分。孙阳拿出数码相机，请我帮他把他们一起进香的场景拍下来。随后，两人恭恭敬敬地举着香，在香炉前朝大殿鞠了三个躬。那场景，让我想起了古人洞房花烛拜天地的画面。当听到我夸他们在南天门烧了头炷香，幸福一定会时时相伴时，他们的脸上笑开了花。

随后上来的一位香客令我大吃一惊，他姓唐，专程从重庆赶来。在大雪天里，他拄着拐杖，披着雨衣，与 10 多位家人一步一步从红门开始爬，经过令人恐怖的十八盘，最后花了 4 个多小时，上到南天门，只是为了给泰山老奶奶烧一炷香。

这些大雪天还坚持登泰山祈福的香客，令我感到敬佩。我又想起药王殿旁的一棵树上，挂满了祈福的红丝带，上面有张黄色的小卡片，上面写着几行字：“思念高培——小培培，还记得那首歌《天天都想见到你》吗？这是我们俩都最喜欢的歌。”字迹写得清秀，应该是女孩的笔迹。不同的年龄，祈福的愿望却都是一样的。

据说，在泰山一年 400 万名游客中，就有 80 万名祈福者。这些祈福者，祈求的无非都是福禄寿喜和幸福平安。为啥来泰山求？自然是因为这里有求必应的泰山老奶奶。泰山进香有“春香”“秋香”之分。每到东岳大帝和泰山老奶奶生日的时候，也是香火最盛的时候。而每年除夕和大年初一之交，到碧霞祠和一天门之上的红门宫（俗称小泰山）祈福的香客也格外多。

众多香客和游客的光顾，也给高相卫一家带来了巨大的改变。高相卫就在泰山著名的景点——四槐树附近经营着一排店铺，生意红火。他原来是离泰山十几公里的农村的农民，现在他开的饭店和茶馆都有了名气。四槐树位于壶天阁下，这个名称来自这里的 4 株古槐，相传为唐代程咬金来泰山时种植的，目前仅存一株。

我早就听说过泰山煎饼的名声，于是在下山途中，顺便到高相卫的店里买个煎饼尝尝。高相卫熟练地将煎饼炉子上的飞盘转动起来，左手握一根长杆圆勺，从旁边盆

在岱庙遥参亭的一座财神庙，来祈福的人可将祈福带请回家，寓意把幸福带回家。（摄影/邱衍庆）

里舀起一勺小米糊，摊在飞盘上，右手拿一把刷子按在小米糊上，飞盘上立刻冒出一股热气。飞盘在转动，他拿着刷子快速在饼上来回刷着，然后再在上面摊上鸡蛋、葱花、酱，一个标准的山东小米煎饼就做好了。煎饼吃在嘴里，又脆又香。

高相卫的店有三间门面，经营的项目有快餐、食品、旅游工艺品等。店旁边还有个茶馆，名叫“四槐树茶馆”，是一间单独盖出来的棚子，里面摆满了用山里的大树根做成的桌子和椅子，全是根雕作品。据他说，很多名人来过这里喝茶，也上过电视、报纸。他的特色是用竹筒泡制的泰山茶，这种泰山茶就产自泰山山区，外表看起来跟一般树叶没有差别，喝起来却有一股清香醇厚的感觉。“现在，泰山景区好多卖泰山茶的，其实是拿竹叶茶冒充泰山茶。”他告诉我。

平时，客人少的时候，高相卫会给店里供奉的一尊财神爷上香磕头，祈祷财神爷保佑自己生意兴隆、家人平安。他告诉我，挨着斗母宫下面，有一个村子叫罗汉崖，那里的村民大部分也都在泰山景区里做买卖。

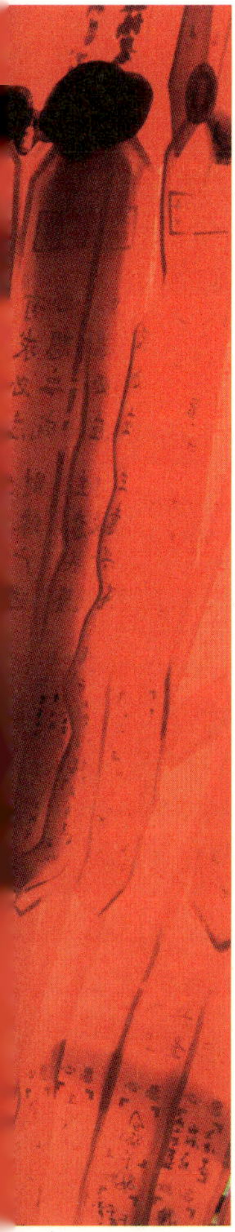

顺着河谷边的一条小道，我们来到罗汉崖村。一走进村口，我就发现院子门口的墙角下，立着一个泰山石敢当，旁边还摆着一列带花纹的泰山石。在村里一转，我发现家家户户的院里都有泰山石，不少村民家还有小轿车。

我们来到一户大门敞开的人家，门上贴着大红对联。一进大门，是一个大影壁，上面写着一个很大的“福”字，“福”字周围是竹子、牡丹、鲤鱼的图案。这是一户新修的院子，里面有一栋回字形的水泥房子，有一个楼梯通向楼顶。听见声音，从房里走出一位老年妇女贾玉芳和她的女儿徐凤。老太太满头银丝，老伴儿去世了，有三个女儿，两个儿子，小女儿一家子在中天门做生意，开一家茶馆，其他人在泰安城里工作。贾玉芳说：“我祖辈都在这个村里，没有地种，只能靠山吃山了。”

与时俱进的日行一善

我们从南天门爬到玉皇顶时，天色已经大亮，风开始呼呼地刮起来，卷起了地上的积雪，漫天飞舞。玉皇顶有座玉皇庙，大雪后，吴斌正在和同事打扫庙里的积雪。他胖胖的身材，说话给人一种特别的厚道之感。他所在的单位名叫全家福文化传播公司，他的职务也很有趣——祈福顾问，也就是给前来泰山烧香祈福的游客提供帮助。

在大殿旁边一间简陋的集体宿舍里，吴斌给我讲述了他亲历的许多故事：一位母亲为儿子不孝伤透脑筋，特意带着儿子来玉皇顶进香。经过吴斌的劝导后，母子感情有了彻底的转变；还有一个遭遇丈夫出轨的不幸妻子，来玉皇顶进香，听了吴斌的开导，回家就去实践吴斌说的“日行一善”，先前的悲观厌世一扫而空。在宿舍昏暗灯光的照射下，当吴斌给我讲这些本应在电影里发生的故事时，我发现他的眼睛闪闪发亮，有着异样的光彩。

正是通过吴斌，我才知道，还有一家公司在泰山为游客提供祈福服务，并且全体员工都在践行一个理念——日行一善，也就是每天至少做一件善事。吴斌跟游客交流，化解他们的烦恼，并劝导他们行善，自然也算是实践了日行一善。

这让我想起，掌管人间生死的东岳大帝，其实留下过一则流传至今的“宝训”，里面提到：“一日行善，福虽未至，祸自远矣。一日行恶，祸虽未至，福自远矣。”也就是说，一个人只有行善，才能避祸得福。这与吴斌公司所倡导的日行一善，似乎有着异曲同工之妙。

我不禁对全家福公司产生了兴趣，究竟是什么力量推动他们，在泰山做着在某些外人看来“不合时宜”的事情——日行一善？于是，我决定到他们员工工作的场所遥参亭实地探个究竟。

当我赶到泰安市中心的遥参亭时，郭金玲和丈夫杨春涛正在财神殿里挂财神带。这些红色的长带子也叫祈福带，来这儿的人，都会将财神带请回家，寓意着把幸福带回家。

郭金玲与丈夫杨春涛一起在遥参亭工作，两人来全家福公司工作九年了。我问郭金玲：“这里的员工都对游客笑脸相迎，鞠躬问候，说话和气，是不是跟你们公司在践行日行一善有关系？”她点了点头，一身红色的羽绒服把脸上的笑容映得更加灿烂。她告诉我：“碰到有些游客到庙里来不烧香，只想打听上泰山的路怎么走，我们也会详细告诉他们上山的路线。我们还会向他们宣讲日行一善的理念，告诉他们回去以后可以去做善事。”

站在一旁的杨春涛也接过了话茬：“只要发心、发愿，都能做善事。”说到这儿，他们夫妻俩相视一笑，有着一种特别的默契。杨春涛的笑容憨厚，瘦高个儿，穿着深色长棉衣，兜里揣着公司发的《全家福幸福哲学手册》和一支笔。

杨春涛说，现在他们的小家庭也越来越和谐了，两人几乎没红过脸。公司推行的日行一善，让他们找到了人生价值所在。现在他俩觉得赚钱不是第一位的，而是尽自己的一份努力，让大众过得更幸福。

其实，杨春涛接受的正规教育不多，16 岁就踏入社会，经历了很多坎坷。父母文化程度也不高，但从小父母教育他做人要“孝”“百善孝为先”。“外国人都在学习中国古代的圣人，如孔子、王阳明，但是中国很多人却把他们遗忘了。好在现在很多人又开始学习了，我的孩子也在幼儿园里学习《弟子规》。”

对杨春涛他们来说，看到游客接受并实践“日行一善”，无疑是最快乐的事情。

农历三月十五（4月5日）这一天是泰山老奶奶的生日，一位来自河北的香客王东就亲身体会到了泰山中蕴含的“善”的巨大能量。他说：“我与其说被‘日行一善’俘虏了，不如说被内心的良知触动了。”

那一天，由于是泰山老奶奶的生日，来泰山拜泰山老奶奶的香客非常多，人潮涌动。王东也随着大批进香的队伍来到红门宫。红门宫又叫小泰山，是香客朝拜最集中的庙宇。在汹涌的人潮中，他隐约听到旁边一名工作人员对香客说：“积善之家，必有余庆，多做善事保平安！”在排队等候时，他和旁边维持秩序的工作人员聊起了为什么要祈福许愿的话题。结果工作人员的回答让他感受到一种久违的心灵震撼：“因为许愿是力量的源头，许下心愿就会产生力量，是在自己内心种下一颗种子，用善来滋润它，一定会生根发芽。因此我们要积极地许愿，发大愿，多做善事。”这番话让他感到很惊讶，因为他完全没有想到一名普通工作人员竟然给他讲了一番很有哲理的话。

王东又想起泰山的广告语——登泰山保平安，便问登泰山怎么能保平安？那位工作人员思索片刻后回答：“在泰山发好愿，发善愿，让泰山见证，然后多做好事、善事，内心就会获得安宁，心安理安就会一生平安。”听完这些话后，王东受到很大的触动，就在泰山老奶奶像前默默许愿：将来一定要多做善事，祈祷泰山神明庇佑全家幸福。

敬拜过后，旁边的一名工作人员递给王东一张平安帖，亲切地对他说：“这个平安帖上面有‘日行一善’四个字，您可以在背面写下这一年准备做多少件善事，让神灵来见证。行善并不难，每天节约水电，不浪费粮食，见到人给他一个微笑，捡地上的垃圾，都是在行善，我们提倡不花钱的行善。再送您一本‘日行一善’小册子，您可以看看如何行善，相信您会更加幸福。上面有网址，您可以登录日行一善网站，加入会员，记录您每天做的善事，也希望您能带动更多的人去行善劝善。”

虽然王东去过的景点很多，但是像泰山这样把劝善放在第一位的还是头一次碰见，有如沐春风的感觉。于是，他没有犹豫，提笔在平安帖后面写下了发愿一年行善的数量：365件。

泰山的“日行一善”，给我留下了深刻的印象。回到北京，我去拜访一直关注全家福公司的白立新博士。他原来是IBM运营战略首席顾问，后来一直致力于在中国实践、推广稻盛和夫的“敬天爱人”理念，算是稻盛和夫的超级粉丝。正是在白立新的指导下，全家福顺利在泰山推行了“日行一善”的幸福哲学。

白立新告诉我：“全家福公司做的‘日行一善’也给了我很大启示，这让我想起泰山上的一块石刻——从善如登，从恶如崩。尽管行善跟登泰山一样艰难，但是唯有向内求，才能得到真正的幸福。日行一善，才能日积一福。老祖宗们早就在泰山给我们解开了人生幸福的密码。”

阳光穿过浓云的缝隙，照在云雾缭绕的龙虎山群峰之间。龙虎山是中国丹霞世界自然遗产地之一，被视为经典的丹霞地貌壮年晚期景观。（摄影 / 夏程琳）

龙虎山

张天师的道家乐土

在中国，有两大著名的家族传承千年，延续至今，成为中华文明的两大符号，一个是儒家的孔子家族，另一个是道家的张天师家族。中国道教的创始人张道陵，以最为古老的家族传承方式，延续着中国最本土的宗教文化，从另一种形式上实现了他的人生追求：长生不老乃至精神不灭。如今，这个绵延1800多年的家族，仍在道教祖庭龙虎山焕发着生生不息的活力。

千年世家张天师

在 1800 多年的历史长河中，从斩妖除魔，到伴君如伴虎，历代天师纵横捭阖，呼风唤雨，就此揭开了一个古老家族的神秘传奇。

斩妖除魔

说起道士，人们首先想到的，就是身穿八卦衣，手持桃木剑，腰悬宝镜，画符念咒的张天师。而我知道张天师，就是从小说《水浒传》里开始的。

那是北宋仁宗嘉祐三年（1058 年），京城汴梁瘟疫肆虐，老百姓伤亡惨重，仁宗为此减免税赋，大赦天下，以抗衡瘟疫，不料瘟疫反而越来越盛行。正当仁宗无计可施时，下面的大臣、参知政事范仲淹出主意，请出法力无边的张天师来开坛作法，以降瘟疫。仁宗大喜，遂命太尉洪信前往江西信州龙虎山，宣请张天师来朝禳疫。

洪太尉领旨来到龙虎山上清宫求见张天师。上清宫是历代天师举行重大宗教活动的主要场所，源于道教祖师张道陵在龙虎山炼丹时居住的“天师草堂”。洪太尉没想到，住持真人告知天师不在宫中，而是在龙虎山顶或云游四海，行踪飘忽。洪太尉正愁如何得见时，住持真人说，太尉“志不诚”故不得见。洪太尉只好硬着头皮，独自上山求见天师以显心诚。

一路上，洪太尉经历老虎和蟒蛇的惊吓后，只碰见一位骑牛吹笛的道童，仍不能得见天师，只得怏怏下山。下山后才被告知，原来那位道童就是天师。洪太尉不但不信，反而认为是道士们戏耍他，因此极为郁闷。次日，早就憋了一肚子火的太尉游山时，行至“伏魔之殿”，竟不顾众道士的劝阻，打开“伏魔之殿”大门，从镇妖井里放出妖魔三十六天罡七十二地煞，遂闯下大祸。这些被张天师镇压又被洪太尉放出来的妖魔，正是《水浒传》里的一百〇八将。还是洪太尉脑子转得快，他吩咐从人，隐瞒放走妖魔一节，假报天师除尽瘟疫，便可得到仁宗赏赐。

这就是《水浒传》第一回讲的故事《张天师祈禳瘟疫，洪太尉误走妖魔》。事实上，小说《水浒传》里能斩妖除魔的张天师，其历史原型就是江西龙虎山天师府的第三十代天师张继先。而且，正如小说所写，宋徽宗年间，天下瘟疫横行，张继先“书符投大瓮贮水，以饮疫者，皆愈”。也就是说，他以符水降服了瘟疫。后来，天下大旱，皇帝又命他求雨，张继先听命作法，结果大雨接连下了三天。

后来，山西解州的盐池发生水患，宋徽宗再次要张继先作法驱邪。这次张继先同样出手不凡，“书铁符投池中，怒霆磔蛟死，盐课复常”，用铁符投入水中，一时雷电交加，降伏了水中的蛟龙，治理了水患。宋徽宗好奇地问他用什么方法将蛟龙制伏了，张继先说：“我派遣的是关羽，您想看的话我可以召他过来。”说完，张继先手握宝剑施法，关羽马上应召而来，这下把“叶公好龙”的宋徽宗吓得够呛，惊慌中竟然不忘讨好关羽，撒了一把崇宁钱（崇宁是宋徽宗的年号）给关羽，说就以这个封赐您吧。于是，后世也将关羽奉为“崇宁真君”。

其实，小时候的张继先完全没看出什么天师的风范，直到 5 岁时竟然还不会说话。但是，有一天他听见公鸡打鸣，突然开了口，而且一鸣惊人，因为他开口就作了一首诗：“灵鸡有五德，冠距不离身，五更张大口，唤醒梦中人。”

到 9 岁时，张继先就继承了祖天师张道陵创办的道教——后来被称为正一派天师道，与金元时期北方兴起的全真道一起，构成了道教的两大派别。他降妖画的符，是一种似画非字的奇特符号，书写在纸、绢、木、石上，是天神的旨令，道士通过它来遣神役鬼，镇魔压邪，治病求福。道教自创建以来，就以符箓斋醮为主要活动方式，正一派天师道更是以此见长，又被后人称为“符箓派”。而历史上，关于历代天师作法来治理水患疫病、求雨抗旱等的记载，不胜枚举。

法力无边的张继先与宋徽宗见过几次面，而且两人之间还有过一段非常精彩的对话。那是崇宁三年（1104 年），张继先只有 13 岁。一见面，宋徽宗就问：“你在龙虎山，见过龙虎吗？”其实这句话问得很有玄机，看出宋徽宗的“狡猾”：要说没见过，说明你这位天师也太稀松平常了，连龙虎都见不到；要说见过，龙虎山里老有龙出没，说明有帝王之气，那皇帝对你能放心吗？所以，这个问题是宋徽宗给张继先埋了一颗“雷”。

但天师就是天师，张继先的回答令人拍案叫绝：“我在山里，老虎倒是经常见，只是今天才得以一睹龙颜。”其实，张继先只是说了句实话，龙虎山中确实有华南虎，新中国成立后还有老虎出没，只不过后来绝迹了。而龙本就是传说中的动物，有谁敢说自己见过呢？

张继先的话还巧妙地恭维了皇帝，自然令龙颜大悦。心情大好的宋徽宗又趁机问起了自己最关心的长生不老的话题，想让天师教教自己成仙的法术。这时张继先的回答又让人称奇了：“长生不老都是那些乡野村夫吃饱了没事干去鼓捣的，并不适合您这样九五之尊的人去追求。清静无为，同尧舜帝媲美，才是您追求的目标。”

这次见面一定让宋徽宗刻骨铭心，也让他见识到道教正一派张天师的过人之处。从此，他对道教推崇备至，并将道士的地位提高到与县官同级的待遇。第二年，即崇宁四年（1105 年），宋徽宗赐建给张继先一座府第，就是现在龙虎山上清古镇的天师府，至今已有 900 多年的历史。天师府也成了历代张天师的起居和祀神之所，又是历代天师掌管天下道教事务的办公衙门。自宋以来，历代王朝的帝王对天师及天师府都有封赐，直至清朝、民国，这里的荣耀与显赫延续了近千年，其间从未中断。

教主张道陵

说起张天师的家族，自然就得提到第一代天师张道陵。他本名张陵，祖先也是一位大有来头的名人——西汉开国大臣张良。张道陵是张良的第八代玄孙，祖籍是沛国丰邑（今江苏丰县），出生于东汉建武十年（34 年）的吴地天目山。

据说张道陵的降生充满了祥瑞之象。有一次，他母亲夜晚梦见一位天人从北斗魁星中降落到地面，有一丈多高，穿着一件彩绣的丝绸衣服，将蘅薇香交给她。一觉醒来，她发现衣服和居室都有一股异香，一个多月都不消散，随即感有身孕。生下张道陵的那一天，有黄云覆室，紫气盈庭，屋中还有日月之光。所以，这一切都注定他将有一个不平凡的人生。

张道陵少年时入太学（当时的最高学府），7 岁读《道德经》，读了 10 多遍就了悟它的内涵，还通天文、地理、五经、河图、洛书，博学多闻。东汉明帝永平二年（59 年），26 岁的张道陵就被任命为江州（重庆）令，但是他素来喜欢黄老清静养生之道，认为当官“无益于年命”，就辞官退隐到洛阳的北邙山修炼了三年。

虽然他想清静，但是朝廷似乎不想让他清静，三番五次地邀请他出山做官。比如，汉章帝建初五年（80 年），朝廷征 47 岁的他为“博士”（学官的名称），他“称疾不起”，也就是泡病号。要是知道他能活 123 岁，估计朝廷也不会轻易放过他了。和帝永元元年（89 年），也就是九年后，皇帝虽然已经换了人，但还是惦记着他，知道他有道，先是征他为“太傅”（位列“三公”的正一品大臣），后封为“冀县侯”，先后下了三次诏书。可张道陵仍然“耍大牌”，坚决不服从朝廷安排。也因此为他的继任天师们做了一个令后世皇帝头疼的垂范——屡召不就，你下你的诏，我修我的道。

也许是怕皇帝继续骚扰，张道陵干脆直接跑路走人，先是顺着淮河跑到了河南的桐柏太平山。到第二年的和帝永元二年（90 年），57 岁的张道陵开始踏上了漫长的寻仙修道之路。他带着弟子王长，从淮河进入鄱阳湖，然后溯流信江进入贵溪的云锦山。在云锦山，张道陵炼起了“九天神丹”，三年后“丹成龙虎现”，于是云锦山也就改名为龙虎山。此时的张道陵已经年过六十，但据说他吃了自己炼的丹之后返老还童，变成好像30岁的年轻人。他还广传弟子，以符水给当地人治病。后来，他北上河南嵩山，在嵩山的一间石室里得到了《三皇内文》《黄帝九鼎丹书》《太清丹经》等书。

当然，张道陵周游名山大川并非盲目地自助旅游，而是寻仙访道，调查民间信仰，收集天文、地理、图书、谶纬之秘等资料，并为日后的创教打基础。到汉顺帝（125~144年在位）年间，张道陵已年过九十，在大多数人看来，他早就到了该写回忆录的年纪。但这时他却做了一个不可思议的举动——进入巴蜀，去开创他的道教王国。

张道陵为何选择远到巴蜀传道？这无疑与他在重庆做过官有关系。他了解当地的民俗风情，是自己的“老根据地”，知道这里的老百姓性格淳厚，容易被教化，并且名山众多。在巴蜀传道期间，部分西南夷流传着杀人祭祖的传统恶俗。为了使夷民“心修正道”，张道陵与部分西南夷首领既斗争又团结，通过与他们设坛盟誓，不仅改变了其杀人祭祖的落后习俗，而且使众多被贬称为“鬼”的夷民，一跃成为道教的忠实信徒——“种民”。当“弟子户至数万”，张道陵又设立了二十四个教区，任命祭酒等道官来管理道民，形成了天师道早期教规和一套天神地祇体系。在鹤鸣山，张道陵还作道书二十四篇，自称“太上玄元”。

东汉顺帝年间（125~144年），当时政治黑暗，瘟疫流行，张道陵创立了五斗米教，也就是后人所称的道教，由其子孙世袭相传，教民入道要交五斗米。这种宗教是以老子为道祖，以道为最高信仰，以符箓斋醮为手段，以追求长生不老和成仙为最高境界。

天师府主持、祖天师张道陵血胤后裔张金涛（图中右前），率众参加传度授箓法会。

事实上，张道陵也没有让崇拜他的老百姓失望。据说张道陵曾往阳山治妖，有毒龙在深水池中兴风作浪，张天师书符一幅，投入水中，妖龙立即逃去。魏晋以后，符文曾被道教各派采用，使其蒙上了更加神秘的色彩。符咒成为道士与鬼神交际沟通的媒介，是为人消灾祛病的主要手段。而箓通常指记录诸天官名号的法牒，牒中有相关的符图咒语，是道士个人修身立业、升迁道职的“证书”，没有为别人防病除疾的作用。从张道陵这一脉传承下来的天师道，正是以符箓见长，故世称“符箓派”。

中国最早叙述神仙事迹的著作《列仙传》里，还记载了张道陵与众鬼交战的详细场面。说的是八部鬼帅带领鬼众，盘踞在西蜀青城山巅。张天师佩戴盟威秘箓，前往青城山战鬼。八部鬼帅带领千军万马攻击张天师，张天师以丹笔抵御，鬼卒皆死，鬼王困卧，叩头如捣蒜，求天师饶命……最后，张天师成功降伏众多妖魔，救济了苍生。

到东汉桓帝永寿二年（156 年），张道陵已经活到了不可思议的 123 岁高龄。这年的九月初九，他感觉“功成道著”，是时候离开了，于是效仿帝王传承的制度，将秘箓、斩邪二剑、玉册、玉印传授给长子张衡，并嘱咐道：世世代代由一人继承我的衣钵，非我家宗亲子孙不传。随后，他与夫人雍氏一起登上云台峰，“白日升化”了。

不同国家和地区的弟子，来到天师府参加传度授箓法会。（摄影 / 吴若峰）

重返龙虎山

张道陵“羽化”之后，长子张衡接替了他传道的责任。也许是因为他父亲威名太盛的缘故，这位张衡流传到后世的记载倒不多。除了正常的传道济世之外，他也颇有乃父的风范——朝廷招纳他做黄门侍郎（皇帝身边下达诏令的大臣），他也推辞不就。

张衡之后，继承道统的是他的儿子张鲁，而这位张鲁，却在中国历史上留下了浓墨重彩的一笔。这也得归因于当时的乱世，给了张鲁一展身手的机会。

当时正值东汉末年天下大乱，农民起义闹得如火如荼。当时的益州牧（四川成都的最高长官）刘焉非常崇拜天师道，在汉献帝初平二年（191 年）时，他任命张鲁为督义司马，与别部司马张修一起，挥师北上，袭击汉中太守苏固。将苏固击杀后，张鲁干脆一不做，二不休，连一同并肩作战的张修也杀了，将他的部众收编下来，占据了汉中，随后建立了一个名垂青史的道教政权。

张鲁的老上级刘焉做梦都没想到张鲁如此生猛和不听话，但事已至此，他也无法阻止张鲁的雄心大略了。没多久，窝着一肚子火的刘焉死了，他的儿子刘璋要替父出一口恶气，竟然将气撒在张鲁的亲属上，将张鲁的母亲和弟弟杀了。

张鲁知道与巴蜀的刘家结下了梁子，随时有被敌人攻击的危险。于是，他一方面巩固边防，趁势消灭南部的豪强势力；另一方面加紧完善天师道内部组织，并逐渐推行“政教合一”的地方管理架构。同时，他还组织发动教众，一边种田，一边练兵，两不耽误。此外，他还大搞慈善事业，免费给路人施舍米和肉，但是规定“量腹取之，过取者有祸”。春夏季节，他则禁止饮酒和宰杀牲畜。

在当时的乱世中，张鲁治理下的汉中成了周围民众竞相投奔的一方乐土，时间持续了 30 年之久，直到最后被曹操的大军压境，才打破了宁静。试图称霸天下的曹操一直对张鲁有所耳闻，知道这是一块必须啃下的硬骨头。汉献帝建安二十年（215 年），曹操亲率十万大军直奔汉中而来。

在权衡局势之后，张鲁计划向巴中退却，手下的将领们都建议张鲁“坚壁清野”，将所有物资、粮草、仓库都烧毁，不留给曹操一粒粮食。这种想法在两军对垒时应该是极为明智的，但聪明一世的张鲁这时却犯起傻来，竟然说：“我本来就想归附朝廷，但一直没下定决心。这次我们退却巴中，避开曹操的锋芒，并非是出于恶意，物资粮草之类的，本就归国家所有，就留给曹操享用吧。”估计当时他的部下听了，非晕不可。要知道，把粮草物资留给曹操，就等于早点让曹操追上自己，然后把自己杀掉一样。天下竟然有这样的傻瓜吗？其实，随后发生的事情证明张鲁非但不傻，而且很有过人的智慧。

在龙虎山的大上清宫，当地养生专家翁飞龙在练习道家的内丹功。

当曹操收到张鲁送的这份物资大礼时，做梦也想不到天下竟有这样的好事，这使得他对张鲁刮目相看了。这时候，仗已经没必要打了。曹操赶紧派了使者前去慰问张鲁，并且马上封官拜爵，拜张鲁为镇南将军，封阆中侯，邑万户，同时封其五子皆为列侯。

或许，就在此时，张鲁已经安排了家族的后事——重返龙虎山，远离曹操的控制。只不过，这一切准备都做得极为隐秘。而且，他把这一切都只能寄托在他的儿子身上。原因就是当时张鲁所处的位置在曹操控制的范围内，而他日思夜想去的龙虎山则属于吴地。再加上张鲁是曹操关注的大名人，想脚底板抹油开溜，应该比登天还难。

曹操攻取汉中之后，对天师道首领采取了恩威并重的两手政策：一方面对张鲁及儿子拜将封侯，另一方面却想方设法地削弱天师道的势力，将张鲁等天师道骨干北迁至邺城，以便更好控制。曹操的政治手腕也算玩得炉火纯青了，但是这次他打错了算盘，因为他的对手是张道陵的孙子张鲁，而修道多年的张鲁已有逃出生天的“妙计”。

首先，张鲁在申报“户口”上就偷偷地做了手脚，并没有将他的两个儿子列在“户口本”上。所以，外界知道他只有五个儿子，连曹操也被顺利蒙骗，只封了张鲁的五个儿子为列侯。而被隐瞒的两个儿子中，很可能就有张盛。这样，张盛才有可能逃脱曹操的控制而返回龙虎山。否则的话，中国道教的历史就要重新改写了。

其次，就要周密地计划返回的路线图了。如果直接走水路沿长江而下到龙虎山，自然省时省力，但是这个方案最大的问题就是不够隐秘。虽然张盛的身份还不为外人所知，但是保不齐有人告个密啥的，那就前功尽弃了。因此，选择一条迂回而隐蔽的崎岖之路，避开沿途兵丁，就成了上上策。一切准备妥当后，张盛从汉中秘密入川，然后辗转于贵州、广西、湖南一带山区，被迫当了一名出色的山区“游击队员”。更令人惊异的是，张盛还有超强的忍耐力，并不急

龙虎山一些悬崖峭壁上的洞穴里，遗存有古人的棺木。

于赶路，马上回龙虎山，而是耐心地等到三国归晋时，到了西晋永嘉（307~313 年）年间，才踏踏实实地回到祖爷爷的炼丹之地龙虎山。

自从张盛回归龙虎山创建坛宇，招徒传教以后，其子孙世袭效法，修道传经授箓，不过数代天师仍然秉承隐居苦修的修道方式，行为处事非常低调。但是，江南各地却掀起了信奉天师道的热潮，而且这股热潮延续千年，至今仍方兴未艾。

丹霞福地

气势恢宏的红色崖壁和大面积的侵蚀地貌，使得龙虎山将丹山与碧水完美结合，不仅构成一幅绚丽灿烂的地质美景画卷，也营造出一处罕见的珍稀濒危物种避难所和栖息地。

湖盆里拱出的丹山碧水

我从江西省东北部的彩色卫星遥感图片上，看到了一条东西走向的浅色影像构造，它向东一直伸入浙江省境内，在大地构造上被称为“中新生代信江断陷盆地”，龙虎山就位于信江断陷盆地的西南部。

或许这样的描述比较抽象，如果我们真正踏入龙虎山境内，就能切身感受到这个所谓的“断陷盆地”的魅力。只见这里水随峰流，山水交融，晶莹澄清的泸溪河就像一条玉带，串起了龙虎山两岸的珠玑，红色的岩石与绿色的树林、蓝色的河流构成强烈对比，呈现出无与伦比的景观效果，构成了绚丽灿烂的山水画卷。也就是说，经过亿万年的地质构造后，这块凹陷的大盆地早就悄悄隆起，变成了如今丹山与碧水完美结合的自然景观，而且它还有一个很有诗情画意的专业名称——丹霞。

丹霞是指在温暖湿润的季风气候条件下，发育在陆相沉积的红色沙砾岩的一种自然景观，也被称为“红层”。这类地貌是在陆相红层的基础上，由内力（包括抬升）和外力（包括风化侵蚀）共同作用而形成的。自中生代晚期以来，岩石序列、地质背景、暖湿气候等特征造就了该地貌的侵蚀过程和地形，从而保存和展示了比世界其他任何暖湿气候条件下的红层地貌地区更为丰富的地貌、生态、生物和景观特征。

正是以气势恢宏的红色崖壁和大面积的侵蚀地貌，包括栩栩如生的天然石柱、塔峰、沟谷、巷谷和瀑布，丹霞构成了一种罕见而独特的自然美。而这一切，也正是道教创始人张道陵走遍大半个中国后，临“羽化”前还叮嘱他的后人回到龙虎山的奥秘所在。

更为难得的是，幼年期、壮年期和老年期的丹霞地貌，在龙虎山都有发育，尤其以壮年期地貌为主体，以壮年晚期地貌最为典型。这里的丹霞地貌类型多样、典型、完整，保存的方山石寨、峰丛峰林、孤峰石柱等地貌类型达 23 种；有水流冲刷侵蚀、溶蚀风化、崩塌残余、崩塌堆积和溶蚀风化崩塌等多种成因类型，每种成因类型都有典型景观代表；景观及景观组合造型精美珍稀，远近高低错落有序，形态逼真，如老君峰、仙女岩、象鼻山、仙水岩等，都是世界上丹霞地貌景观中的珍品。

专家们认为，龙虎山丹霞地貌是在白垩纪时期形成的以紫红色厚层状沙砾岩为主的河湖相沉积地层，并非有些人认为的龙虎山过去是一片汪洋大海，后来才隆起成陆地。早在 9000 万年前，武夷山火山活动结束时，龙虎山北部出现大型断陷湖盆，南部武夷山脉岩石山体风化剥蚀下来的大小石块、沙砾和火山灰泥土，被山洪冲出山口，呈扇形大面积推向断陷下沉的湖盆中，层层堆积，厚度达 1000 米，并被压实为岩石。而且，当时气候炎热干燥，地表沉积物中所含的锰、铁等物质被强烈氧化，所以岩石都呈紫红色或者深褐色。

到距今 6000 万年前，受武夷山脉隆起的影响，凹陷湖盆抬升为陆地，露出地表的紫红色沙砾岩，开始受流水冲刷侵蚀，使得原始地表被切割为巨大的方山。方山受断裂带挟持，形成网纹状的节理、裂隙，并被不断冲刷、侵蚀、风化，结果方山越变越小，有的成了孤峰、孤山、石寨，有的成了峰丛、峰林、岩槽等，还有随之而来的各种洞穴，总计有 23 种类型和形态各异的造型景观。

沙砾岩各层面间所含的成分不一样，因此抗风化和侵蚀的能力不一样，有的被风化、侵蚀得快，所以很快就剥落、消失了；有的坚硬就保留了下来，从而形成了形态各异、千姿百态而又栩栩如生的地貌景观。当地人根据这些地貌的外表形状，发挥人的想象力，总结了“十不得”的传说故事，比如“莲花戴不得”“仙桃吃不得”“云锦披不得”等，成为游客们茶余饭后的谈资。而且，与广东丹霞山高峰林立的景观相比，龙虎山地势高差只有一两百米，因此地貌总体显得柔美俊秀、绚丽多姿，表现出一种阴柔之美。

密林里隐藏的濒危物种

如果坐上泸溪河的竹筏，顺着流水漂流到云锦峰附近，一抬头，老远就能看到红色的悬崖上有一片白花花的东西，很是醒目。这时，撑竹筏的艄公会告诉你：“悬崖上栖息着 2000 多只野生鸬鹚，这些白色的东西其实是鸬鹚的粪便，抬头看到粪便，也是好兆头，意味着‘奋发图强’嘛！”

从高空俯瞰龙虎山，就会发现，大面积红色沙砾岩已被茂密的森林植被覆盖。（摄影／管华鞍）

由于龙虎山丹霞地貌的自然特征，构成了高密度的相对孤立的生物栖息地，散布于沟谷和山顶之间。崎岖的地貌有助于保存完整的低海拔常绿阔叶林森林生态系统，是各类生物重要的栖息地，而且还成为一处罕见的珍稀濒危物种的避难所，具有重要的生物多样性价值。

比如，这里聚集了世界级濒危鸟种中华秋沙鸭的最大越冬群体。中华秋沙鸭在全世界只有近 1000 只，在龙虎山过冬的就有 200 余只，达到了国际湿地公约提出的国

气势恢宏的红色崖壁，栩栩如生的天然石柱、塔峰等，构成了龙虎山独特的丹霞景观之美。

际重要湿地标准。

作为第三纪冰川期残存下来的物种，中华秋沙鸭距今已有1000多万年历史，是中国特有的稀有鸟类，属国家一级重点保护动物，其分布区域十分狭窄，数量也极稀少。它属越冬候鸟，每年11月中旬至次年3月在龙虎山泸溪河段的上清、沙湾、蔡家桥、泥湾四个地方群集。

由于受中亚热带暖湿气流影响，龙虎山气候湿润，雨量充沛，四季分明，区域内植被类型多样，野生动物资源丰富，其中国家一类保护动物有：华南虎、云豹、梅花鹿、白颈长尾雉、黄腹角雉、白鹤、扬子鳄、白鲟、金斑喙凤蝶等；国家二类保护动物有：猕猴、穿山甲、江豚、水獭、大灵猫、毛冠鹿、羚、鸳鸯、猛禽、大鲵、虎纹蛙、阳彩臂金龟、硕步甲、拉步甲等；省级保护动物有：黄鼬、黑熊、三宝鸡、杜鹃、伯劳、灰喜鹊、红嘴相思鸟、尖吻蝮、金环蛇、银环蛇、乌梢蛇、眼镜蛇、金裳凤蝶、宽尾凤蝶、丝带凤蝶、黑紫蛱蝶等。

不过，在历史上，由于森林生态系统的破坏，农药污染，加上乱捕滥杀，致使野生动物资源日趋减少。20世纪50年代初期，华南虎还常出没在山区和丘陵地带，常有猛兽伤人害畜和毁坏庄稼，政府为保护山区人民财产安全，曾一度奖励捕杀野生动物。同时还表彰打虎英雄、打野猪模范，宣传他们的"英勇"事迹。山区农民多以猎兽卖皮为副业，致使兽类资源大幅度下降，华南虎已基本绝种。不过，近些年来，随着当地人对生态保护的重视，野生动物资源也在逐渐恢复当中。

此外，龙虎山优越的自然条件也孕育着丰富的植物资源，森林类型主要有阔叶林、针阔叶混交林和针叶林。据统计，区域内植物达100科、250属、460种以上，种子植物就有数千种，蕨类植物200多种，苔藓植物100种以上，菌类植物也有大量分布。

在这些植物中，最值得一提的种类之一就是红豆杉。它是世界上公认的濒临灭绝的天然珍稀抗癌植物，数量极少，仅见于深山老林，在龙虎山主要分布在上清林场、天门山景区等地。

红豆杉是经过第四纪冰川遗留下来的古老树种，已有250万年历史。由于在自然条件下生长速度缓慢，再生能力差，所以很长时间以来，世界范围内还没有形成大规模的红豆杉原料林基地。中国已将其列为一级珍稀濒危保护植物，联合国也明令禁止采伐。

另外，在龙虎山数量很多且居优势的植物群中，就有著名的"天师板栗"，由于它顶着张天师的名头，因此也成了龙虎山最有名气的特产之一。与别的板栗相比，天师板栗个大香甜，淀粉丰富。相传祖天师张道陵在龙虎山炼丹时，因为坚持素食，便栽了许多板栗树，以板栗来充饥。在他的影响下，历代天师纷纷效仿，在泸溪河两岸栽满了板栗树，也为龙虎山的上清镇赢得了"板栗之乡"的美誉。

武当山

大道无为的精妙诠释

起源于古代道士修炼的武当武术，将中国传统道教文化的精髓诠释得恰到好处，追求“无为”，而后无所不为。面对一位搏击高手时，也许你还没有动手，对方就已经输了，这就是武当武术的玄妙所在。它的出现，彻底颠覆了只有依靠强壮肌肉和力量才能取胜的技击观念。

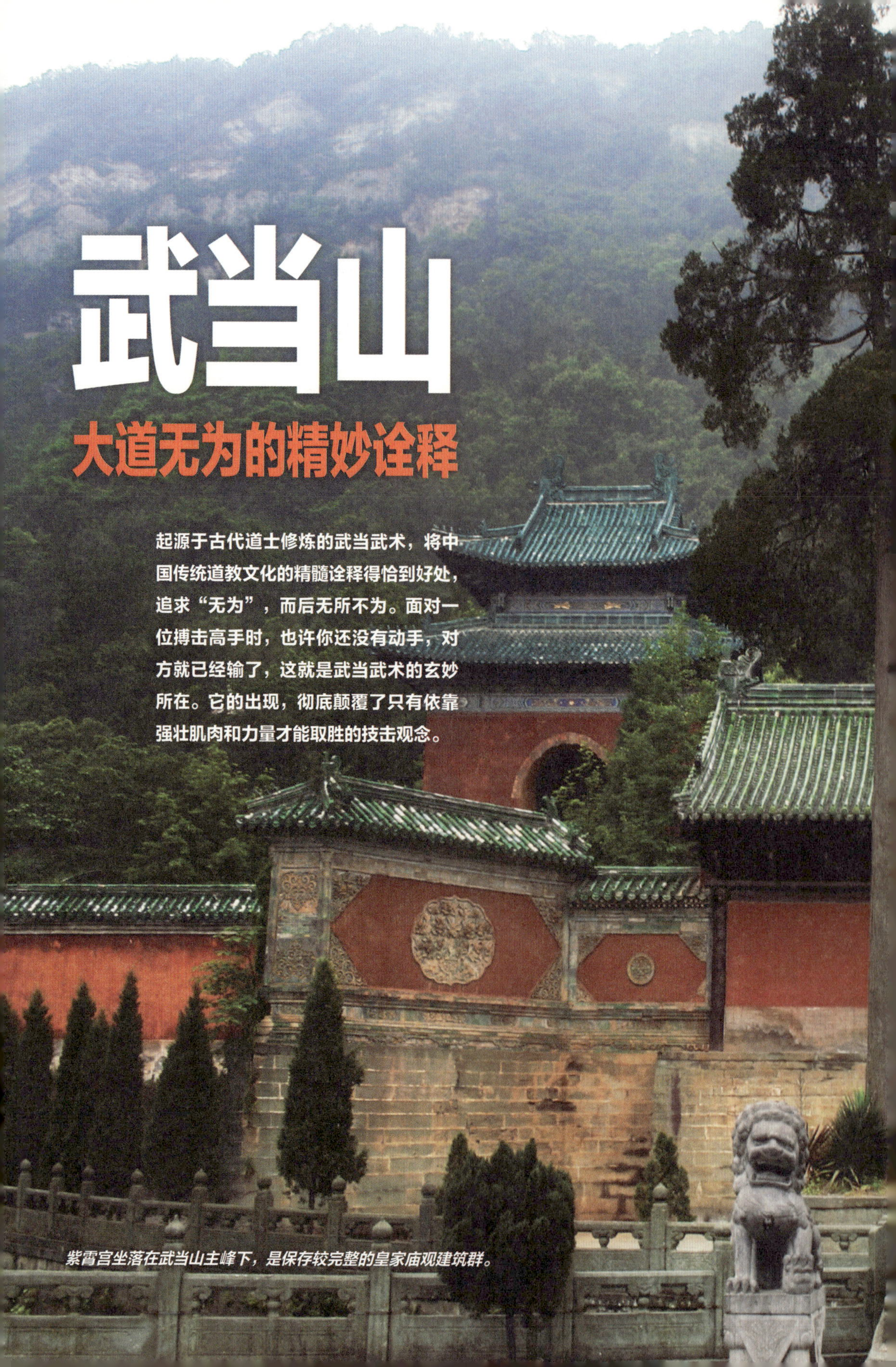

紫霄宫坐落在武当山主峰下，是保存较完整的皇家庙观建筑群。

练武与修行

一袭黑色道袍，头戴道冠，长须飘飘，身形圆润，始终面带微笑……在武当山宾馆华丽的中餐厅，我有缘见到一位武当山道长——钟道烛。时值 6 月，地处湖北十堰的武当山已进入盛夏，天气闷热得如同一个大蒸笼，而宾馆内空调的冷气已开得足够大，满桌的本地佳肴也散发出诱人的香气。

前一天，我刚沿着古老的神道，在一路大汗淋漓地攀爬后，登上了武当山最高峰——海拔近 1620 米的金顶。越往高处，成片的阔叶林越是粗大。由于雾气笼罩，四周的连绵群山和巍峨道宫都掩藏在一片白茫茫之中。云雾中的山峰，仿佛是被浩瀚大海包围的孤岛。此时我才明白，为何众人要把这里誉为神仙居住之地、高道修炼之所。

眼前的钟道长就长期在武当山修行，颇具仙风道骨。我对他的年龄产生了兴趣，冒昧地问他："今年您高寿？"钟道长微微一笑："我们道教有一个规矩，叫'道不言寿'。抱歉！"说话声音沉稳、洪亮并富有磁性。我为自己的失礼向钟道长道歉，他却呵呵一笑说没事。

钟道长老家在湖北，跟江西九江交界，如今是武当山玄武派第 13 代传人，师承三丰自然派；1983 年来武当山出家，是改革开放后第一批上武当山的，见证了武当武术近 30 年的发展历程。13 岁开始习武的钟道长，最早的启蒙师父是江西瑞昌的一位民间拳师，练的是岳家拳，来武当山出家后参加了武当山组织的武术队，开始练习武当武术。

1987 年，钟道长参加武当山首届武当武术擂台赛，结果一上台就晕。原来，平时他们一直吃素，一到比赛时体力就跟不上。于是，武当山的一些老道长和道教协会商量，决定武术队里习武的年轻人可以吃肉。当时武术队有两个任务：表演和比赛，而且练的都是传统武当武术，没有练过现代的散打。后来，比赛散打时，一戴上拳套，钟道长就不会打了。因为他平时练武当拳时，拳跟拳之间跟得很紧，攻防时手都连在一起。戴上拳套后，他出拳经常会被拳套阻拦，导致拳打不出去。后来，他慢慢去学习、研究比赛这一套规则。他还专门去崂山向匡常修道长学习腿法。因为在传统的武当武术里是没有腿法的，讲究"腿不过膝"。而在比赛时，没有腿法就很吃亏。

1987 年，钟道长开始带学生。1989 年，由道家协会创办、他来管理的武当山第一家武馆——道教武馆成立。2005 年开始，他把武馆交给徒弟打理，辞掉了道观里的工作，在五龙宫后面打了一个山洞，开始到洞里静修，闭关"充电"，直到 2009 年才出洞下山。因为他感觉，这些年来他在不断地耗费自己，能量即将耗完，需要及时补充。

这个洞里没有电，天黑睡觉，天亮起床，什么娱乐活动都没有。周围没有人烟，到最近的人家至少要走半个小时。在山洞四年，他练功、打坐，精神得到了恢复，心

武当武术因张三丰创建于武当山而得名，已被列为国家级非物质文化遗产。

也静了，又回归到自然。2009 年出洞下山后，他更为逍遥自在，赶上有来武当山采访的新闻媒体，也会陪着记者聊聊天。

钟道长还带了两个徒弟到山洞静修。徒弟都是年轻人，修炼的寂寞对他们无疑是最大的考验。师父知道徒弟的心思，隔一两个星期就派他们下山采购日用品。满山遍野的野菜如竹笋、香椿等，为他们提供了可口的菜肴。现在这两个徒弟，一个还在师父身边，另一个去了北京，给北京的信徒传授养生和太极拳的知识。

其实，徒弟们最害怕的是师父逼他们练功。在师父看来，不管是练内家（武当武术）拳或外家（少林武术）拳，基本的身体素质都要具备，体格要强健。内家功夫练到一定程度后才开始练气。所谓练拳化气，练气化神。丹田气也要身体强壮后才能练习。于是，他让两个徒弟从山脚下每人背一块一百多斤的石头到山洞，其实这些石头什么用也没有。徒弟背了一段时间后，还要通过练拳，把僵硬的肌肉放松。

师父还经常向徒弟灌输一些练功的理论：每个门派都有练拳和练功两种，所有练外气的门派，被称为外家。外家练的是中气，一种阳刚之气，不入筋络；还有一种气是入筋络的，是元精所化，练这种气的被称为内家。练内家拳能将经络气血调理得很充沛，能量集中用到一处。别看内家拳表面柔弱，一旦爆发，就会爆发在一个点上。而外家拳是靠肌肉的强壮来支撑，所以到了一定的年龄，威力会因为肌肉的老化而衰减。

传说武当武术的祖师张三丰也修过外家的功夫，而且达到精微的地步。当时皇帝召见，他在路途上碰见盗贼，单兵杀贼上百人，非常人所为。但是，他后来发现，外家拳有很多薄弱环节。比如，你打出一拳时，很多部位已经失守，别人就可以乘虚而入。最后，他把以前练的拳反过来，练到无孔不入，像水银泻地一样。

但对于武当武术究竟是否为张三丰所创，并且张三丰其人是否真实存在过，外界一直都有怀疑的声音。武当武术研究专家、《武当》杂志社社长刘洪耀则持肯定的态度。

刘洪耀认为，武当武术首先起源于古代武当山道士的修炼活动，因为道士追求今世长生，灵魂不灭，修炼外丹（丹药）和内丹（气功），从而延年益寿，长生不老。其次，武当武术来源于道教道士的法事活动。道士在法事活动中，会经常使用剑，用于驱鬼除魔，后来逐渐形成了武当剑和武当拳。

而到了明代张三丰时，关于武当武术的记载开始多了起来。《明史·方技传》记载："永乐四年（1406 年），侍讲学士胡广奏曰：'三丰深通道法，拳技绝伦。'"为此，明太祖朱元璋、成祖朱棣先后多次请其进宫，他都避而不见。最后，皇帝拿他也没办法，只好为他在武当山敕建规模宏大的遇真宫，铸造鎏金铜像安奉。

传说张三丰观看雀蛇相斗，发明了武当拳。刘洪耀认为，可能历史上真有其事。雀代表刚猛，而蛇代表柔软，最后蛇以柔克刚获胜。这个故事非常合乎内家拳的特点。但是，类似于金庸小说里的武当武功，如隔山打牛，只能说是一种意境，并不真实。

田道长的武馆

清晨，当阳光穿透树叶洒满小院、枝头小鸟高声鸣唱的时候，一座环境优雅、灰瓦白墙的四合院里仍然显得静悄悄。但是，该建筑——武当山理阳内家武术馆的主人田理阳道长已经带领 20 多名学员，站在院子里，开始了一天的练功。

马步，闭目，意守丹田，双手画圆从上往下……田道长的动作缓慢沉稳，仿佛千钧压顶，气贯太岳。此时，阳光将树叶的影子投射到白色的墙壁上，而田道长就在斑驳的树影间如仙鹤般缓慢而优雅地起舞。树上传来的鸟鸣，好像是在给他伴唱。自始至终，他的眼睛微闭，仿佛外界的一切都不存在，他只是游走在自己的世界里。

"看一个人内家武功是否高深，从外形上有一个简单的判断，就要看他是否'含胸拔背'，肩要松、要垂、要圆，如果肩是向上耸立、有棱角的话，那么他的功夫就有问题。"田道长告诉了我关于武当内家拳的一个小窍门。

作为武当山玄武派第 14 代传人游玄德的徒弟，田道长算是玄武派第 15 代传人。所以，若论起辈分来，玄武派第 13 代传人钟道烛道长还是他的师爷。

田道长的头上也挽了一个发髻，系一根黑色的发带，长须浓眉，身材圆润，肩膀下坠，从外形看，比钟道烛道长更显魁梧。

当年，田道长也是受《少林寺》电影的影响迷恋上外家拳，后来到湖北荆州的一家武校去学习。这家武校的教练恰好是从武当山临时请过去的游玄德道长。所以幸运的是，从外家拳到内家拳，他没有走弯路。后来，田道长为了拜游玄德道长为师，三上武当。而他与一位空手道九段高手的较量，惊心动魄，让人近距离窥探到中国神秘的武当功夫与外国技击术之间的直接碰撞，实在是令人称奇。

那是 1997 年的夏天，在武当山道教三丰武馆任教的田道长，接待了一个来自奥地利的武术团。这个团中有一位奥地利的空手道九段高手，名叫托尼，身高 1.9 米以上，肌肉发达，力大无穷。他再三要求与田道长切磋。见无法推托，田道长答应下来。

第一个回合，田道长微闭眼睛，不看托尼，侧身静待他出手。武当拳讲究凭感而发，无须刻意准备。托尼大吼一声，一记重拳直冲他脑门而来。外家拳的特点是打到哪里就是哪里，第一招之后，要想出第二招，就必须撤步回去重新发力出招。而内家拳看似柔弱地打过去，一旦接近对手的时候，则会突然发力，这叫“寸进发力”，这是外家拳所不具备的。

一些孩子在武当山的一座武校接受专业的武术训练。

武当山金殿始建于明永乐十四年（1416 年），是中国现存最大、等级最高的铜铸鎏金大殿。（摄影 / 张兴）

学员们在武当山的一座武校进行训练。

田道长见拳已过来，稍一动身，顺势将对手的力量引开。托尼见第一招没有击中，准备后退发第二招。这时，田道长已经不给他机会，借势上前，两手一合，从中线反手一掌轻打在他的鼻子上。接着，落肘撞在托尼的胸口上，顺手又是一掌重重地抡盖过去，打在他的脖子上。一瞬间，闪电般的几个手法令托尼防不胜防，有点晕头转向。

第二个回合，托尼抬手冲田道长脸部虚晃一招，右腿猛地向他踢过来。田道长上步用左手轻轻引开来拳，就像牵着牛鼻子一样，然后瞬间贴近对手，扶着他的大腿，导致对手失去重心。这时田道长右手一记反抽抽在他的鼻子上，迅速微侧身横肘顶住他的胸口，随之落手反打在他的裆部。一连串的手法一气呵成。内家拳有一个特点，实战时“进者生，退者死”，不能对手一打自己就跑。

第三个回合，托尼采取稳扎稳打的方法向田道长出手。他先是围着田道长转了两圈，突然从身后猛击。田道长早已感知他的拳路，顺势一拧身，轻接来手，顺势双手一拢，哗啦哗啦，两条手臂就上来了。外家拳一般都是硬碰硬，一招对一招；而内家拳则像鞭子猛抽一样，击打的点神出鬼没，本来着力点在上面，但最后击打的却是下面，就像鞭子抽一样，对手无从招架。正像武当拳彦所说：“不招不架，只是一下，犯了招架，十下八下。”托尼招架不住潮水般的击打，只能抱着脑袋到处乱跑，最后蹲在一棵百年桂花树下不敢动了。

多年来的习武，让田道长明白，其实武当武术的宗旨是以养生为主，技击为辅。

武当武术的高深就隐藏在养生中，令习武者可能平时不觉得自己有多高深的武功。这就是道家的“无为，而无所不为”，一切都是水到渠成的。

武当武术又讲阴阳观念。习武者初入门时，要放松自己，将自己回归到无极之态。别人打拳过来，我是主动去顶，还是化解？化解得越深，再大的外力作用在你身上也找不到着力点，就像击打在水里一样，软绵绵的。达到一定水平后，面对一位搏击高手时，也许你还没有动手，对方就已经输了。武当功夫的玄妙就体现在这里，并不是只有靠强壮的肌肉和力量才能取胜。

田道长的武馆现有学员 20 多人，传授武当武术以及养生之道。很多徒弟，比如他的大弟子清风子，现在也开始创办自己的武馆。田道长发现，现在来学武术的年轻人在逐渐减少。不少年轻人认为，练武术要花很多钱，要吃多年苦，而且能否达到一个较高水平还是未知数。不过，也有很多人包括外国人已经意识到养生健体的重要性。武当山脚下的众多武馆、武校，如曾经获得过中央电视台“武林大会”总冠军的陈逵武校，也借助武当山这块风水宝地，得以生存下来。

不过，刘洪耀认为，目前武当武术的影响力与威望与少林还有一定的差距，以少林功夫为载体的少林武术已形成产业，而武当武术产业尚未形成。这是因为，武当武术受道人“宁可失传，不可误传”“修身养性，顺其自然”等思想影响，在传播方面受到制约。

武当武术“活化石”

赵剑英老人站起身来，示意我向她出拳。她轻轻舒展手掌，将我的来拳化解，然后肘部趁势击向我的肋部，其动作之迅速令我大吃一惊。如果是实战的话，此刻我已经被击中软肋倒下了。

意犹未尽的老人向我讲解其中的奥秘：她习练的太乙五行拳与太极拳同属一个流派，一个很重要的身法是以胯部带动腿部，而不是平常我们惯用的以腰部带动腿部。这样做的好处是使得下肢的根基非常稳固。老人示意我站好弓步，她一个跨步向前，面对我，右腿紧紧地贴住我的右腿，膝盖顶住我的右腿内侧，然后胯部稍稍用力一转，我的右腿已经失去平衡，突然往后一栽。老人迅速拉住我的手，否则我就要扑倒在地上了。此刻，我已大汗淋漓，对于太极拳这种近身缠斗的技巧，算是领教了。

赵剑英老人已是中国武术界的“国宝级”人物，她是国家级非物质文化遗产武当武术的代表性传承人，武当太乙五行拳正宗传人，被誉为武当武术的“活化石”。她一生坎坷，虽然从小习武，但一直到 54 岁才有缘师从武当武术的正宗传人。

我们赶到老人位于丹江口市闹市区的工作室时，正好碰上她送一拨儿外国客人出来。听说这拨儿客人是专程过来采访的一家美国电台，为此，丹江口市的主要领导也亲自陪同前来，并对老人嘘寒问暖。等这拨儿人走了，我们坐下来，听赵剑英老人讲述她极为传奇的一生。老人一头银发，梳理得一丝不苟，眼睛炯炯有神，满口的牙齿颗颗健在，看书竟然不用戴老花眼镜。她的皮肤看起来仍然光滑，不过眼睛周围呈现出一大块黑色，后来才知道，原来是“文化大革命”期间她曾被关押过两年，心情极度郁闷下导致脸色变黑了。

赵剑英出生在武当山下，幼时体弱多病，时常拉虫吐虫，长辈们都称她“活不长”。6 岁那年，与赵剑英大哥有患难之交的国教官来访，见她身体虚弱，便教她大洪拳、小洪拳等民间武术强身。没想到赵剑英一练就会，半年之后，她的病竟然不治而愈，随后她一直未停止练功。

新中国成立后，赵剑英随丈夫覃辉回到广西。由于武术功底深厚，赵剑英多次代表广西武术队参加全国各类武术比赛，并屡次获奖。

1963 年，覃辉被划为“右派”后，赵剑英被迫带着孩子回到老家均县（现丹江口市）。1969 年，她因传授武术而遭到诬告，入狱两年。1979 年，赵剑英被落实政策，在均县体委当武术教练。

1980 年，全国武术观摩交流大会在山西太原举行，时年 54 岁的赵剑英代表湖北队表演。因此她结识了浙江代表队的金子弢，真正接触到正宗的武当武术。金子弢原名爱新觉罗·溥寰，是武当山俗家弟子、武当太乙五行拳正宗传人之一。金子弢决定把自己苦苦研习数十年的太乙五行拳传授给她。

这次大会上，赵剑英被金子弢的拳法震撼了。她虽然生长在武当山下，但此前练习外家拳居多，对真正以柔克刚的武当拳法掌握并不多。太乙五行拳以五行相生相克之理为依据，以养气健身、制敌自卫为宗旨，讲究尚意不尚力，贵化劲而不硬抗，借力打力，化力于无形，这与外家拳讲究手脚并用、爆发力、弹跳力、打击力的要求完全不同。

随后，赵剑英又结识了武术大师沙国政、吕紫剑等人，习得武当三丰剑、太极剑、八仙剑、八卦掌、形意拳等武当武术。

1996 年，赵剑英在武当山开办剑英武术馆，正式授徒，培养的弟子遍布国内外。她还是武当山道教协会原会长王光德、武当山道教协会原副会长游玄德、钟道烛等道长的武术教练。

告辞时，赵剑英老人站在门口向我们挥手。我回头，看见老人一袭白衣，身形挺拔，夕阳斜照在她满头银发上，给这位历经沧桑的老人镀上了一层金光。她的孙女送我们到路边，双目含笑，双拳合抱，左手在上，行的是道家标准的礼节。门口，一块书写有“国家级非物质文化遗产武当武术传承基地”的牌子被阳光照耀得熠熠生辉。

武当山玉虚宫玄帝殿，为重檐歇山木结构建筑。

在西藏定日县海拔 5200 米左右的加乌拉山口，可同时观赏 5 座 8000 米级雪峰（马卡鲁峰、洛子峰、珠峰、卓奥友峰、希夏邦马峰）。

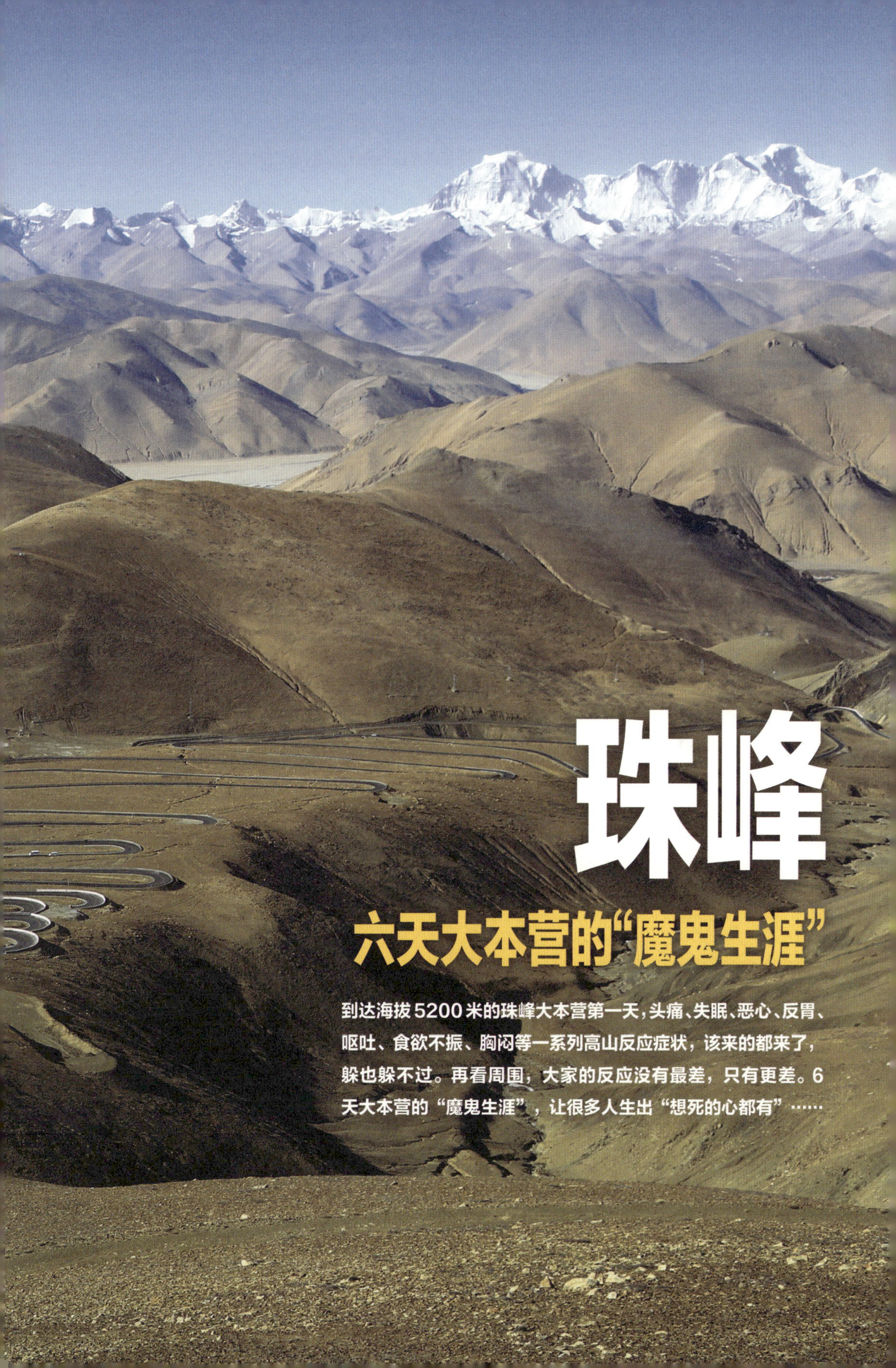

珠峰

六天大本营的“魔鬼生涯”

到达海拔 5200 米的珠峰大本营第一天，头痛、失眠、恶心、反胃、呕吐、食欲不振、胸闷等一系列高山反应症状，该来的都来了，躲也躲不过。再看周围，大家的反应没有最差，只有更差。6天大本营的“魔鬼生涯”，让很多人生出“想死的心都有”……

两个“大本营”

“你这小身板也能爬珠峰？”“最好带上藏红花口服液，要慢慢活动，逐步适应。”“高山反应厉害吗？饭能煮熟吗？山上大小便怎么办？”人还没上珠峰北坡大本营，周围朋友的一大串问题犹如高原稀薄的空气，压得我喘不过气来。

带着对珠峰的某种神秘和恐惧感，在经过拉萨（海拔 3650 米）、日喀则（海拔 3800 米）、定日（海拔 5000 米）的三天适应后，又经过 6 小时的长途汽车颠簸，我终于到达海拔 5200 米的珠峰大本营，至此 6 天大本营的“魔鬼生涯”算是开始了。要知道，此前我完全没有高原体验，上过的最高海拔也没超过 2000 米。

与我想象的浪漫景象相去甚远，珠峰大本营位于山谷里，四周都是光秃秃的山，也没有白雪覆盖。只是在某些背阴的山谷低洼处，还可见残存的少许积雪。

在山谷的平坦地带，由一个个巨大的绿色帐篷围成一个“凹”字形的帐篷方阵，这就是著名的西藏登山学校的训练营地。但凡来登珠峰的探险者都会在此驻扎，进行高海拔的适应性训练，登山学校可以为他们提供全套登顶珠峰所需的服务——后勤、向导、装备等。

我们居住的帐篷就在“凹”字形帐篷方阵的外侧，都是两人的小型户外帐篷。帐篷由自己搭建，地面是一块块石头，虽然垫上了软垫，晚上睡在睡袋里仍然很硌背。而且，睡袋很小，钻进去就像被包了“粽子”，人睡在里面很难翻身，活像闷在罐头里的沙丁鱼。

如果爬上周围的高山往下看，在“凹”字形帐篷方阵的外侧一圈，布满了许多五颜六色的登山小帐篷，与绿色的帐篷组成一幅绚丽的画面。

平时，只要走出帐篷，我就能看到远方一座被白雪覆盖、外形酷似金字塔的最高峰巍然耸立在天边，它就是世界第一高峰珠穆朗玛峰。时常有一团团的白云环绕在珠峰周围，像给珠峰披上了一件圣洁的纱巾。而此时若赶上夕阳时分，太阳的光辉又会给珠峰镀上一层金色的光环。这时，通常也是珠峰最美丽的时刻。

我们吃饭、开会、休息都是在一个很大的帐篷里，里面有一张铺着桌布的长条桌子和一些椅子。桌子上面摆满了大家的水杯、饭盒、食物、充电器、电脑之类的物品。

山上的电力靠发电机提供；水是从大本营附近的一条小河里背上来，河水是高山上的雪水融化而成；而平时吃的肉、蔬菜等食物和做饭用的液化气罐，都是靠汽车运输上来的。大本营有公路直通山下。

对于普通游客来说，珠峰大本营是不开放的，所以它充满了某种神秘色彩。其实，在珠峰大本营下面，也就是上绒布寺下方不到一公里处，还有一个“大本营”，那是对普通游客开放的旅游区。这里也有很多大型帐篷，帐篷门口都立着招牌，写的诸如“和平旅馆”“珠峰雪绒花旅馆”“定日珠峰宾馆”“美扎格桑旅馆”等中英对照名字，很有珠峰和国际特色。来自世界各地的游客可以住在帐篷里，里面有烧羊粪的炉子，可以取暖和烧水。我喝过这里的开水，一股子羊粪味儿。床铺就是绕着帐篷四周摆设的板床，宽度仅可供一人睡下。每个床铺一晚不到 50 元，吃饭要另外收费。旅馆老板大都是当地的藏民。每个帐篷前，有旅馆老板摆的工艺品摊子，上面摆的是藏族的特色首饰、藏刀、鹦鹉螺化石等。

没想到，由于海拔稍低，后来供游客使用的这个“大本营”竟然成了我们的“避难所”。只要在珠峰大本营出现较强高山反应的人，都会下撤到这里来调整。等身体状况稍微好转后，再重新上到 5200 米的大本营。

强烈的高山反应

到大本营的第一天，头痛、失眠、恶心、反胃、呕吐、食欲不振、胸闷等一系列高山反应症状，该来的都来了，躲也躲不过。再看周围，大家的反应比我也好不到哪儿去，没有最差，只有更差。一个个萎靡不振，坐在帐篷里大口喘气，就像垂死的鱼儿拼命地在张大口吸气。在困难面前大家还不忘开玩笑，说氧气稀薄得“连屁也舍不得放”，因为放屁也是耗氧的事儿。

说实在的，参加这次“零公里行动”，来珠峰大本营进行垃圾清理活动，还是有心理准备的。临行前，我特意加强了运动，储存了能量，还备足了防晒霜、润唇膏、花旗参、牛肉干、板蓝根之类的高原必备品，户外服装、鞋帽、手套、防紫外线眼镜等更是一应俱全。但一旦上了高原，我才发现，来这里不是登山，而是“玩命”来了，要时刻与自己身体的痛苦做艰苦的斗争。

到大本营的第二天，我终于迎来了入藏以来最严峻的考验。头天夜里，睡在全是硬石头做“床板”的帐篷里，睡袋又小，只能直挺挺躺着。由于高原缺氧，人已经头痛欲裂，一个晚上都没睡着。而且，我的胃很难受，总感觉有一股东西要往外翻涌。

好不容易熬到第二天早晨起来，一时感觉天旋地转，还没等我站稳，突然胃里开始翻江倒海。我往前走几步，想离帐篷远一点，“哇”的一声，开始剧烈呕吐起来。我蹲在地上，头昏眼花，眼冒金星。我一看，地面上的呕吐物还是昨天晚上吃的那些食物，并没有消化。因为高原缺氧，人的身体需要尽快调整以便适应，于是，少得可怜的一点氧气便优先供养了大脑和其他重要器官。而胃部由于氧气不足，基本处于罢工状态，无法将吃下去的食物消化，所以只好将里面的食物通过呕吐的方式进行处理，使胃部得到休息，尽可能地少消耗氧气。

同行的娜娜见我仍然蹲在地上，面对那堆呕吐物，就对我说："你怎么还不起来呀？对着呕吐物更难受的。"我低垂着头，大口喘着粗气说："我倒是想起来啊，但起不来，浑身没劲儿。"她过来拉了我一把，我才踉踉跄跄地站了起来，脸色发白。

我坐在帐篷外的椅子上，头一阵眩晕。太阳晒得浑身有了暖意，困意渐渐袭来，但又时刻提醒自己不能睡。因为在缺氧状态下，大白天睡觉将会导致人体机能受到损伤，加重高山反应，也会严重影响晚上的正常睡眠。于是，关于睡觉，出现了一个奇怪的现象：白天时，高山反应下，大家都非常困倦，很容易睡着，但又强忍着不能睡；到了晚上，该睡觉时，却因为头痛加剧，想睡觉却根本睡不着。

我显得百无聊赖。帐篷不远处的一个垃圾箱，里面堆了一些生活垃圾，一群黑色的大鸟飞过去，在垃圾堆翻拣可以填饱肚子的东西。我很佩服这些高原上的精灵，它

在海拔 5200 米的珠峰大本营，物资驮运主要靠牦牛。

们为了生存，找到了一条捷径——紧跟人类。只要有人的地方，就一定有食物。

大本营的晚上很寂静，也很枯燥。由于高山反应，大家连平时喜欢玩的“杀人游戏”也提不起精神来。于是，我们又找到了一个新的兴趣点：找登顶珠峰七次的阿旺占堆聊天，听他讲一些登山故事。

皮肤黝黑的阿旺占堆是藏族人，在给我们这些“粉丝”签名时说：“大本营的邮局（中国海拔最高的邮局）寄一张明信片盖个章要5元，我的签名最少要10元啊！”大家听后哈哈大笑。阿旺还在签名本上留了自己的QQ号码。阿旺说起他第一次登顶珠峰的经历：上山的路途两旁，躺着很多登山遇难者的尸体。一些尸体的指甲、头发还在长，就像被装在冰箱里冰冻起来一样，当时看得他汗毛直竖，后来见多了也就熟视无睹。大家听后，觉得既害怕又悲伤。

在和阿旺占堆聊天时，时间过得很快，让我暂时忘记了身体的难受。但是，一旦闲下来，漫漫长夜对身心的煎熬着实令人抓狂。我不知道，接下来的这几天，我是否能顶住高山反应的袭击，安然通过大本营的考验？

藏族厨师格旦

我到大本营的第一天就认识了藏族厨师格旦，并很快和他混得很熟了。他个子不高，头发有些卷，脸上有典型的高原红，始终挂着微笑。他穿一件很旧、开了线的蓝色羽绒服和迷彩棉裤，头包一条方巾，左右耳朵上分别带着绿松石、红宝石的耳环。

像格旦一样，大本营专门安排有几名藏族高山厨师为我们做饭菜。这些高山厨师绝非浪得虚名，而是在西藏登山学校里经过专门培训的。他们不仅有丰富的高山攀登经验，对高山气候也非常适应，而且烧得一手好菜。可以说，正是因为有大本营作为我们可靠、专业的后盾，才让我们的吃喝问题得到了专业级的照顾和指导。

我们每天的食谱中，早餐一般是粥、馒头、鸡蛋、咸菜；中餐和晚餐是两荤一素，都是川菜风格，荤菜有回锅肉、土豆炖牛肉、莴笋炒肉，素菜有炒油菜、圆白菜；主食有米饭和馒头，还会搭配油菜粉丝汤之类的。有时候也会换换口味，做一个蛋炒饭，然后加一个土豆丝和一个汤。除了米饭稍有一些夹生之外，菜做得算是相当可口了。但是，高山反应让我们面对美味提不起任何食欲。而且，每吃一口饭，都要停下来喘一口气。在深呼吸之后，大家才能再次强迫自己将饭菜塞进嘴里。

在大本营的西藏登山队里，有不少队员曾经登顶珠峰六七次，他们中的很多人也学过高山厨师。因为他们经常会协助其他登山者攀登珠峰，所以在高山上做饭也成为他们可以提供的一项重要服务。

格旦除了做饭，还有一项重要工作要做——当放牛娃，看护大本营的 3 头牦牛。这些牦牛可是大本营的“宝贝”，它们肩负往更高海拔为登山者驮运行李、装备、食物的重任，平时就在大本营旁边的山坡上吃草。

有一天，格旦见到我，向我比画着指指远处山坡上的几头牦牛。因为格旦不会说普通话，所以我跟他沟通时基本靠比画带猜。我知道他是让我跟他上山找牦牛，心想：“我待着不动都喘得厉害，你还折腾我上山？你真不把我当外人啊！”不过，看着他很真诚的样子，我豁出去了。

我爬山坡的样子一定极为狼狈，一直在气喘吁吁地拼着老命，外带手脚并用，感觉肺就要爆炸了。而让我绝望的是，格旦却身轻如燕，一眨眼就上到坡顶，去拽牦牛的大犄角了。好不容易下到帐篷里，我抱着水壶猛灌了几口。我们喝的水是从周边山上流淌下来的雪水，烧开后再喝。在高海拔，烧开的水根本到不了 100℃，不过由于

我们一行来珠峰大本营的主要目的，就是“拾荒”——收集人类的废弃物。

水质纯净，喝下后也不会闹肚子。为了降低高山反应，大家不停地大量喝水，加快体内水循环。然而，在大本营拼命喝水绝不是一件享受的事情，经常能见到大家一边喝水一边大口喘气，因为喝水也是一件费力费氧的事情。

吃喝完毕，还得解决拉撒的问题。在海拔5000多米的地方，大小便究竟有多难？其实，大本营的卫生设施已经相当不错了，专门修了简易的公厕，在里面方便既能避风，又能防晒，还能防“狼”（针对女士而言）。但是，毕竟这里是高海拔，如果你还想在平原地区方便那样，一边悠闲地翻看书报，一边吹着口哨，那就大错特错了。首先，要走100多米才能到厕所。这100多米的距离，放在大本营，难度只会比在平原地区走几公里更大。就在你气喘吁吁地迈进厕所大门并开始蹲下方便后，你的头部会因为缺氧而剧痛起来。如果赶上半夜起来方便，就更得忍受冰冷刺骨的寒气和漆黑寂静的恐惧了。

大本营还专门建了一个简易的洗澡间。不过，这种海拔我们是不敢洗澡的，因为害怕着凉感冒，谁都知道在这里感冒的后果。在大本营的6天，我们甚至连洗脸和洗手都省略了，每天都是蓬头垢面、胡子拉碴的。这样虽然不美观，但是绝对保护皮肤，能给皮肤增添一层天然的防紫外线保护膜。

登山捡垃圾

“有穿高帮鞋的，走队伍的前面；穿矮帮鞋的，走后面。要尽量走在前面人的脚印里，这样会安全。矮帮鞋不贴脚，比较硬，路上的积雪可能会灌到脚里，会不舒服。而且，雪会融化，很快就会把脚冻伤。眼睛不要对着积雪直接看，它反射的紫外线最强。”面对我们这些大都是首次到高海拔的“菜鸟”，经验丰富的领队野马不厌其烦地给我们讲述登山要领。

“在路上，体能好的人尽量把节奏放慢一些，体能差的人把节奏加快一些。大家若感觉到自己体能不行，一定要主动提出撤下来。不要感觉自己体能衰竭的时候才下来，这样需要人搀扶下来，就会影响到整支队伍的行进。出发！”野马一声令下，我们“零公里行动”公益活动的重头戏开幕——前往海拔5600米的营地，接应前锋队伍在更高海拔捡拾的垃圾，并将垃圾运回到大本营。

我们统一着装，排成一列，从大本营出发，向上攀登。跟刚来大本营相比，由于身体状况原因，已经有三个人提前下山了。我走在队伍的中间，脚踩在石子路上“嘎吱”作响，虽有高帮登山鞋的保护，仍能感觉到石子对脚底板的冲击力。于是，我每一步

图中最高耸的山峰就是珠峰，还有它标志性的旗云。

都走得很小心。尽管步伐比平地走路要慢至少一半，但是仍然感觉呼吸异常粗重。

由于这两天刚下过雪，周围光秃秃的山上被覆盖上一层薄薄的积雪。不过还是看得出，这里的冰川融化了很多，而过去这周围都是冰川。在这里，我再次体会到全球气候变暖的残酷影响力。我抬头看了看远处的最高峰——珠峰，它仍然被皑皑白雪所包围。多年后，它的遭遇是否会跟现在这里的情况一样？那时，我不能想象，失去冰雪的它还是否会有现在的魅力。

越往上走，我的高山反应越强，头痛得犹如针刺，呼吸也变得更加急促。不过，我还在坚持。一路走过去，发现路边的垃圾并不多，只有一些矿泉水瓶、易拉罐、烟头、塑料制品等，我拿着垃圾袋，一路走，一路弯腰捡拾。

这时，一阵叮当的铜铃声传过来。原来这是脖子上挂着铜铃的牦牛走路传过来的声音。往山上运送物资的藏民卸完物资，赶着牦牛，又将空液化气瓶、塑料桶运下山。牦牛见人过来，主动躲避在一旁，或者绕道而行。再看赶牦牛的藏民，他们显然对这里的环境很适应，走起路来健步如飞。他们穿的其实都是普通的棉衣，脚上穿的竟然

还是绿色的解放鞋。见此情景，全身被户外装备包裹的我们，只能甘拜下风。

我们原计划要上到海拔 5600 米的高度，结果因为大家状态低迷而在 5400 米处就返回了大本营。返回后，大家将自己捡拾的垃圾堆在大本营的空地上。从捡回的垃圾分类来看，第一类是可以回收的铁皮罐头、易拉罐、塑料瓶以及厚纸板、纸盒等；第二类是可以降解的生活垃圾（食物），属于不可回收类。最后清点垃圾，战果还算辉煌：硬纸壳 23 公斤、易拉罐 360 个、塑料瓶 180 个、玻璃 15 公斤。这些垃圾在分类后，不可回收的垃圾被卡车运到山下定日县的垃圾填埋场进行填埋。

5 月 2 日，“零公里行动”志愿者团队撤离珠峰大本营。6 天大本营的“魔鬼生涯”，让很多人“想死的心都有”。好在再艰难的事情大家都挺了过来。尽管领队野马登山经验丰富，上过高原，却在大本营感冒了两次，最后也挺了过来。他每天抽烟仍然很凶，路过我身边的时候，还会拍拍我的肩膀：“小伙子，这次高原之后，你的身体就有了记忆，以后再上高原就好多了。”

野马的话多少给了我一些信心，让我想起动画片《喜羊羊与灰太狼》里灰太狼经常说的那句口头禅，我也想对大本营说：“我还会再回来的。”

人人心中都有一座“山”

登山可以接近大自然，那是一种美到极致、艰难到极致的体悟，刻骨铭心而意味悠远，在精神层面带给王静越来越多愉悦的享受。比如那种大爱，让人开始体会到超越物质利益背后的珍贵价值。

在大本营看珠峰，这座世界第一高峰仿佛近在咫尺。

2007年，王静第一次攻顶8000米级雪山卓奥友峰，就遭遇雪崩。看来，上天对她确实非常“厚爱”。

那天，登顶之后，王静还没有来得及体会登顶的愉悦，潜在的巨大危险已经悄悄迫近，而她却浑然不觉。

刚刚下降了一小段，王静正吊在几乎垂直的雪壁上时，一条巨大、几乎是直泻而下的白色“雪龙”，腾云驾雾，海啸般从上面营地冲了下来。“雪龙”中还裹挟着一顶营地帐篷，从王静眼前呼啸飞过。她不知道帐篷里是否有人一起被雪崩卷下了山底。不过，她此时早已自身难保，无法顾及别人的生死。她立刻本能地埋下头，身子使劲往雪壁上贴。雪打落在她的头上，擦着她的后背疾掠而过，在山下方发出“轰隆隆”巨大的声响。

天哪，雪崩啦！对登山者来说，遇到雪崩，几乎就等于在劫难逃了。

很快，周围一片寂静，王静睁开眼睛，发现自己还在绳子上吊着，主绳被她下意识地紧紧握在背后的手里。如果刚刚没有握紧手中的主绳，她就已经随雪崩滑坠下去了。

死神就这样与王静擦肩而过。

在能随时嗅到死神气息的登山途中，王静偶尔也会从皑皑雪山上举头遥望，寻找家乡的方向。她在四川资阳的一个小山村长大，是个地道的川妹子。爸爸是个本本分分的普通工人，她小时候，爸爸在外地工作，一年也就回家几次。妈妈是村干部，正直能干，乐于助人。她是家中最小的，用四川话说就是“幺妹儿”，从小就受宠。

小时候放学后，王静经常和小伙伴们一起放羊、爬树、掏鸟窝、摘野果、编鱼篓、在泥巴墙上乱画。现在想想，当年她的这些“本事”，后来在登山、设计户外产品、公司管理上，好像还都派上了用场。再后来，从读书、打工，再到创业，她一路走来。这些年来，她结婚、生子、创业、登山、救援、念书学习、公益环保……这种种选择，起初都充满了偶然。但是，这些选择所带来的变化已成为她生活和生命中的一部分。这里面蕴含着她对自然、生命和这个世界的理解。也因为山，她领略到山上山下、山里山外很多不一样的东西。

不过，在开始高海拔登山前，王静爬过最高的山只是北京的香山。儿时更不知道，世界上的最高峰有8000多米，也不知道它们的名字。起初登山时，她只是想试一试，把这当作一次难得的长途旅行，说走就走，说干就干，其他的没有多想。

登山如此，人生也是一样。你选择了怎样的生活，就会有怎样的困难需要克服。在途中，除了收获，还会面临意想不到的重重考验，但那是你自己的选择——既然已经作了选择，你还有退路吗？

没有。唯一能做的就是坚持。可能与不可能，都在于自己曾经选择过、努力过。

登山，是王静在事业、家庭之外的选择，但这个选择却是直面死亡的过程。

说起真正的登山，那是2007年，一次休年假的偶然机会，王静与雪山结缘。在懵懵懂懂中，她登上了非洲之巅乞力马扎罗山。那是她第一次尝试爬雪山，是个真正的“菜鸟”，却是第一个登顶，第一个下撤。下撤后，王静见到队长王勇峰，第一句话就是“我要去登珠峰”。那时的珠峰对王静而言完全是一个梦。而在很多人看来，“菜鸟”级的她放出豪言要登珠峰，也无异于痴人说梦。

但庆幸的是，王静的圆梦时刻并不太晚。2010 年 5 月 22 日早晨 6 时 5 分，迈上最后一步，王静从尼泊尔珠峰南坡登顶珠峰，站在了 8844 米的世界之巅。

向前俯瞰，远处是广袤的西藏大地，环顾四周，是一座座峰尖云海。但王静却没有想象中的丝毫兴奋，心中有些茫然……

有多少人为站在这里，经历了难以言说的艰辛与磨难，甚至付出了生命。

这一刻，只为站在这里。有人说：“选择登山，就是选择了魅力与死神同在。”也有人形容：“登山者像一群不管不顾的疯子。”然而，人类的探险基因就在这群“疯子”中迸发展现，他们不知疲倦地奔波在未知的世界，一边梦想着破解自然密码，一

王静在南极点的留影。供图 / 王静（飞雪静静）

边在奇妙的探险中自由绽放，在探索中成就一个崭新的自我。

探过路的人都知道，路由心生。当你无路可走时，坚持，靠的是信念，靠的是胆量。

人生本就像攀登一座高山，能否达成目标，重要的不是你现在的位置，而是你选择向哪个方向移动。只要认准目标迈出第一步，你就能学会在困难中坚持，在坚持的过程中充实自己，逐渐成长，实现梦想。

终极梦想，也许不是每个人都能实现，但可以肯定的是，每个人只要脚步不停，距离梦想一定会越来越近。

世界上海拔超过 8000 米的山峰，共有 14 座。从 2007 年到 2012 年，王静有缘与其中的 7 座在顶峰相遇。一次又一次地站在峰顶，她不明白，自己为什么会作出这

攀登珠峰前，王静在 LOBUCHE 峰进行适应性训练。摄影 / 王静（飞雪静静）

样的选择，为什么一直还走在这条路上。

没有答案。王静，只是听从了心的召唤。

登山家马洛里说，“因为山在那里”；王静说，“山不过来，我就过去”。王静的内心有一种动力在牵引着她，指引她不断攀登，找寻一种更为积极主动的人生态度。

王静曾静静地坐在南极的冰天雪地里，看到蓝天白云与雪地完全融合在一起，感觉遥远的北极就在眼前，地球仿佛已化为一滴甘露，刹那间汇入她的心田。那一刻，有点儿像科幻片里的时空穿越。这种探险过程中的新奇感受，也促使她一次次踏上新的征程。

透过登山，王静也领悟到，珠峰的高度终究可以丈量，而生命所能创造的高度永远都超乎想象。实现人生价值的方式有很多种，只要努力“攀登”，一步步超越自己，人人都能到达自己的人生之巅。

2011年登顶洛子峰后，在下撤途中，两名男队员手拉着手下山，步履很艰难。后来，一名队员走不动了，另一名队员拿水给他喝，然后拉着他继续往前走。王静发现他们的相处是那么和谐，那是一种发自内心对别人的关爱。她认为那是一种大爱，要是在以前，自己并不能理解。这种爱，也包括对自然的敬畏，对环境的爱护，对一草一木、一片雪花、一块岩石的关注。

登山可以接近大自然，那是一种美到极致、艰难到极致的体悟，刻骨铭心而意味悠远。这种体悟一旦生成，就可以无缝融入生活中来，在精神层面带给人越来越多愉悦的享受。比如，那种大爱，让人开始体会到超越物质利益背后的珍贵价值。

大自然的美好，更反衬出人类居住环境的糟糕。王静开始反思自己的行为，包括公司管理、产品选材等问题。她参加阿拉善SEE组织的公益活动已经6年，每年交10万元年费来治理环境。她之所以愿意参与，就是源于一种内心的感动，希望从自我做起。她还准备完成一次“7+2”（攀登七大洲最高峰，且徒步到达南北两极点），同时在沿途做一些环保公益活动。

从内心来说，王静是一个完美主义者。以前她达不成目标时，就会纠结。但当她在登山中不断面临死亡的威胁后，内心再纠结时，就会想到曾经历的死亡，那么还有什么可纠结的呢？其实，每个人心中都有一座“山”，即使你没有登山，也会有另外的一座“山”——比如科学家的科研，艺术家的作品，记者的文章。每人只要努力做到自己的极致，就已经登上了心中的“山顶”。

有一名厦门大学的女大学生，大学毕业后准备考研，但内心很痛苦纠结。她在微博里看到王静登山的视频后，留言说，看到她的登山经历，很受鼓舞，要坚持把研究生学历拿下来。不到半年后，她在王静微博里再次留言，说自己已经考上了研究生。对此王静也很欣慰。也许在不经意间，自己对爱、敬畏、环境的理解，也能带给其他人一些正能量。

第二篇

水色

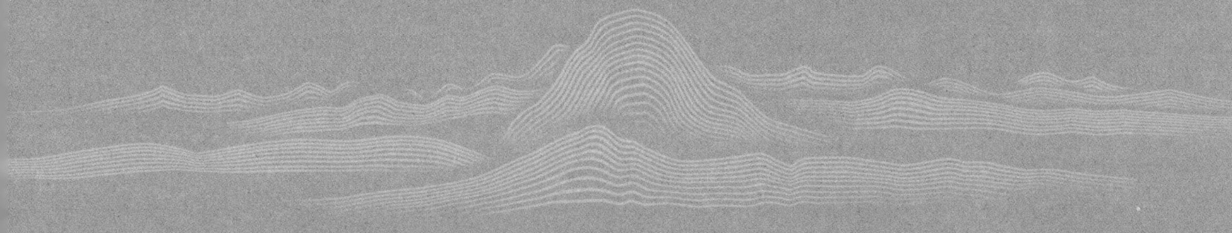

黄河上游河段被筑坝蓄水后，河水变得清澈而平静。

黄河

从源头到入海口的雄浑

我曾跟随“黄河十年行2012”生态考察团，沿着黄河从黄河源一直走到入海口，近距离考察与接触了中华民族的母亲河——黄河，发现这条哺育中华民族成长的河流正在发生着巨大的变化。而这条河流两岸的人们也在经历着新时代的快乐与忧伤……

逐年变化的世外桃源

我跟随“黄河十年行 2012”生态考察团十几个人的队伍一行，抵达青海果洛州海拔 4300 米的玛多县城之后，一些队员相继出现了高原反应，我的头痛也开始加剧。一名队员因为高原反应导致心脏不适，在紧急吸氧后仍然不能缓解，就被连夜送到低海拔的共和县去了。这也导致队伍中的紧张气氛上升，大家心里都有点七上八下，生怕下一个倒下的就是自己。我在暗中祈祷，希望自己能安然挺过这个难关。虽然外边的温度已经在零摄氏度以下，入夜时分天空又飘起了雪花，但是好在我们入住的扎陵湖宾馆有电热毯，睡得还算暖和。

在藏语里，玛多意为“黄河源头”，这里的东北角有被牧民称为神山的阿尼玛卿大雪山，西南向是黄河发源地巴颜喀拉山，两山相互对峙，而黄河就擦着玛多县的西南角静静地流过。

第二天早上 7 时起床，我居然感觉还不错，头痛似乎有所缓解。不过，我们入住的扎陵湖宾馆有点糟糕，二楼唯一的一个公共厕所竟然没有水，里面的臭味已经令人无法忍受。来之前，我就听说，由于生态环境的恶化，号称“中华水塔”的三江源已经出现用水困难的情况，这次在黄河源头的玛多县终于见识到了。

我下楼到宾馆的院子里，想找一个能方便的地方。没走几步，突然传来猛狗狂吠的叫声，吓得我急急停住脚步，缺氧的心脏突然高速工作起来，“咚咚”直跳，这直接导致我的大脑更加缺氧而一片空白。只见前面一条凶猛的黑色藏狗正冲着我大叫不止，可怕的是，它一边咆哮，一边在猛力撕咬身边的一块木头，似乎是在展示它的肌肉，警告我赶紧躲远点儿。好在它被拴在狗棚上，否则我的下场会很惨。

我迅速逃离藏狗把持的宾馆大院，来到玛多县城清冷的大街上。偶然间，我用被冻得近乎失灵的鼻子嗅了嗅，发现空气中飘荡着一股浓烈的牛粪燃烧的气味和酥油茶的醇厚清香。一名藏民乘坐的摩托车打扮得很花哨，车上还装了高音喇叭，一路播放着悠扬的藏歌，从街上华丽地招摇过市。后来，我发现这种摩托车也成了藏民出行的主要工具。他们会拿自己的牛羊去换摩托车，开了没多久，就出现了故障，由于维修点极少，所以他们干脆将故障车一扔，再去换一辆新摩托车接着开。因此，在藏民家，我们经常看到他们家门口扔着一堆摩托车。在很多外人看来，家里养的一头头牛羊变成了一堆堆废铁，确实有点可惜。不过，对他们来说，生活本来就是无拘无束的。

此时，一道粉红色的霞光照亮了早晨的玛多县城。县城街道并不宽阔，两侧都是重新修建的两三层藏式风格的楼房商铺，成为一些宾馆、饭店、商店的门面。这时的县城街道上行人还很少，偶尔只有几名身穿厚厚藏袍的牧民或绛红色僧袍的喇嘛从街道的店铺前悠闲地走过。与我相遇时，我会一本正经地双手合十，跟他们打招呼："扎西德勒！"他们则回报一个个质朴的微笑，小伙子也会露出一排整齐的牙齿，其中两颗闪闪发亮的大金牙格外醒目。后来，我才发现，这里的帅小伙都喜欢在自己的牙床里装上两颗金光闪闪的大金牙，据说一颗牙就得花费好几千元。

对于这些藏民的质朴和善良，我是打心眼里喜欢和赞叹，所以也非常乐于跟他们打招呼，并跟他们聊聊天。哪怕我经常会遇到不会说汉话的藏民，相互拍拍肩膀，握握手，也是一种心与心的交流和沟通。他们祖辈生活在青藏高原的高寒地区，通过传统的游牧方式，与大自然和谐地生活共处，也向世人展示了一种人类与大自然如何相处的独特生存之道。

就在我在大街上漫无目的地闲逛时，我碰见了喇嘛强巴。他是县里一座寺庙里的喇嘛，这座寺庙只有五个喇嘛。路上，不断有路过的藏民过来跟他打招呼，大家彼此之间显得很熟络、亲切。

黄河流经的腾格里沙漠地区，有在此放牧的牧民。

强巴喇嘛到寺庙出家 3 年了，家在玛多县下面的一个乡里，家里有 6 口人。“我的汉话说得不好，我哥哥汉话说得很好，专门到西宁学过汉话，也是跟我在一个寺庙出家，是一个大喇嘛。”说起他哥哥，他脸上露出了自豪的表情。他有一个姐姐还有一个弟弟在西宁读卫生学校。

强巴喇嘛说今天他要和另外三位喇嘛，到县城下面的一个牧民家里念经。这家牧民是专门请他们去做超度法事的。他邀请我去观看这个法事。我说我们马上要去黄河源，没有时间了，并请他留一个电话。他说：“我哥哥汉话说得好，我把他的电话给你。以后你来玛多县可以联系他。”

一会儿，一辆从玛多县城开往塘格玛的中巴车停靠在路边。这辆车是一辆公交车，车头的玻璃窗下面放着一张活佛的照片，很是醒目。强巴喇嘛坐上这辆车，上车后，又冲我挥了挥手。车里的人都纷纷向他合十问候。

这天，和我们一起去玉树州曲麻莱县麻多乡寻找黄河源头的玛多县人朵华本告诉我们，即使是在县城，他们一天三顿饭吃的也主要是奶茶和糌粑。他特别强调，糌粑是他们的主食。

就在玛多县加油站的附近，我发现，在一个大型的垃圾箱旁边，竟然有几头牦牛在大快朵颐地吃着垃圾。前些年，我们曾感慨高贵的大天鹅在山东荣成天鹅湖吃开了垃圾；今天，竟然看到有着“高原之舟”的牦牛也把垃圾当成了自己的口粮。

高原上的雪真美，染白了大山，让海子披上了银装。在苍茫的高山和峡谷之间，我们时常可以看到点缀在白雪之上的藏原羚、沙狐、藏野驴、鹰、鼠、兔等野生动物，也可以看到一大片散布在斜坡上的黑色牦牛。

在去黄河源头的路上，我们见到了一户牧民家。这是一座简陋的土坯平房，房前停着 6 辆摩托车，不过有 3 辆已经不能骑了。屋后有一个拉着经幡的玛尼堆。房子周围就是草甸和雪山，但是草甸出现了一些退化的迹象，有些地方裸露出了沙地。一群黑色的牦牛就放养在草地上。远处，在草甸和雪山之间，隐约间，可以看见一条细长的河流，那就是黄河了。对于他们来说，自然是值得崇敬的神灵。但是，现在由于气候和人为的因素，生态环境的恶化，反过来也影响到他们的生存。最直接的变化，就是草场退化对他们的牲畜造成了影响。

我们到达时，藏族女孩丘绒楚正从河里挑着一担水往家里走。她身穿藏袍，脸被一块黑口罩遮得严严实实。令我惊讶的是，她竟然穿着一双黑色高跟鞋，挑起水来却健步如飞。朵华本告诉我，在藏地，如果能碰见藏民挑水，是一件很吉祥的事情，因为挑水就意味着家里的水就要满了，生活就会幸福。

在丘绒楚的家里，她出生才 3 个月的女儿正躺在床上，大眼睛在滴溜乱转。看见我们进来，这个小家伙竟然露出了笑容。她浑身被一件厚厚的棉衣包裹着，外面还用一根很粗的麻绳捆着。对此，丘绒楚解释说，这是他们这边的习俗，为的是防止孩子变成罗圈腿。同行的一家媒体的女记者也是一位母亲，见此情景，她很担心地对丘绒楚说，可不能将孩子捆起来，以免影响孩子的发育。丘绒楚听了只是捂着嘴偷偷地笑。

房间里的陈设很简陋，有一张小床，简陋的沙发，还有一个烧牛粪的炉子在吱吱冒着热气。屋里的墙壁上，挂满了活佛照片、佛像唐卡之类的圣物。看得出来，她们一家也是虔诚的佛教徒。

经我们的要求，丘绒楚终于摘下口罩，神情显得有些害羞。她是一位很年轻、漂亮的藏族姑娘，身体很健壮、苗条。她给我们倒上一杯热乎乎的奶茶，招呼我们坐下喝茶。一束阳光透过土坯房窗户的红色窗帘照进来，使得小小的房间里充满了红色的暖光，一瞬间也似乎变得春意盎然起来。丘绒楚告诉我，她丈夫在外边做生意，自己一个人照顾孩子。临分别时，她抱起孩子，对着我们一直幸福而羞涩地笑着。

源头生态恶化的根源

美丽的藏族姑娘丘绒楚完全有理由憧憬未来的美好生活，不过，她或许并没有特别感受到，她的家园已经面临重重危机了。

被誉为“中华水塔”的三江源对中国的重要性不言而喻：长江总水量的 25％、黄河总水量的 49.2％、澜沧江总水量的 10％均来自这片面积 30.17 万平方公里的区域。这里是世界独特的生物基因种植资源生态圈之一。

但是，从 20 世纪 70 年代以来，三江源的生态环境开始恶化。雪线上升，湖泊萎缩，湿地退化，径流量减少。早在 2001 年，黄河源头曲麻莱县的 108 眼井就有 98 个已见底：玛多县内 4077 个湖泊有 1000 多个已干涸。三江源退化、沙化草地面积，已经占可利用草地面积的 53.77%。高寒草甸的鼠害面积占可利用草场面积的 28.49%。国家一级保护动物——藏羚羊由原来 10 万余只一度下降到 3 万余只（后来的数量在逐渐恢复），马麝已濒临灭绝，白唇鹿、马鹿、雪豹数量锐减。从 2005 年开始，中国政府投资 75 亿元启动三江源生态保护和建设工程。

对此，气候变化加人为破坏共同发生作用，这一观点似乎已被普遍接受，但主因何在，却一直存有分歧。

在对黄河源区玛多县进行分析后，中国科学院地理科学与资源研究所、中国科学院西北高原生物研究所的研究人员曾经提出：过度放牧是导致这里草地退化、鼠类侵入的主要原因。

中国科学院寒区旱区环境与工程研究所的刘时银教授则认为：气候变化是黄河源区生态恶性循环的根源。近 50 年来，黄河源区的平均气温上升了 0.88℃，近 30 多年年均冰川面积减少速度是过去 300 多年的 10 倍。还有一些研究证实：气候变化造成了黄河源区湖泊的严重萎缩，这些研究包括：青海省果洛州气象局专家的气象分析，以及中国科学院寒区旱区环境与工程研究所研究员金会军的黄河源区冻土研究。

青海省水土保持局副局长张艳认为，是自然因素和人为活动的破坏，共同使得三江源生态环境急剧恶化，水土流失不断加剧。青海省水土保持监测总站站长马良军也认为，自然的原因是三江源区生态环境逐年恶化的决定因素，而人类肆意的开发活动，使原本十分脆弱的三江源生态环境更是雪上加霜。这些人类活动包括：草场过牧超载，无规范的淘金、采药、挖沙，以及不断增多的各种基本建设项目——铁路、公路、水利水电工程和矿产资源开发等。

那么，造成黄河源区生态恶化的首因，到底应该归于哪里？

“由于国家的退牧还草的禁牧措施实施，现在野生动物越来越多，牧民家养的牲畜越来越少。” 玛多县农牧林业科技局副局长朵华本说。

当天上午的一个小时车程之内，考察小组沿路发现 18 头藏原羚，2 头藏野驴；其后从鄂陵湖到扎陵湖、黄河源的一路上，由于周围草原靠近湖泊水源，沿路发现的藏原羚和藏野驴的数量在急剧上升，其中藏原羚 136 头，藏野驴 441 头。而鹰、雕鸮、雪鸮等草原猛禽，沙狐等肉食动物，以及赤麻鸭、斑头雁等水禽，也不时出现在视野之内。

事实上，新华网 2012 年发布的一篇报道也印证了我们此次的发现。该篇报道说，目前玛多县境内的藏原羚数量已达 4 万只以上，比 10 年前增加了 1.5 万只；藏野驴 3 万多头，增加了 2000 多头；岩羊 7000 多只，增加了 4800 多只，其他野生动物和各种野生鸟类的种群和数量也有明显增加。

藏族牧民桑巴拉家夏季放牧的帐篷“夏窝子”就扎在离鄂陵湖出水口不远的黄河边上。他说：“我记得 9 岁（1996 年）的时候，这里水多，草长得很好。后来，我 16 岁（2003 年）的时候，湖水退了好多，草也不好好长了，许多牛羊都挨饿了。2010 年后开始水多了，草长得也好，牛羊都吃得饱，羊比过去都大了。湖水年年都在涨，和我小时候的印象差不多了。”现在，他的父亲和两个妹妹都搬迁到县城定居了，只有他和妻子、两个孩子留在草原牧牛放羊。

气象部门的卫星监测数据也表明：2003 年，鄂陵湖和扎陵湖的水域面积达到历史最低点，分别是 578 平方公里和 493 平方公里；2011 年，两湖的水域面积则增加为 677 平方公里和 560 平方公里。由于降水的持续增加，“千湖之县”玛多县在过去萎缩和干涸的湖泊多数已经恢复。

在青海共和县至循化县之间黄河沿岸放牧的村民。

过去，一些媒体的报道和专家的观点告诉我们，三江源由于过度放牧，已经造成了严重的生态破坏，导致草原退化、沙化现象日益严重。于是，国家采取了在三江源地区进行禁牧、生态移民的措施，为的就是保护日益脆弱的高原草甸。但朵华本副局长表示："一只羊需要 28 亩草场来养活，而一头牦牛需要相当于 4 只羊的草场面积，一匹马则需要 5 只羊的草场面积。目前，整个玛多县牧民养育有 12 万头牲畜，而整个草场面积可以养育 300 万头牲畜。"如果算上现在这里的食草野生动物，也只有 20 万头。也就是说，按照现有的草场面积，还远远没有达到过度放牧的程度。

由于禁牧，这里的草场目前空荡荡的，只是偶尔看到几群牧民放牧的牦牛和羊群。中国科学探险协会奇异珍稀动物专业委员会副秘书长赵连石说："合理数量的牲畜啃

黄河源头一处盐碱地，被耐盐碱的植物染成了红色。

食、踩踏以及轮牧，对草原不但不是破坏和毁灭，反而能帮助其更好地良性发展。”

在由中国草业学会主办的《草业学报》上，刊登了一篇题为《不同放牧制度对荒漠草原地上生物量及种间关系的影响》的文章，也佐证了赵连石的观点。该文表明：采用围栏放牧控制试验，研究了不同放牧强度和放牧方式对封育9年荒漠草原地上生物量及种间关系的影响。结果显示，第一，放牧强度对生长季不同时期牧草地上生物量的影响不同，中度自由放牧小区的牧草地上生物量在整个生长季都高于封育小区；第二，环境条件对牧草地上生物量的影响较大，在光、热、水等资源充足时，自由放牧区的牧草地上生物量均高于封育禁牧小区，当遭遇高温干旱胁迫时，自由放牧区的牧草地上生物量的增长量均比封育禁牧小区低，中度轮牧草场表现出较好的抗胁迫能力；第三，中等强度的四区轮牧方式为研究区最优的放牧模式，它一方面减缓了群落界面上的资源竞争，另一方面促进了本氏针茅群落的顺行演替。以上结果表明，合理地调控人类放牧制度，能够促进草地生态系统功能提高，从而起到恢复和保护草原的作用。

据《曲麻莱县畜牧志》记载：1974年，全县牲畜存栏突破百万大关，跨进全省“牲畜百万县”行列。1985年是全县畜牧业实行承包责任制的第一年，但就在该年青海遭遇特大雪灾，牲畜损失大半。1995年的大雪灾又让全省畜牧业遭遇重创，此后全县牲畜数量就再也没恢复到1985年之前的水平，现在全县只有牲畜49万多头。而在牧民们的印象中，20世纪80年代中期至今是生态退化最为迅速的时期。

青海省社科院在2006年所作的一项研究报告中指出，2004年，三江源的牲畜数量实际上与1957年相当，但大牲畜所占比重和出栏牛羊的体重均大幅度下降，这说明单位牲畜占有草场面积增大，消耗的草量却在减少。那么，过度放牧是否减轻了或不存在呢？报告给出了否定的答案，因为草场的产草量同时也在大幅下降。

既然过度放牧主要集中于20世纪80年代以前，为何在20世纪80年代到21世纪初牲畜大幅减少的情况下，生态退化依旧加剧？青海省社科院的报告认为，在政策开禁后采挖虫草、贝母、红景天，特别是大规模的掘金是草原退化的主要人为原因。目前采挖并未完全停止。对人为破坏的分析，环境地质学家、探险家杨勇的看法与该报告一致：“不能把所有账都算在现在的牧民头上，新中国成立以来历次政治运动对生态的破坏，如今后患依在。”

显然，让牧民们放弃游牧生活，黄河源区的生态状况并没有恢复到人们满意的状况。有数据表明，扎陵湖、鄂陵湖这一带的沙化面积达7.62万亩。而整个三江源区的沙漠化面积已达4400万亩，且每年仍在以7.8万亩的速度扩大。在从玛多县向东约110千米的黄河乡，有一座蜿蜒起伏五六十千米的黄沙山，如一条金黄色的丝带飘荡在山间，令人触目惊心。

由此看来，这里的草原沙化是一个不争的事实。不过，如果究其元凶，应该可以排除掉过度放牧这个因素。

在 10 月下旬，仍然随处可见长势旺盛的草甸。一群群食草动物在悠闲地啃食着这些天然牧草。对于高寒草甸来说，雨水才是主宰者。

往年鄂陵湖湖边的一条道路，已经被湖水淹没。在气候变化的影响下，水量增多是一个明显的迹象。

黄河源区雨量的多少，会直接影响这一年的草原。雨量多，草原上的植被就长势旺盛，反之，则植被萎缩，而依赖草场生存的各类动物也会直接受到影响。

青海省西宁市气象局研究气候变化的专家刘彩红认为，大气降水、地表蒸发和气温是影响黄河源区流量的主要因子。黄河是以大气降水为主要补给源的河流，因此，降水是流量演变的驱动因子。气温升高引起蒸发增加，也会使冰雪融水补给增多，从而改变流量的形成条件，是流量的重要影响因素。首先，黄河源区增温主要是从 1987 开始，且有加快的趋势，20 世纪 60 年代平均气温为 –0.66℃，90 年代达到 0.18℃，比 60 年代升高 0.52℃。在 2000 年后的近 10 年气温升高尤为突出，比 90 年代增加了 0.85℃。其次，黄河源区 1963~2012 年 49 年来均降水量没有出现明显的趋势性变化，但具有明显的年际和年代际振荡。从降水的年代际来看，20 世纪 60 年代初至 70 年代中期为降水减少时段，70 年代中期至 80 年代末进入多雨期，90 年代后又经过一个低值阶段，进入 21 世纪降水又开始有回升的趋势；近 49 年来，黄河源区年蒸发量呈显著增大趋势，近几年来特别是 2005 年后，该地区年蒸发量较前期有明显的上升态势，这与平均气温的年际变化相符。可见，源区气温的普遍升高对蒸发量显著增大的趋势起到了推波助澜的作用。由此，刘彩红得出结论：近 49 年黄河源区年降水量无明显变化，而温度升高增加了河流的蒸发状况，这种趋向暖干方向的气候变化趋势是导致近年来源区流量减少的主要原因。但 2003 年后源区流量出现明显回升，显然这与同期降水量的增多不无关系。未来源区气温将持续上升，降水略有增加，因气温上升所导致的径流蒸散发损耗超过降水量的补给，而使源区流量呈减少趋势。

综上，至少应该得出这样的结论：三江源生态退化是一个复杂的自然和人为过程，不能简单地归因于过牧。由此也可知道：单一地禁牧，无法从根本上解决这个问题。况且，禁牧也带来野生动物如鼠兔、野驴等迅速增加，而它们缺乏足够的天敌制约，有可能会导致种群数量过快增长，从而使新的生态失衡。

因此，像禁牧这样的人为干预措施，在短期内也许可以通过改善局部环境，促进原生生境的恢复。但我们必须意识到，人为干预措施应该只是一种有益的辅助，禁牧后，最有效的做法就是把草场交给大自然。敬畏自然，依靠自然，才能最终实现人与自然的和谐共存。

为了保护“母亲河”的源头，玛多县还将 585 户 2334 人搬离了祖祖辈辈生活的草原，迁往城镇居住。也就是说，这个县六分之一的人口成为“生态移民”。为了禁牧，让当地牧民放弃游牧而移民，也产生了新的问题。朵华本副局长介绍说，牧民们被移民到定居点，由国家每年发给每户牧民 8000 元，连续发放 10 年。这些牧民离开自己祖辈生存的牧场，放弃了习以为常的游牧生活，来到城镇中的定居点，并没有学会新的生存手段，仅靠国家发放的补助，并不能维持生活。一时之间，他们找不到新的出路，成为令人担忧的社会问题。

黄河鱼的灭绝和动物的快速进化

10 月 24 日，我们告别黄河源海拔 4200 米的玛多县，前往“天下黄河贵德清”的贵德。“天下黄河贵德清” 原以为是句老话，其实是我们国家的一位领导人，在看到龙羊峡大坝泥沙被拦截，清水下泄让贵德的黄河水清了后的题词。

贵德县本是一个很特殊的地方，是一个半农半牧区，在河谷地带开发出了耕地，在春季草场好的时候，就把牛羊赶到草场去放牧，秋季时再把牛羊赶回家。这样，就形成了一个农牧结合的稳定社会。

早上起床，我推开窗看到了铺天盖地、突如其来的一场大雪，把玛多县城打扮得分外妖娆，也让我们的心情有些紧张，因为大雪不仅意味着路途艰辛，也意味着天气寒冷。我将自己带来的一条抓绒裤和羽绒服都穿上。但事实上，到了外边，我才发现，天气并没有想象得那么糟糕，四周风平浪静，反而显得温和，我的担心似乎很多余。实际上，对于未来的不确定性，往往是因为我们自身的恐惧造成的。

除了欣赏大自然的壮美之外，我们在车上也聆听了黄玉胜教授讲述的他作为一个老水电环评工作者的经历和故事，以及水电站建设对当地社会和生态影响的独特见解。

黄玉胜教授，虽然头发花白但精神矍铄，身为国家电力公司西北勘察设计研究院的高级工程师，他是我们本次科学考察活动的专家顾问，并在本次主题为水电的考察中起到了重要作用。对于我们这些水电的外行来说，有一位水电行业的老专家陪同前往，自然是求之不得的事情。

更为难得的是，黄玉胜教授有着陕西人特有的直率和幽默，让我们在漫长的考察旅程中，始终保持着一份轻松愉悦的心情。

黄玉胜教授说，他以前是一个外科医生，干了 15 年，后来转行做了水电站的环境评价工作。这一转行看似跨度很大，其实也有着某种必然的内在联系。那就是，他做外科医生时，是给病人动手术；现在，则是给水电站对环境造成的影响“动手术”。

黄玉胜教授一直在关注着黄河流域水电站对周围环境的影响。在深入研究这个领域的过程中，他特别注意到了黄河流域里鱼类的状况。他注意到，在水电站修建前后，黄河里的鱼类在发生着急剧的变化。比如，龙羊峡大坝修建的第一年，大量的鱼类从大坝下游云集到大坝下，却因为大坝的阻隔而无法向上游洄游去产卵。因此在龙羊峡大坝修建的第三年开始，大坝下游河段的十几种鱼类几乎绝迹。贵德就紧挨着龙羊峡的下游，这次我们路过那里，看到了流经这里的黄河水汹涌澎湃，而且水确实很清很干净，但是这里的河段里却没有了黄河鱼的影子。

黄玉胜教授认为，对于高坝水库，由于水体呈现分层现象，如果大坝只从底部泄水，那么在当地气温上升的时候，会出现泄出水体的温度低于历史上同期天然河道水温，即会产生所谓的“低温冷水害”，同时下游水温升高过程滞后、最高水温位相推迟，还会造成水环境和当地物候之间出现“季节分离”，使得大坝下无脊椎物种和当地温水鱼种锐减甚至消失。

在内蒙古鄂尔多斯市准格尔旗的一处黄河大坝边，作者雷东军在拍摄图片。（摄影 / 宋文）

可以说，黄河流域上修建的水电站，给黄河鱼类带来了毁灭性的打击。黄玉胜教授介绍说，其中一种名叫黄河雅罗鱼的鱼类可能已经灭绝。不过，从表面上看，对于很多人来说，鱼类的灭绝与否似乎跟人类毫无关系。在很多人看来，鱼类只是自己盘中的一道美味大餐，就算灭绝了，充其量是再换一道美食而已。殊不知，在整个生态系统的食物链中，鱼类也是很重要的一环。如果缺少了这一环，生态系统会遭受到极大的破坏。

以前黄河的水电站在开发过程中，都能形成类似于玛多县城这样的城镇。黄玉胜教授说，他曾经去龙羊峡水电站，对当地人说，他想买一栋房子。当地人说，只要他看上的随便哪一栋，交十万元钱就可以买走。但是，在因为水电站而形成的城镇中，很多房子后来都被废弃了。

同样，对于水库带来的移民问题，如果移民村不能形成当地的经济、文化中心，那么这些移民的生产和生活等会出现很多问题。移民村就像水电站城镇一样，也会面临同样的问题。

谈到我们经过的黄河源第一水电站，黄玉胜教授说，这座装机容量只有 2.5 万千瓦的小水电站，虽然为当地人提供了必需的电力供应，但是水电站大坝的建成也阻止了扎陵湖和鄂陵湖的鱼顺着洪水大量外游的可能性。

如果没有这座大坝，要是赶上了洪水期，扎陵湖和鄂陵湖的鱼会随着洪水大量地外泄到下游的兰州，下游的老百姓就可以大量捕捞这些不请自来的黄河鱼了。

对于中国水电发展的神速，黄玉胜教授也颇为感慨。他说，中国的水电发展有多快速，看看今天金沙江上修的水电站就知道了。三峡水电站上面还要修 25 座。黄河上建成的水电站现在也有十几个之多，那可是把黄河腰斩成一段一段的呀。现在规划中的水电站还有八九个。

黄玉胜教授说，现在，黄河已经是中国所有河流中修建水电站最多的河流。自从 20 世纪 80 年代后，黄河流域加快了水电站建设，而且往往在两个大型水电站之间，会夹杂两三个中小型水电站，从而形成了黄河流域密集的梯级开发格局。

一路上，我们看到在 214 国道的旁边，正在修建一条公路的复线。在修建的公路旁边，有一个个临时搭起来的简易工房和搅拌站。在生态环境极为脆弱的青藏高原冻土地带，修建公路无疑会对当地生态环境产生很大的影响。黄玉胜教授甚至认为，在青藏高原地带，对环境最大的破坏就是修建道路。密集的公路网，就像一把把手术刀，将原生态的地表“开膛破肚”。令人欣慰的是，现在修建公路也开始注意环保，那就是把修建道路取出来的地表草皮收集起来，然后重新铺在公路两侧的斜坡上，让它们生长起来保护路基。

路上，我们还遇到一种奇特的现象：家养的绵羊学会了如何钻过铁丝做的网围栏。

它们会找到网围栏的漏洞，然后携手一起钻过网围栏。甚至更奇特的是，会有强壮的绵羊用肩膀将网围栏扛在肩上，让其他绵羊钻过去。正所谓“道高一尺，魔高一丈”，面对人类的“围追堵截”，动物也在快速进化，以便更好地迅速适应环境和生存。除了绵羊之外，其他动物如牦牛、藏原羚等，也能在网围栏面前迅速找到通过之道。

赵连石说：“一些绵羊和牦牛从小会练习如何跳过网围栏，长大以后，它们迟早会跳过这些障碍物，成为动物界里的‘跨栏明星’。”人类打造的网围栏，逼迫动物不断提高自身的能力，从而让动物们得以快速进化。

在路上，黄玉胜教授常常指着路边的山山、草草和我们说：“你们看，这大山，就差那么一点儿，植物就如此之不同，那边绿绿的，这边就寸草不生；你们看，这植被就十厘米都不到，表面看着挺黑的土地，下面是什么。你们看看沙石，这样的地方被‘开了膛’，50 年不会再有草。”植被决定于周边的环境，而黄河不也取决于周边的环境吗？

黄河岸边的古尔邦节

李家村是一个青海省尖扎县的回民聚居村，就在黄河的边上。村里都是新修建的漂亮的四合院，连贯村子的街巷两侧也是新粉刷的围墙，上面装饰着回族特有的尖拱门纹饰。我们是在 10 月 26 日（农历九月十二）赶到李家村的，巧合的是，这一天正好是穆斯林传统的古尔邦节。路上，我们看到不少头戴白色小帽的男士骑着摩托车在村里穿行，原来他们是刚刚做完古尔邦节的祷告仪式。

有着满脸白胡子、头戴白帽的马尤素福老汉，此刻却有些着急，因为他正和大外孙吃力地拉着一头 2 岁的小牦牛往家里走。两人累得气喘吁吁，满头大汗，只能拉一会儿就休息一下。离群的小牦牛不愿意离开父母，犯起了牛脾气，使劲地与这爷孙俩顶起了牛，赖着不走。时间一长，小牛还试图拿自己还显稚嫩的角去顶马尤素福老汉，最后又干脆坐在地上不动弹了。老汉说，这头牛是花了 2000 多元钱买来的，一般个头大的牦牛，要花 8000 多元。刚才村子里的人集体赶着牦牛进行了简单的游街，然后各人将自家的牛牵回家，进行宰杀。这个时候，大家都各自忙活着把自家的牛拉回家，所以谁也顾不上去帮别人的忙。

古尔邦节是伊斯兰教的传统节日。按照传统的规矩，在古尔邦节这天清晨，穆斯林先要沐浴更衣，然后到清真寺做礼拜、上坟缅怀先人。节前，穆斯林家家户户打扫干净，制作各种糕点，炸油馓子、烤馕，做新衣裳，为节日做好准备。穆斯林在清真寺做完礼拜之后，便回到家里杀牛宰羊，煮肉做饭，施舍穷人，招待来宾。青年男女有说有笑，载歌载舞，开展各种庆祝活动。

那天，李家村的大部分人都在宰牛，有些富裕的人还要宰两头牛。屠宰牲口，肉食不仅会留给自己家，而且要分送给村里的孤儿或者穷人，要确保所有的穆斯林都有一份肉食。平时，村里有人生病，邻居也会去嘘寒问暖，形同亲人。

费了九牛二虎之力的马尤素福老汉终于和大外孙把小牦牛弄回了自家院子。这是一个外面贴着白色马赛克瓷砖的平房四合院，院子中央是一块种着蔬菜的菜地。将牛赶回院子后，马尤素福将牛扔在院子里，自己开始用铁锹在院子的土里刨坑。

“过古尔邦节挖坑，我应该挖了 40 年了。”

老汉笑着说。这个坑随后就会派上用场，就是宰牛时用来装牛血的。对于回民来说，牛血是不食用的，要就地掩埋。吃完肉后，骨头也会埋在这个坑里。而那只惊魂未定的小牦牛此刻待在院子里，没有拴起来，也没人管它，它反倒安静下来了。

在青海黄南藏族自治州尖扎县李家村，为迎接古尔邦节，村民们在准备宰牲。

马尤素福老汉家里有五六亩地，他有一个儿子、五个女儿，都已经成家了。儿子和女儿、外孙都在外地打工，其中儿子在郑州打工，因有事情缠身，这次过节没有回来，所以家里的活动还得老汉自己主持。这次大外孙是特意从外地赶回来与他一起过古尔邦节的。

挖好坑后，老汉叫大外孙去请阿訇来宰牛。在回民社会里，只有阿訇才可以宰杀牛。现在村子里一共只有 4 个阿訇，所以今天赶上古尔邦节，这些阿訇都很忙，需要不停地去每家每户赶场主持宰牛仪式。“自己杀，也下不去手。”老汉说，如果是自家养的牲畜，更是下不去手。

趁着这会儿空闲工夫，马尤素福老汉取出一把牛耳尖刀，用一块毛巾仔细地摩擦着。而他老伴儿则在一旁削着土豆皮，小孙女韩芳就蹲在旁边饶有兴趣地看着。等宰完牛切好肉块，老伴儿就可以架起锅来炖一锅香喷喷的土豆炖牛肉了。这些土豆都是自家地里种的。韩芳就在附近的坎布拉学校上学，不住校，每天放学都要回家来。“炖好肉，要先请阿訇来尝第一口。”老汉说。

有意思的是，老汉家院子里支着一口太阳能聚焦的大锅。我开始没注意，就靠在这口锅旁边，附近的同伴及时提醒我要远离这口锅，否则就会被它烤焦了。这口锅的正中间放着一把水壶，可以用来烧开水。

阿訇马中云被请来了。那头小牛被粗绳子牢牢地捆住 4 只蹄子，放倒在地上，头部就靠在刚挖好的坑旁边。马中云用一块毛巾，将牛的眼睛遮住，然后带领大家诵起了经。很快诵完经，马中云拿着刀，手起刀落，干净利落地切开牛脖子的喉管，立即血如泉涌。牛绷紧的身体慢慢僵硬起来，随后，老汉和外孙开始忙着给牛剥皮、割肉，这需要忙上至少大半天。此时，已经是中午 12 时 30 分了，马中云离开老汉家，又去另一家主持宰牛仪式了。他说，他已经杀了十几头牛了，整个宰牲节也快接近尾声了，结束后，他才可以休息一下。

阿訇马中云留着山羊胡子，看起来温文尔雅，一看就是非常有修养的人。他告诉我，他做阿訇已经七八年了。阿訇是经过专门选拔出来的，还要去专门的学校学习。这个村有 3 个清真寺，4 个阿訇。村民有 1000 多户，都是信仰伊斯兰教的回民。

李家村的村支书冶建文家也正忙着宰牛。在他家，我们品尝了他家熬制的砖茶、馓子、花馍。冶建文的大女儿还为我们端上一大盘洋芋粉丝，放了自家种的青椒、红椒、洋葱和大白菜，颜色悦目，口感也好。快到午饭时分，他们又给大家做了一大锅煮面片，配上自制的花生米、西芹泡菜、韭菜咸菜、醋熘大白菜，让我们品尝了一顿丰盛的回族农家饭菜。

“我们用黄河水浇灌，种有冬小麦、春小麦等作物，还有大白菜、辣椒、洋葱等蔬菜。也有村民养牛羊，每年四五月挖虫草，也是重要的收入。”冶建文告诉我。

在山西忻州市保德县的黄河岸边，收获的大枣堆积如山。

这个村里，60% 的村民在外面开拉面馆，做生意，有的已经开到了北京、天津、上海。从村里一户户人家的高墙大院和宽敞的住房不难看出，拉面馆给他们的生活带来了变化，也带来了希望。

对于李家村的回民来说，黄河水的灌溉似乎变得不太重要了，因为他们村的人大都在外边打工，村子对很多年轻人来说正日益变得陌生。不过，黄河水对于山西保德县冯家川村来说，却是一如既往的重要。

在这里，我们看到一大片几万斤的深红色的黄河滩枣铺晒在黄河滩边。一名当地老汉告诉我们，一斤枣卖 2 元，这些枣可卖几万元。这位黄河老汉可能是最不会做生意的山西人了，我们问花生多少钱，他说，你想给多少就多少呗。我们一行买了老汉一口袋黄河滩枣、一口袋花生，还搭了几个向日葵，才 20 元，真便宜。

这名老汉的孙子被用红绳子拴在黄河边的磅秤上。老汉说：“拴住娃娃嘛，黄河水深浪急，岸上又有车，娃乱跑，太危险。”我们笑称他的孙子是“黄河拴娃”。这位老汉的儿子和媳妇都在忙着开一家名叫“黄河鱼”的饭馆，所以没有时间管这个小孩，只好把他拴起来，幸好陪伴他的还有一只狗。

晚上，饥肠辘辘的我们在山西临县八堡村陕西烩菜馆吃了一顿美味的饺子。饺子馆旁边传来“咿咿呀呀”的机器声，原来是杨保民家在用机器分拣个头不同的黄河滩枣。杨保民看上去是个地道的农民，没想到他却是个很会做生意的山西人。与杨保民同岁的妻子何改连说，这些枣进价 2.9 元，小枣卖价 4 元，大枣卖价 6 元，这就比上午的黄河老汉赚得多了。

就是这位其貌不扬的杨保民，让我们想起了曾经风云一时的晋商。陕西烩菜馆的小老板魏磊告诉我们，他的饭馆房子就是租杨保民家的，一年租金 1 万元，面积大概 50 平方米。这一排房子都是杨保民家的。杨保民后来告诉我们，这房后面坡上还有他的私人旅馆，能住 20 多人，50 元一间客房，有热水，能上网。

魏磊是陕西人，却跑到对岸的山西境内开饭馆。他刚结婚，与人合开了这个小饭馆，一年能收入 10 万元。魏磊自始至终都不苟言笑，显得很冷静。我们问他为什么黄河岸边的路崎岖难走，他说，今年五六月间下了一场几十年不遇的暴雨，一天一夜的时间就把路冲毁成这样了。

怪不得今天我们总是遇到断路，好几次都迷了路。这也让我们认识到了黄河的另一面：在养育黄河人的同时，泛滥的黄河水也给沿岸人带来了不少灾难。

尤其是天黑下来以后，我们走进山西兴县罗峪口赖家村时，几乎走到了绝路。黑暗中，我们在一个岔路口前彻底丧失了前进的信心。好在危难时刻发现了附近有人家，当地村民李海平爽快地答应帮我们领路，他骑摩托车跑了 5 公里，终于把我们带出了曲里拐弯的山路。在他的摩托车的灯光下，看到我们刚才走的路，更是让我们倒吸了一口凉气。

是黄河的野性孕育了中华文明

11 月 4 日上午，在我们要用十年跟踪采访的小浪底移民苗德中的带领下，来到河南小浪底大坝前。此时，天空正刮着大风，我们被这股强风吹得东倒西歪，在害怕被刮进水库的恐惧中，迅速走近人类在黄河干流上建造的又一座标志性水利工程，然后赶紧逃离现场。我们看到，在被滔滔黄河水淹没的库区，水流已失去了奔腾的力量，平静得犹如一潭死水。一根残留下来的指示路牌顽强地矗立在水面上，徒劳无功地在试图指示那条早已被淹没不见的道路。

黄河水利委员会高工齐璞对黄河水道的治理很有信心。他说，调水调沙在冲走泥沙的同时，也对河床起到了冲刷作用，能有效减轻地上悬河的威胁。据悉，中华人民共和国成立后，河南段河床已降低 1.8 米，山东段降低了 1 米。

齐璞一直都在努力推动“小水来截，大水冲沙”的治理办法，即平时蓄水拦沙后，通过调水制造洪峰来冲刷河道。“黄土暴雨、洪水泥沙，千沟万壑滚滚下！” 黄河水利科学研究院统计的数据显示，以水冲沙可将 96% 的泥沙冲走。站在小浪底大坝前，齐璞告诉我们：“小浪底水库现在的调水调沙量大概每秒有 3000 立方米，属于中小水量的调水调沙。现在的水量主要来自近几日泾渭河段的雨水。通过小浪底水库的调水调沙作业，库底淤泥和黄河泥沙能有效地被冲入渤海湾。”

采访中，齐璞虽对小浪底水库褒奖有加，但也指出：“小浪底水库投入运用后，黄河下游河道虽然发生强烈冲刷，洪水位有较大幅度的降低，平滩流量明显增大，但河槽还是难以稳定，不断出现横河斜河，造成平工出险，危及滩区和大堤防洪安全；同时，河槽宽浅也不利于小浪底水库利用洪水相机排沙入海，减少河道淤积，使黄河下游河槽不淤高。”“现在小浪底的库容里淤积了这么多泥沙，那么，它怎么发挥排水排沙的作用呢？”现场有记者提问。同行的水电环评专家黄玉胜教授说：“遇见大洪水，小浪底进来多少水，就排多少水。这里的窄深河道发挥了排沙的作用。在 6 月底之前，小浪底通常会将水库里的水放出去，制造人工洪峰。”

我们之所以称黄河是中华民族的母亲河，是因为它孕育了五千年的灿烂文化。正是黄河历史的变迁、泛滥、冲积，才造就了华北平原广阔、平坦、肥沃的土地，为中华民族农业发展、经济繁荣提供了便利条件。如果一开始黄河就是一条温顺的人工河，中华民族的历史和文明或许就要改写了。

令人惊异的是，华夏文明恰恰是在黄河泛滥最严重的河南流域放射出了最为耀眼的光芒，产生了著名的仰韶文化，孕育了灿烂的商周文化。从夏商起，河南沿黄地区经济发达，在华夏文明史中，河南作为全国政治、经济、文化中心长达 2000 多年，

作者考察吕梁山时，遭遇了一场突如其来的大雪。

先后有 20 多个朝代建都或迁都于此，在整个中国发展史上占据十分重要的地位，素有“得中原者得天下”的说法。

位于黄河中下游地区的河南，大部分地区位于黄河之南。该省自古为豫州地，居九州之中，故简称豫，别称中州、中原。该省的黄淮平原、南阳盆地等处开发历史悠久。河南渑池的仰韶彩陶文化，夏商周三朝文化及古都安阳、洛阳、开封等地的大量文物古迹表明，河南是中华古文化的重要发祥地。

河南历史上名人辈出，如政治家商鞅，农民领袖陈胜，医圣张仲景，文学家杜甫、韩愈，抗金英雄岳飞等，都是中州人。该省安阳、洛阳、开封属全国七大古都之列，外加南阳、商丘，都是我国历史文化名城。鸡公山、嵩山、少林寺、洛阳龙门石窟为全国重点风景名胜区。当然，毋庸讳言，自西汉到中华人民共和国成立前的 2000 多年间，黄河共决口 1500 多次，其中河南占三分之二；大改道 26 次，有 20 次在河南，曾给黄河两岸人民带来了深重的灾难。从远古时期的大禹治水开始，历朝历代都为治理黄河水患进行了不断探索。“黄河宁，天下平”成为沿黄人民梦寐以求的愿望。

在《美国与中国》（第一版出版于 1948 年）一书中，费正清也分析了中国人治理黄河水患的努力："毁林、土壤侵蚀和洪水，不断使人们要努力治水。人民共和国最近完成的一项业绩，是在这条'害河'的广阔西部流域栽植树木并拦截支流。在以前的各个时代，中国统治者每隔一定时期，就要面临黄河洪水在华北平原上造成灾祸的既成事实，而对付这项急事则缺乏科学知识与手段。但在早期，平原遭受水灾的问题还没有需要把它排出原始沼泽的问题来得严重，为了排水以及灌溉和防洪而采用的治水技术随之而兴。这样，许多世代的劳力已经花在这块土地上，使它成为今日这种样子，有大堤护河，有纵横交叉的运河和道路，有沟渠和水井以供灌溉，有小路和偶尔残留下来的绿荫墓地把土地划分开来，而这一切都是一代一代传下来的。"

但是，历史的发展，或许早就超出了费正清的想象。特别是科技的不断进步和水力发电的需求，使得人类改造和驯服黄河的步伐从来没有停止过。问题是，从 20 世纪 50 年代末至今，黄河决堤泛滥的历史已经被终结。那么，我们至少应该问一问：我们是否还需要在黄河流域建立如此密集的水电站和大坝？为了解决黄河泛滥问题，我们是不是可以从古代人修建的汉延渠、唐徕渠等相对环保生态的水利工程中吸取有价值的经验？

甘肃白银市景泰县的五佛沿寺石窟，就位于黄河岸边。

一座水利枢组如何改变了当地移民的命运

“我们酒店一年也就挣个 100 多万元，是村里几个人合伙出资搞的股份制。”如果这句话是从一个大城市人的嘴里说出来的，我们也许会觉得平淡无奇。但是，当站在面前的苗德中说出这句话时，我们还是暗暗吃了一惊，心里又想起了同行的黄玉胜教授经常挂在嘴边的一句话：“社会主义建设发展太快！”我们之所以吃惊，是因为苗德中是河南济源市坡头镇蓼坞村的一位农民，时年 63 岁，曾经做过这个村的村主任，刚刚退居二线。他和村里的几名亲戚一起，于 1996 年在村里修建了第一个农家乐性质的三层楼酒店。要说这家酒店的生意还真红火，我们这次黄河考察的队伍就住在他开的这家酒店里。酒店房间的装修完全是仿照大城市商务酒店的装修设计，透出一股与时代脉搏紧密相连的气息。

杨平花是苗德中的亲家，也是之前在小浪底水库边买水时认识的小浪底移民。聊天中，她告诉我们，卖矿泉水旺季时每天能有 200 多元的收入，一年下来平均每天能收入 30~50 元。不过，一旦从小浪底库区二次搬迁到济源市后靠什么生活，她自己也说不清楚。但是，她看起来没有多少抱怨。于是，我们就定了她家为“黄河十年行”要跟踪十年的人家。

2011 年，我们去杨平花家时，她已经搬到了济源的农民新村。小浪底水库景区边的卖水摊也给了儿媳妇。她说在新村也不找活儿，就在家带孩子。她家山上的地还种着，两个儿子因为要种地，还住在山上第一次搬迁后的家。2012 年，我们再到山上，房子拆了，不能再住，地也平了，不能再种了。

苗德中告诉我们，村里和政府签了协议，为了保护国家定的 18 亿亩的耕地，当地的开发商开发地产时，每开发一亩房产，就要开发一亩耕地。所以第二年我们再来，他们村子第一次搬迁时山上的地，就会由开发商开发出来，然后租给村里想种地的人种。

像苗德中这样有胆识有魄力、能及时抓住机遇搞旅游开发致富的水库移民，在中国并不多。小浪底水库移民，或说苗德中他们的生活和那些移民的确不一样。是这里的政策好，还是这里的农民精明，我们还有待观察。

不过，有一点是我们都没有想到的，这次苗德中知道我们要来小浪底，是通过微博和百度的消息了解的。而且不只是他，我们采访的几家要跟踪采访的农民都是在网上看到我们拍摄的他们家的照片的。

苗德中算得上是一个时髦的农民，他既玩微博，又用百度搜索信息。他还有 QQ，我们后来一回到北京，他就用 QQ 联系上了我们，询问我们离开小浪底之后的行程状况，并热情地邀请我以后再去小浪底参观旅游。我第一次到黄河小浪底时，在大坝景区碰见了正在向游人卖矿泉水的苗德中亲家、村民杨平花，算是与他们村接上了缘分。

与其他祖祖辈辈依靠黄河水灌溉、在土地里辛勤“刨食”的中原农民不同的是，苗德中这次是抓住了新时代给予自己的机会。他利用村子靠近中国著名的水利枢纽工程——黄河小浪底的有利条件，搞起了农家乐餐饮和酒店。他与其他村民因为小浪底大坝的修建而两次移民，而这个造成他们失去原有家园的大坝给他们带来了现实的回报。

小浪底水利枢纽是一个移民 20 万人的浩大工程，许多像苗德中一样的移民，都在重新面临着命运的安排。在被安排中，移民有多大的自主权，有多少人能把握自己的命运，这正是“黄河十年行”要用十年的时间记录的。同时记录的还有，我们是否可以让我们的母亲河黄河回归一些野性？

11 月 4 日上午 11 时 30 分，我们驱车来到了郑州的花园口。这个当年曾经以决堤淹没中原而“闻名”的地点，如今变成了一个干涸的大河床，大风将河床上的黄沙刮得

腾格里沙漠虽然看似荒芜，却有牧民在此居住、放牧。

漫天飞舞，几艘用来供游人玩耍的游船孤零零地停靠在残存的小水池中。黄委会的高工齐璞说，这是黄河因修了小浪底后改道了。黄河的这次改道，又会给黄河带来什么呢?

在这里，我们考察队送别了黄玉胜、齐璞两位水电专家和《南方都市报》记者王鎏峰、《经济观察报》记者宋馥李，剩余的7名队员继续上路，由赵连石老师和《中国科学探险》杂志编辑雷东军两人轮流开车，一路马不停蹄，长途奔袭近700公里，赶往黄河入海口所在地——山东东营市。一路走的都是高速公路，在《中国国家地理》杂志的图片编辑宋文的精准导航下，我们选择了最近的一条线路，不断变换高速公路。并且幸运的是，传闻中的风雪天气并没有出来作怪，终于在当天晚上9时30分我们顺利抵达东营市。

黄河入海口，混浊的黄河与清澈的海水交汇、激荡

带着疑问和思考，我们最后一路驱车来到黄河的入海口——位于山东东营市的黄河三角洲湿地。

面对前来采访的记者们，黄河三角洲国家级自然保护区管理局的刘月良总工程师曾动情地说："这里是中国最广阔、最年轻、最典型、面积最大的新生湿地生态系统，呈现奇、特、旷、野、新的特色。这里还是以保护珍稀、濒危鸟类为主的重要国际湿地，东北亚内陆和环西太平洋鸟类迁徙的重要'中转站'、越冬地和繁殖地，是世界少有的候鸟聚集地，野生动物资源不断丰富。"

事实上，黄河三角洲湿地究竟有多重要，从以下数字就可见一斑：每年迁徙路过这里的鸟类有600万只，有43种鸟类超过全球总数量的1%，是名副其实的鸟类"国际机场"。除了鸟类众多，黄河三角洲海河相会处形成大面积浅海滩涂和湿地，水生生物资源也非常丰富。据初步调查，光鱼类就有800多种，其中属国家重点保护的鱼种有文昌鱼、江豚、松江鲈鱼等。野生植物有上百种，国家重点保护濒危植物野大豆就广泛分布在这里。

不过，当我们来到湿地时，放眼望去，只见湿地上黑压压的一片，全是被称为"磕头虫"的石油钻井机，几乎望不到边。在招商引资的驱动下，黄河三角洲湿地周边开始大建化工厂，发展经济与保护环境的矛盾也凸显出来。

我们沿着海边，一直走到黄河入海口，在路的尽头，迎接我们的是胜利油田的油库。油库的四周，混浊的黄河水与清澈的海水交汇、激荡，形成一道清晰的分界线，一直延续到望不到尽头的天边……

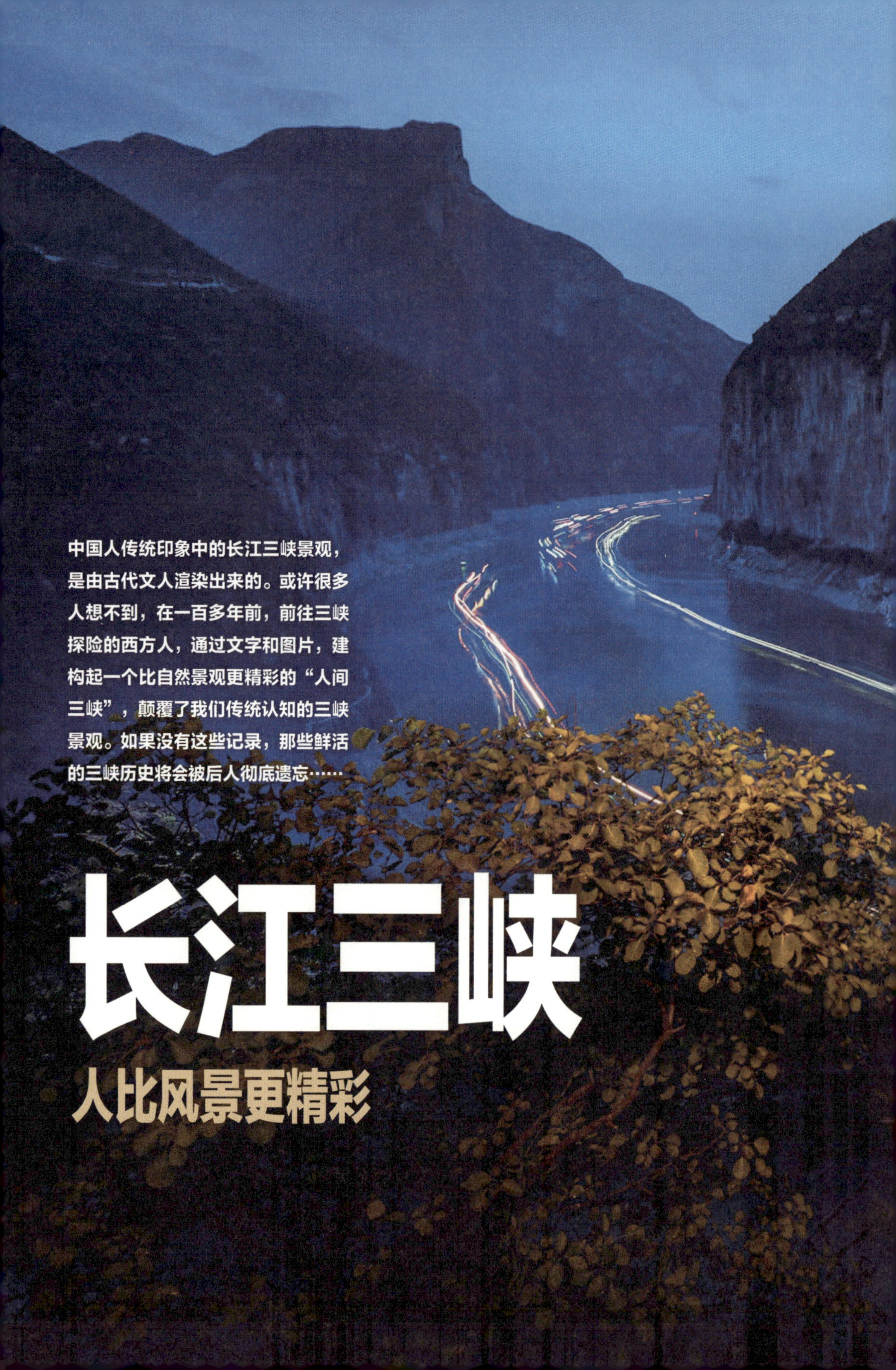

中国人传统印象中的长江三峡景观，是由古代文人渲染出来的。或许很多人想不到，在一百多年前，前往三峡探险的西方人，通过文字和图片，建构起一个比自然景观更精彩的“人间三峡”，颠覆了我们传统认知的三峡景观。如果没有这些记录，那些鲜活的三峡历史将会被后人彻底遗忘……

长江三峡

人比风景更精彩

夔门又名瞿塘关，是长江上的一个重要关隘。（摄影/冯木波）

西方人在百年前就颠覆了中国人传统印象中的三峡

多年前，我路过湖北宜昌时，曾去“高峡出平湖”的长江三峡大坝参观，当时还很有些惆怅：没看到大坝蓄水前的三峡景观，太遗憾了。

其实，我没有必要遗憾，因为蓄水前的三峡景观，早有无数古代文人墨客描写过了。有人说，我们看到的世界，是媒介建构的。在古代，媒介是诗歌、散文、小说、绘画和戏曲等；在现代，随着科技发展，媒介变得更为丰富多彩了。古代文人墨客留下的诗篇、文章，就是强大的媒介，为世人定格了一个固定的三峡形象：峡谷壮丽、大河奔流，还有许多动人的神话传说和名人故事。可以说，我阅读他们的文字，远比我到现场感受的三峡更为梦幻、神奇。

古代文人墨客描写三峡的诗篇不胜枚举，比如我们耳熟能详的李白的《早发白帝城》：“朝辞白帝彩云间，千里江陵一日还。两岸猿声啼不住，轻舟已过万重山。”还有陆游的《三峡歌》：“十二巫山见九峰，船头彩翠满秋空。朝云暮雨浑虚语，一夜猿啼明月中。”孟郊的《巫山曲》：“巴江上峡重复重，阳台碧峭十二峰。荆王猎时逢暮雨，夜卧高丘梦神女。轻红流烟湿艳姿，行云飞去明星稀。目极魂断望不见，猿啼三声泪滴衣。”他们笔下营造的三峡，是一个“梦幻三峡”，远离人间，如梦如幻。

直到有一天，我偶然看到一些外国人在 100 多年前拍摄的三峡照片，还有他们撰写的游历三峡的文章，发现一个很有意思的现象：这些西方人用文字和照片，呈现了一个完全不同于中国文人墨客笔下的“另类三峡”。在西方人的文字和照片中，中国文人墨客极力渲染的壮丽风景、神话名人等，基本都一笔带过，更多内容却是地层岩石、矿产生物以及航运贸易、船工纤夫、激流险滩、百姓生活等内容。

一开始，我以为只是个别外国人关注上述内容。后来，当我深入查找资料时才发现并非如此。在 1860~1920 年这 60 年间，到访过三峡的外国人，有明确记载并留下文字或照片的人物，至少不下 40 人，其中大部分是英国人和美国人。他们的身份则异常多样，有博物学家、地理学家、地质学家、植物学家、探险家、旅行家，还有传教士、外交官、军人、政客、商人、作家、摄影师等。这些人中，除了庄士敦、威尔逊、莫理循等少数为中国人熟悉外，绝大多数人都是陌生面孔，甚至很多人的名字在网上都搜不到。

与中国古代文人相比，这些西方人基本是从自然或社会科学的视角，来审视三峡的地理环境和生活其间的老百姓。他们描绘的三峡显然发生了很大变化——这是一个很接地气的三峡，鲜活的三峡，或者说，它是一个“人间三峡”，让三峡从传统的“梦幻”回归到“现实”。在他们眼里，三峡只是一个地理空间，人，才是生活其间的主角。

一个与传统认知迥异的三峡地理空间被呈现出来

对于三峡的自然景观，西方人的第一反应大都是折服。英国军官、探险家布莱克斯顿是最早到达三峡考察的外国人之一，他在 1861 年组织了一次“扬子江上游探险”活动（当时西方人将长江称为扬子江）。他形容三峡为“世界最壮美的江河景色”，有“最美的激流”“壮美的大峡谷”，“从宜昌峡到牛肝峡这一段的风景，我认为是扬子江上最漂亮的。不仅仅是异常险峻的峡谷，也不仅仅是无尽的山峦，而是那远处的山峰，美丽的树林，咆哮的河水，航行中的帆船，美妙地融合在一起，充满动感，充满生机”。

不过，西方人到三峡，大部分人的兴趣并不在单纯的自然景观上。布莱克斯顿组织的这次探险活动，一个重要目的是测量长江的航道。这次他测量了约 1500 公里的长江航道，精确绘制了湖北汉口到四川屏山这段的长江河道图，因此获得了英国皇家地理学会颁发的皇家勋章。

1887 年的三峡，也是英国博物学家、探险家、作家普拉特（1852~1924）的乐园。当时他一直住在船里，每天步行到峡谷，收集了大量的鳞翅目和鞘翅目的标本。其中，

1872 年，英国人约翰·汤姆森（John　Thomson）拍摄的巫峡口。

他还发现了一种让他惊叹的百合属植物，它们一簇簇地生长在岩石上，盛开着十分漂亮的淡粉色花朵。他还幸运地抓到了一只非常罕见的新蝴蝶品种，叫宽尾凤蝶。让普拉特感到惊奇的是，三峡地区还有很多猛兽，“我发现这个地区有大量的老虎出没，它们伤害了当地人的很多牲畜……我几乎每天记录被老虎和豹子咬死的家畜，如小马驹、公牛和猪”。

1899 年，英国植物学家威尔逊来到三峡，开始了“植物猎人”的生涯，为英国植物园搜寻东方的植物标本。在这里，威尔逊发现了一个新世界：“湖北西部的山区可以说是以宜昌为大门，形成了动植物王国的一道天然分界线。一般来说，在宜昌以东找到的动植物，几乎和在宜昌以西找到的完全不同。这主要是由于地形不同而造成的。”他花费 12 年时间，在包括三峡在内的中国西部，采集了 65000 多份植物标本，并将 1500 多种植物引种到西方，被西方称为“打开中国西部花园的人”。

而英国商人立德在长江航行时，观察到了丰富多样的水生物，“在上游没有听说有大型的鱼类存在，而在宜昌河段，每天都可以看见成群的江豚在清澈的河水里嬉戏。冬天无雨的季节，河水很清。有时能捕到巨大的鲟鱼”。

英国外交官、探险家霍西爵士则敏锐地发现，三峡两岸许多地方都种植了罂粟，“此时漫步在这蔓延了数百英里的美丽罂粟花海中，我毫无快乐之感”。他还见到了人们在交易鸦片。从万县向西到重庆，一路上“鸦—片—烟”的叫喊声不绝于耳。

还有一些人，如英国摄影家、旅行家汤姆逊，在长江上看到了一种特殊的捕鱼方式——用水獭捕鱼。水獭看起来很驯服，被长绳拴在船上，只要主人轻轻一推，它们就跳到水里，有所收获后回到船上，把猎物交给主人。

可以说，在西方人眼里，三峡不仅有峡谷、神女峰和传说，而且是一个由山川河流、动植物与人类一起组合而成的独特地理空间。

底层人物登上了历史舞台

或许是因为中国独特的社会风情，100 多年前，到三峡考察的西方人，不论什么身份，都很关注当地的人文和社会。三峡是长江中下游通往四川的“咽喉”之地，因此这里繁忙的水运成为西方人考察的重点。

在三峡，他们注意到上水与下水运送的货物差异极大：从四川运往下游的货物主要有盐、糖、烟叶、大麻、胡椒、香料、鸦片、中草药、丝绸、蜡和黄金等，而下游运往四川的货物有棉花、茶叶、煤以及进口的洋货等。

约翰·汤姆森

伊莎贝拉·伯德

繁忙的贸易，生发出一个独特的“水运生态链”，这个链条的主要组成部分就是靠帆船运输为生的船夫。英国煤矿主、政治家沃顿爵士在 1900 年出版的《中国和现在的危机》一书里估计，经由帆船进行的贸易量巨大，从事这项贸易的船夫约有 50 万人，这还没算成千上万在岸边待命的纤夫。

西方人穿越三峡到四川，都要在湖北宜昌或沙市租用特制的帆船。操纵一艘帆船，除了船老板，还有舵手、引水员、前桨手、厨师、纤夫头和纤夫。纤夫人数一般是根据船的排水量按比例确定。只要船在航行，除了吃饭以外，引水员和舵手决不能离开前桨和方向舵。船老板的主要职责是采购食物，雇用额外的纤夫，并在危险地段激励船夫奋勇拼搏。

在三峡行船中，西方人接触到了许多船夫，这些船夫引起了他们的极大兴趣。西方到访者纷纷将相机镜头对准船夫，并撰写大量文字讲述他们的故事。

比如，英国摄影师、旅行家汤姆森，就记录了 1871 年在他的帆船上，船老大、船老大妻子、翻译、船夫等各色人物的故事，读起来就像看一本精彩的小说。“我们的睡眠被船老大老王和他妻子之间的激烈争吵打扰了。老王的妻子看起来是个脾气很暴躁的女人……她那个比她年轻很多的丈夫想上岸买东西，被她否决了。船工们是最贫穷的一群人，他们 9 个人挤在一个 5 英尺半见方的船舱里，小心地把舱门关好，根据自己的嗜好和经济能力，在里面抽烟叶，所以在早上的时候，他们住的船舱里有一种非常难闻的臭味。”汤姆森认为，他的翻译老常对他的语言交流帮助不大，因为当

在过去的帆船时代，船通过三峡的险滩，主要是靠纤夫的拉纤。

南津关是西陵峡的终点。出南津关后，长江便摆脱了高峡深谷的束缚，开始进入辽阔的长江中下游平原。（摄影/冯木波）

地人没法听懂他的方言。不过，老常对船工很有影响力，他们都尊敬他这个文化人。在有当地官员的场合，老常也很有用，他会郑重地介绍汤姆森，展示汤姆森带来的洋酒和雪茄烟，让官员们认识到汤姆森是很有身份的人。

一次，老常得了重感冒，打发一个船工到岸上买一瓶酒。他先在船舱里小心地数了数钱袋里的钱，正好够买一瓶酒，然后走出船舱，把钱袋交给那个船工，以一种无比信任的口气说："我不知道袋子里有多少钱，你拿需要的钱去给我买酒，多余的还给我就行。"汤姆森还与船夫一起过了一个春节："晚上的时候，我被请去调解一个纠纷。翻译老常抗议说他的名誉被这些喝醉了的船工们玷污了，但我很快就发现我们这位尊敬的翻译自己也醉得站都站不稳了。这个晚上，船工们都在喝酒、赌博、吸鸦片、大声吵闹和不时燃放鞭炮中度过。第二天早上，船老大杀了一只公鸡来祭祀河神，向河水里洒了一些酒。在祭祀之后，他很慷慨地把剩下的酒分给了船工们。"

英国女旅行家伊莎贝拉·伯德特别关注了一种船夫——引水员。引水员是一艘帆船的指挥官，他的作用是用一根装有铁锥的长竹竿探测河水的深浅，使船避开直立的尖石和礁石，并给舵手发来哪个方向藏有暗礁的信号，那是他训练有素的眼睛从江中的漩涡里发现的。

伯德认为引水员应该享受高薪，因为这是最危险的行业，要有非凡的勇气、敏捷

轮船上洩滩时很吃力，冒出了滚滚黑烟。（摄影/凯尔）

的目光。在她的小船上，前桨手也起着引水员的作用，他见多识广，沉静机警，具备引水员应有的一切素质。

对于三峡的帆船和船工，很多西方人评价很高，如威尔逊就认为，木船是航行于那些凶险水道的最佳工具。它们是峡江船工们世世代代积累下来的经验的结晶。这些船只上使用的平衡舵、转台等技术，比西方国家早好多年。这些中国船工非常小心谨慎，完全称职，是驾船的行家里手，“你越多看他们工作，你就会越钦佩他们”。

当“洋人”与中国人遭遇时，总有意想不到的事发生

三峡像一块磁石，吸引着众多西方人前来探险，不过，在三峡他们会时常面临一种无法言说的尴尬——成为当地人围观的对象。同时，因为东西方文化的差异，他们也会遭遇很多奇妙的事情。

汤姆森在拍照时就经历了一点风波。当地村民从来没有看过不用炭笔就能画出来的图片，认为汤姆森拍照是“妖术”，就向他扔掷东西，他只好落荒而逃。在三峡地区，因为拍照或者仅仅路过沿岸村庄，被当地村民投掷东西的，这种经历不少西方人都遭遇过。

在三峡的一处险滩——新滩附近的村庄，伯德与当地村民有了一场颇有意味的遭遇：对于伯德携带的望远镜和照相机，村民感到无比好奇，“他们声称，我可以用望远镜和照相机看见山里的宝物、金子、宝石和深藏于地下的金鸡。我在照相机里藏了一个黑色魔鬼，到晚上放出来，去挖金鸡。我的船吃水低是金鸡和山中的财宝压舱的缘故”！

1883年，立德去三峡探险，想探索在中国西南开展商贸的可能性。在新滩等候过滩时，他跟船上的一名船夫来到岸边的村子，这名船夫的家就在村里。有意思的是，谁也没想到，“中国通”立德竟然给这户人家看起了风水：

“我们在客厅里坐下，他的家人和朋友对一个会讲中国话的外国人的好奇得到满足，很高兴。他的老母亲按照惯例给我送上一杯茶。他们告诉我家里的霉运不断，老父亲在急流里遇难，船毁人亡；大儿子，也就是我的同伴，被降职做既辛苦又钱少的前桨手。他们问我有什么可以改变运道的建议。我建议他们在正对大门的平台边缘建一道砖砌屏风，而陪伴我来的这个精力充沛的小伙子应该到大的贸易货船上谋份差事。大家听后都很满意。”

英国旅行家库柏在穿过三峡旅行时，遇到了一件令他啼笑皆非的事情：在一处峡谷，两边都是笔直的悬崖，有二三百米高，他一时兴起，喊了两声澳大利亚土著的号子，

长江流经的湖北宜昌市夷陵区三斗坪镇石牌村，在 1943 年发生过一场著名战役——石牌保卫战，成为抗战的重大军事转折点。（摄影 / 冯木波）

在峡谷中引起成百上千声的回音。突然一块几吨重的大石头从山上滚下，落入离他们的船大约十码远的水中，溅了大家一身水。看到巨石沉入江底的瞬间，他浑身颤抖，知道巨大的危险刚与自己擦肩而过。而船老大说，库柏得罪了这里的山神，所以山神惩罚他们，想用滚石砸死他们。因此，他们需要在此下锚过夜，烧些纸钱，来求山神息怒。

纤夫，一个让西方人深感震惊的特殊群体

在数量庞大的三峡船民中，纤夫无疑属于社会的最底层，不过他们却打动了前来三峡考察探险的很多西方人。

由于三峡存在很多急流险滩，当船只逆流而上过险滩时，单靠风力或划桨的方式往往无法前进，只能通过纤夫拉纤才能过滩。过险滩时，一般随船带的纤夫数量不够，船老大要带着钱上岸，到附近的村里找人帮忙拉纤。通常在附近的村里，都有纤夫等着接活儿。可以说，纤夫的工作是极端艰苦的体力活儿。对于纤夫，伯德一开始认为他们“很麻烦，不听使唤，说着粗话进入前舱，没有在他们中间见到一张和善或友好的面孔，欺侮一个走上水时在船上干活的体弱老人”。但后来，她的态度改变了，学会同情他们了。因为她觉得他们贫困，让人怜悯，工作艰苦，甚至仅能维持生活。当他们干完十几个小时的冒险工作后，在冬季苦寒的夜晚，只能睡在甲板上。

在伯德的帆船上，平时大群纤夫常常是在岸上拉纤拖船，接受来自帆船上的旗号或鼓点指挥，还要按比例留一部分人在船上操纵巨大的前桨。有几个熟悉水性的纤夫专管解开那些卡在礁石里的纤绳。如果拉纤和风帆都不能使船移动，纤夫就用大桨划船前行，每条桨两人，每边二十人。他们面向前方，一起踏步唱着粗犷的号子来保持节拍。

库柏认为纤夫是他见过的最勤劳的人。他发现，每艘大帆船上都有一两个监工（纤夫头），每当拉纤时，他们就拿着长鞭子，大声叫骂，督促纤夫们用最大的力气拉纤。如果有纤夫偷懒不幸被监工抓到，就会被嘲笑。监工会大声叫出偷懒者的名字，骂他是懒鬼，其他纤夫都会一起朝偷懒者叫骂。

很多西方人都观察到，在三峡沿岸，纤夫拉纤留下了很多痕迹——坚硬岩石上的深深纤痕和孔洞，以及陡峭河岸上的纤道。

尽管每天都是高强度的体力劳动，但纤夫的食物却极为简单——米饭加蔬菜或豆腐。如果赶上一些坐船的西方人用枪猎到野生动物，他们就能吃上一顿肉了。

除了工作艰辛，纤夫还是一个高危职业。伯德认为，纤夫们干的是全世界最艰巨、最危险的工作，“没有别的工作比纤夫更多地暴露在危及肢体和生命的险境中了。许

多人摔下悬崖淹死了，另一些人摔断手足，被遗弃在岸上听天由命——真是可怜的人——没有上夹板和治疗！严重的扭伤和疝气很普遍，这是拖船时过度用力的结果”。

据伯德统计，仅 1 月在宜昌与万县之间的上水航道，就有 41 条帆船遇险。她还亲眼看见一条大船撞在礁石上，船员与船瞬间毁灭。

美国作家伊丽莎白·肯德尔写道：“我曾梦见过他们光着身子排成一长列，强壮的身体在阳光下闪着光，分不清哪些是流下的汗水，哪些是渗出的血水。他们紧紧地拽着绳索，时间就这样狂野而单调地循环往复；一旦绳索断裂，好几个钟头的努力便成徒劳；一不小心失足跌落，便瞬间要了性命。”

由此，伯德和很多到访过三峡的西方人，如布莱克斯顿、吉尔、立德等，把纤夫视为中国人非凡精神的代表。他们认为，这种精神产生了中国并使之成为中国；这种精神使中国人在东亚和美国西部的任何地方，都能成为昌盛和成功的移民。

如此看来，上述这些西方人的记录，可以说是三峡地区极为珍贵的资料。正是通过他们的笔墨和照片，那些沉淀在历史暗处的小人物和生活细节才得以还原，浮出水面，被后人认知。与此形成对照的是，几乎很少有中国古代的文人墨客，花费如此多的笔墨，去记录三峡地区的普通百姓和他们的生活状态。如果没有这些西方人的记录，或许后人永远也无法了解那些鲜活的三峡往事……

长江流经四川、重庆、湖北宜昌这一段称为川江，1909 年美国人张柏林拍摄的川江河段的人群。

过去，返乡的杭州人看到拱宸桥这座古桥后，就会兴奋起来——这座桥是大运河在杭州终点的标志。（摄影/邱衍庆）

大运河

一部中国人改造湿地的宏伟史诗

大运河作为一条人工开凿的运河，将我国东部的五大水系——海河、黄河、淮河、长江、钱塘江串联起来，从而形成了一个纵贯南北的巨型河湖湿地生态系统，也就是一个长达 1790 多公里的“湿地长廊”。

大运河的本质：一个巨型的“湿地长廊”

有一年我驾车从北京出发，沿着京杭大运河（以下简称大运河），一直开到杭州。

12 月的华北平原，虽然还没到天寒地冻的程度，但是大地一片萧瑟。一马平川的土地上，除了地里的麦苗，并没有太多的绿意和生机。我眼中的大运河，很多河段看起来更像一条条小水沟。在冬季，北方的河湖处于枯水期，这时的大运河也是水量最少的时期。因此，一路走来，我的心情也像冬日的天空一样，笼罩着一层薄薄的雾霭。

从北京、天津、河北往南，进入山东之后，大运河变了。到了微山湖，眼前这座号称北方第一大淡水湖的宽广和浩渺让我感到震惊：它面积达 660 平方公里，大运河就傍湖而过。在湖边的码头，我看到沿岸的老百姓要坐巨大的摆渡船到对岸，摆渡船可以摆渡人、汽车；我还看到，湖面上，一些渔民驾着载有鸬鹚的渔船去捕鱼。湖里还有一丛丛枯黄的芦苇荡，这让我想起了传说中的铁道游击队——芦苇荡正是他们当年的绝佳藏身处；进入江苏宿迁之后，我看到，运河里挤满了等待过船闸的货船。从此越往南，运河的繁华越明显，船来船往，舟楫络绎不绝。我仿佛又看到了当年大运河最盛时的风情。

大运河始建于春秋时期，是世界上里程最长、工程最大的古代运河。大运河南起余杭（今杭州），北到涿郡（今北京），途经今浙江、江苏、山东、河北四省及天津、北京两市，贯通了钱塘江、长江、淮河、黄河、海河五大水系，全长 1790 多公里。

有关大运河的历史，相关介绍可谓汗牛充栋，在此我也就不多赘述了，只是从自身角度谈谈对大运河的一点体会。

如果从地理视角看大运河，这条人工运河的本质，其实就是一个巨型的“湿地长廊”。我们知道，河流、湖泊、水库等，都属于湿地的范畴。而大运河作为一条人工开凿的运河，将我国东部的五大水系——海河、黄河、淮河、长江、钱塘江串联起来，从而形成了一个纵贯南北的巨型河湖湿地生态系统，也就是一个长达 1790 多公里的“湿地长廊”。这个“湿地长廊”，以大运河为主干和骨架，囊括了五大水系内的河流、湖泊、沼泽、池塘等多种湿地类型，既有自然湿地，也有人工湿地。据统计，大运河流经的大小湖泊就有 68 个，诸如太湖、蜀山湖、微山湖、鉴湖、洪泽湖、高邮湖等湖泊，都分布在大运河沿线两侧，还有 460 多条水渠，与大运河牢牢连在一起。除此之外，大运河周边还有各类人工水库湖泊。由此看来，大运河是一个极为复杂的超级湿地生态系统。

大运河的修建，对自然界产生的一个重要影响是：通过大运河的疏通和联结，五大水系的湖沼之间可以进行物质交换和能量流动。试想，如果没有大运河的联接，这五大水系之间因为分水岭的阻隔，是很难进行相互交流的。当然，历史上曾出现过如黄河改道、夺淮入海这种极端情况，也是可以进行跨流域水系交流的，但这毕竟只是极个别事件，并且一旦出现，往往还是灾难性事件。

因为我国地势总体是西高东低，所以许多河流是从西往东流淌，特别是我国东部地区的河流。这就导致一个大问题：我国东部地区没有自然形成的南北向河流。在交通发达的今天，这并不是什么问题，而在古代却是一个严重问题：古代社会，交通严重依赖陆路水运，没有南北向的河流，也就意味着没有南北向的水上交通干线。

大运河的天才构想与实施，就很好地解决了我国东部地区河流流向的重大缺陷。由于历史上，特别是隋唐以后，东部地区是经济最繁华、人口最稠密的区域，可以说是奠定立国之本的核心区域，所以东部地区在交通上存在的一个最大软肋——没有南北向的大河，就由大运河及时解决了。

我国东部地区为何需要一条南北向的大河？这是因为历史上，我国的政治和文化中心基本在北方，而从南北朝末期开始，经济中心逐渐转向南方，北方需要南方的经济“输血”，这就有赖于一条南北向大河的水运来进行输送了。

从这个意义上看，大运河相当于是给中国再造了一条南北向的超级大河。不过，同样是水运，我国东部靠海，不是还有海运吗？海运也可以进行大宗物资运输呀？为何我们的祖先还要耗费上千年时间、巨大的人力物力、持续不断地修建大运河呢？

其实，这个问题要回答，也并不复杂。这得先从大运河修建的一个极为重要的前提条件——气候变化说起。

至今，大运河仍然发挥着航运的重要作用。

如果气候持续朝暖湿发展，可能就没有今天的大运河

学过地理的人都知道，中国东部地区在地理上有一个重要特征：属于东部季风区，降水量和热量有明显的季节分布差异，夏季高温多雨，冬季寒冷少雨。这也导致东部地区一个重要的气候特征——雨热同期。而雨热同期对于我国东部地区的农业生产是至关重要的。

如果考察我国东部地区的古气候变化，就会发现，秦代是一个气候变化的重要转折点：秦代以前，气候温暖湿润，降水量较为丰富，东部地区的河湖沼泽十分广大，很多地区都是一片泽国；到了秦代之后，气候趋向寒冷，降水量明显减少；而到了宋

杭州拱宸桥始建于明崇祯四年（1631 年），是京杭大运河最南端的终点。

元以后，气候急剧变冷，降水量继续减少。可以说，从秦代开始，我国东部地区开始了整体“干冷化”的长期发展趋势。

也许很多人还没意识到，东部地区从秦代开始的“干冷化”趋势，究竟会对中国有何影响。其实，这个影响极为重大——要是没有气候的“干冷化”趋势，大运河将很难修建成功。为什么这么说呢？

这就牵涉到人类改造自然这个话题。制约人类改造自然的因素主要有以下两个方面：一是内在的工具因素。在古代，特别是在铁器普及之前，人类的农耕技术相对落后。面对一片汪洋湿地，人类要想利用手中简陋的工具围湖造田，开垦耕种，或兴修水利，难度是相当大的。二是外在的气候环境因素。如果气候越来越湿润，降水越来越多，河湖沼泽的面积自然会越来越大，也就不利于人们排干湿地开垦农田。

早全新世（约 12000 年前）时期，大运河沿线地区的湖沼湿地异常发育。至运河萌芽阶段的秦汉时期，平原地区的水域面积远比今天要大。

从秦代开始，前面所说的制约人类改造自然的两大因素都出现了重大变化：一是铁器的广泛普及，使得人类的农耕技术有了极大提升，可以利用铁制工具开垦湿地了；二是气候发生“干冷化”趋势，曾经汪洋一片的东部沼泽湿地，水位渐渐下降，为人类围湖造田提供了便利条件。

秦汉以后，人口急剧增长，经济迅速发展，人类活动范围不断扩大，人们开始更多地兴修水利，围湖屯田，人工湿地（如陂塘等）大量涌现。在此过程中，人们利用湿地沼泽的工程技术越来越成熟，这也为最终建立一条纵贯南北的人工大运河奠定了技术基础。

没有大运河，或许也没有中国的大一统格局

大运河从南到北，绑定了五大水系，其中包括对中国最重要的两大水系——黄河、长江。它营造的“水上高速公路”，也绑定了北方的政治中心（北京）与南方的经济中心（江浙地区）。由此可见，中国在古代能维持上千年的大一统格局，大运河居功至伟。

这种绑定带来的影响，除了漕运的巨大作用，从沿岸崛起的那些城市中也可以看出大运河对社会、经济所产生的巨大带动作用。今天，我们常说中国有三大湾区。因为沿海开发的迟缓，古代中国还没有湾区，大运河就是当时中国的“沿海地区”。

大运河贯通后，它产生的一个重要影响是：加速了我国东部地区自然沼泽湿地的消失，越来越多的湿地变成良田。这是因为，沿大运河一线产生了众多经济发达、人

在山东微山湖上，至今还有渔民用鸬鹚来捕鱼。

口密集的都市，如杭州、苏州、扬州、淮安、济宁、滕州、临清、天津等。以这些城市为中心往周围辐射，又促进了运河沿线的围湖（河）造田，也就产生了更多的良田沃野。

如果从现代人的眼光看，人类在围湖造田的过程中，将湿地排干变成陆地，造成了湿地的衰退和消亡，由此也带来了一些生态问题，比如湿地生物多样性的消失。但是在古代，随着人口的不断增加，人类面临的首要问题是怎么增加耕地，解决吃饭这件大事。在当时的历史背景下，向湿地要地，也是唯一的选择。

可以说，在上千年的时间内，大运河一带是我国经济最繁华的区域，可称之为“运河经济带”——大运河不仅是一条运输大动脉，也是一条经济大动脉。

在历史上，相对于海运，运河的运输有许多优点：运河风平浪静，安全可靠；大运河在元代被“拉直”后，从北京到杭州走大运河，比走海运的距离要近得多。

我国的海岸线有一个特点：山东半岛伸向海中凸出一大块，这使得山东半岛南北沿海的海运路线，都要绕着半岛走，变成了一个弧度很大的曲线。再说，海上风浪大，还随时有海盗出没，安全系数也低。归根结底，大运河运输的优点是安全可控，距离又短。一旦运河开凿通船之后，人们就形成了一种交通惯性和依赖性，只要运河能使用，就会一直用下去。所以，之后的王朝也就很难再下定决心，花费高昂代价，冒险去开辟沿海的新航线。曾有人感叹，是大运河阻挡了中国人向往海洋的意识，那是因为大运河实在是太成功，太便利了。

大运河：我们的祖先把一手“烂牌”打成了“王炸”

沿着大运河走了一趟之后，我对大运河的理解又深入了一层，也获得了许多以前所没有的启发。在大运河身上，我发现，历史上的中国人一直有着非常强大的创新能力。

大运河的开凿，就是中国人持续千年不断创新的结果，从最初春秋战国的邗沟，到后来隋代的“人”字形运河（北京—洛阳—杭州），再到最终元代裁弯取直的京杭大运河。这其中凝聚的非凡想象力和创造力，都是匪夷所思的。

关于大运河的创新，有一个人不能不提，他就是元朝的科学巨匠郭守敬。他成功地解决了通州到元大都（北京）这一段运河的水源问题：将昌平温榆河水系的白浮泉，经西山山麓向南，引入大都城的大湖瓮山泊（今昆明湖）。在当时的人们眼中，这是不可能完成的任务，因为大家都认为白浮泉的地势要比元大都西山山麓低，水怎么可能逆流而上呢？但郭守敬不信邪，他创造性地提出把海平面选为固定的参照点，经实地测量，得出白浮泉的地势高于西山的结论。因此，郭守敬被认为是最早提出以海平面为海拔零点标准概念的人，这比西方类似概念的提出要早500多年。

在大运河身上，我还感知到，中国历史上就有强大的国家动员能力。现在的中国因为有强大的基建能力，而被称为“基建狂魔”。其实，中国在古代就可以配得上“基建狂魔”这个称号了。

纵观中国的发展史，我们不难发现，我们国家其实盛产一些巨型工程，比如大运河、长城等，这些大工程，哪一样都离不开强大的国家动员能力作为支撑。甚至从大禹治水这些早期工程开始，我们老祖宗就已经显现出“基建狂魔”的潜力了。像大运河这样的大工程，在上千年的持续修建中，究竟动员了多少人力参与，恐怕已无法精确统计了，但我相信那一定是一个天文数字。在这里，我只举一个例子：仅在明朝永乐年间，工部尚书宋礼就曾率领30万民夫，在会通河沿线修筑堤坝水库。

在大运河身上，我还看到了一个国家所具备的强大的社会组织和管理能力。长达上千公里的大运河的维护和管理，本身就是一项极为复杂的系统工程。这其中，每一段运河的流向、水量、水位高差、含沙量等都不同，洪水期和枯水期也不同。每一段运河流经的水系内部，又有不同的河流、湖泊、湿地、水库等，这些水系内部之间的物质与能量交换也是千差万别。此外，运河流经的不同区域，在地域上又分属不同的行政单位，机构与人员之间的管理和协调，也是一个极为庞杂的系统。所以，修建运河难，管理运河其实更难。

我们现在看到的东部地区，已是富饶的大平原——华北平原、长江中下游平原，也是我国农业最发达的地区。但要是把时间追溯到秦汉以前，这些地区很多还都是湿地沼泽，并不适合人类生存。正如前文所提到的，后来人们不断围湖造田，才把一片片湿地改造成了良田。

归根结底，中国人既有改造自然的强大能力，也有管理社会的强大能力，硬是把一手“烂牌”打成了“王炸”。比如，令后人艳羡的江南，可以说人人向往，但那也是勤劳的中国人在湖沼遍地的湿地王国里干出来的。

其实，大运河蕴含着许多具有中国特色的文化：创新、团结、坚韧、大局观、乐观、豁达、内敛、沉稳、勤奋、和平等。一条大运河，浓缩了中华民族内心深处的诸多气质。千百年来，这些气质一直在不断地沉淀、积累、升华，并最终造就了中华民族很鲜明的一个特质——即使面对最恶劣的生存环境，也绝不向命运低头，依靠自己勤劳的双手，来改变自己的命运，而不是像某些国家那样，通过对外掠夺、扩张去“发家致富”。

大运河，是一部中国人改造湿地的宏伟史诗。

大运河的身上，有中华民族屹立世界民族之林数千年的秘密。

如今，大运河的辉煌尽管已经过去，但它赋予的精神内涵并没有过时……

汾河被山西人称为母亲河，是山西最大的一条河流。（摄影 / 党永立）

汾河

它塑造了黄土高原的“天府之国”

作为黄河的第二大支流，汾河是一条大气磅礴的文明之河，其流经区域是中国古文明的发祥地之一；而作为山西的母亲河，汾河也是一条富饶与乡愁交织的诗意之河。它激起的每一朵浪花都是诗与美，泛起的每一个涟漪都是文化的切片和历史的记忆……

我最初对汾河的了解，是来自20世纪50年代末的一部电影《我们村里的年轻人》。这部电影有一首好听的主题歌《人说山西好风光》，由乔羽作词、郭兰英演唱：“人说山西好风光，地肥水美五谷香。左手一指太行山，右手一指是吕梁。站在那高处，望上一望，你看那汾河的水呀，哗啦啦啦流过我的小村旁……”

随着《人说山西好风光》的传唱，“哗啦啦”流个不停的汾河，开始被很多人所熟悉。后来，20世纪60年代的一部电影《汾水长流》的主题歌，歌名干脆就叫《汾河流水哗啦啦》：“汾河流水哗啦啦，阳春三月看杏花，待到五月杏儿熟，大麦小麦又扬花。九月那个重阳你再来，黄澄澄的谷穗好像是狼尾巴……”

可以说，我最早接触和了解汾河，都是与诗歌有关。事实上，汾河就是一条富有诗意的河流：那里有田野、麦香和杏花，有人类延续数千年的农耕童话，更有历代文人墨客的歌咏吟唱……

汾河的每一朵浪花都满溢着诗歌芬芳

说起来，中国不少古老经典早已对汾河作了记载，比如《诗经》《淮南子》《山海经》《水经注》等。其中，《水经注》用优美的文字描述了汾河的源头：“汾水又南，与东、西温溪合，水出左右近溪，声流翼注。水上杂树交阴，云垂烟接。自是水流潭涨，波襄转泛……”将汾河源头青峰叠嶂、云蒸霞蔚的景象描绘得有声有色。

其实，我更喜欢《诗经》里对汾河的描写，比如《国风·魏风·汾沮洳》（“汾”指汾河；“沮洳”，音jū rù，指低湿之地），因为这首诗很特别，它描写了一个人的美：

彼汾沮洳，言采其莫。彼其之子，美无度。美无度，殊异乎公路。
彼汾一方，言采其桑。彼其之子，美如英。美如英，殊异乎公行。
彼汾一曲，言采其藚。彼其之子，美如玉。美如玉，殊异乎公族。

这首诗是典型的“诗经体”，全诗三章，每章六句，以侧面烘托手法塑造形象，诗意层层递进。诗歌大意是：在那美丽的汾河岸边湿地，有一位小伙子在辛勤地劳作，他分别在采摘着野菜、桑叶、泽泻（一种草药）。你看他啊，长得是那样英俊，俊美得简直无法衡量，俊美得像花，俊美似宝玉，其气质和王公贵族的纨绔子弟太不一样了（“公路”“公行”“公族”都是古代官名）。

我最初以为，这是一首赞扬美女的诗歌，后来才知道搞错了。文学家、诗人闻一多在《风诗类钞》中首先提出：“这是女子思慕男子的诗。”后来，学者大都认同他的观点，这是一首女子赞美情人的诗。让我感到惊讶的是，这位女子对情人的形容——原来是形容一位男子，也可以说他美如花、美如玉的。相比中原女子的委婉，这位女子对情人表达的爱慕如此大胆直白，我推测，她很可能是一位少数民族女子。

山西地处农牧交错带，汾河流域自上古时代就有许多少数民族在此繁衍生息。历史地理学家谭其骧认为：“甲骨文里有许多‘羌’，可能就在山西境内。西周时，山西也有很多少数民族在活动……春秋时，晋中、晋南到处分布着赤狄皋咎如、东山皋落氏、潞氏、留吁、铎辰等部落。”《诗经》收集的是西周初年至春秋中叶（公元前 11 世纪至公元前 6 世纪）的诗歌，而这段时期，恰恰是诸多少数民族在汾河流域来往活跃的时期。

与《国风・魏风・汾沮洳》的直白相比，在汉乐府民歌《陌上桑》中，采桑的汉族女子罗敷夸耀丈夫的说辞就含蓄多了：“坐中数千人，皆言夫婿殊”，她是绕了一个弯，借别人的口夸自己的丈夫。

到了唐代，作为整个山西经济、文化最为发达的地区，汾河流域从北向南依次分布着并州（今山西太原）、汾州（今山西汾阳）、晋州（今山西临汾）、绛州（今山西河津、绛县一带）等众多富饶的城市，涌现出了王绩、王勃、宋之问、王维、王昌龄、王之涣等著名诗人。其中，王绩就在他的《咏怀》里描写了故乡的朦胧之美：“桑榆汾水北，烟火浊河东。”山西女诗人鱼玄机在《寄刘尚书》中，也有“汾川三月雨，晋水百花春”的春日汾水美景描绘。李白曾来山西游历，在太原汾河段欣赏胜景后，留下了脍炙人口的《太原早秋》一诗：“岁落众芳歇，时当大火流。霜威出塞早，云色渡河秋。梦绕边城月，心飞故国楼。思归若汾水，无日不悠悠。”汾河的秋景图勾起了“诗仙”浓郁的思乡之情。

金章宗泰和五年（1205 年），年仅 16 岁的青年诗人元好问在赴并州应试途中，听一位捕雁者说，有一对比翼双飞的大雁，其中一只被捕杀后，另一只逃脱的大雁竟然从天上一头栽下来，殉情而死。年轻的诗人被震撼了，便买下这对大雁，把它们合葬在汾水旁，建了一座小坟墓，叫“雁丘”，并写下一首流传千古的《摸鱼儿・雁丘词》：

问世间，情为何物，直教生死相许？天南地北双飞客，老翅几回寒暑。欢乐趣，离别苦，就中更有痴儿女。君应有语：渺万里层云，千山暮雪，只影向谁去？

横汾路，寂寞当年箫鼓，荒烟依旧平楚……

元好问在感怀大雁的坚贞爱情时，也对世事无常颇多无奈——同样是汾河，汉武帝当年泛舟汾河时箫鼓齐鸣、歌舞升平的景象，如今却成了漠漠荒烟，凄凉无比。后来，金庸在武侠小说《神雕侠侣》里引用这首《摸鱼儿・雁丘词》，使之成了流传更广的爱情绝唱。

汾河流经的河谷地区土地肥沃。这条河对山西省的历史、文化有着深远的影响。(摄影/杨德新)

两山夹一河：奠定了黄土高原“天府之国”的地理格局

发源于山西忻州市宁武县管涔山（属吕梁山脉）的汾河奔流而下，一头扎进了太原盆地。它全长 716 公里，流域面积占山西总面积的四分之一，养育了全省 41% 的人口。汾河顺着太原盆地、临汾盆地一路向南，在侯马市拐弯向西，最后汇入黄河干流的怀抱。

翻开地图，我们会发现，汾河流域的地理格局很特殊——“两山夹一河”。这条山西的母亲河，被两条南北走向的山脉（太行山、吕梁山）紧紧夹峙。汾河下切太行山、吕梁山之间的黄土地带，并没有形成高深的峡谷，而是造就了一个狭长的冲积平原——汾河平原，它包括北部的太原盆地和南部的临汾盆地。这两个盆地土壤肥沃，灌溉发达，一直是山西重要的粮、棉产区，吸引了早期人类在此繁衍生息。这一点已被考古发现不断证实，比如流域内出土的旧石器时代文化遗址（襄汾丁村遗址）和新石器时代文化遗址（襄汾陶寺遗址）等。

可以说，汾河流域是黄土高原上一处颇为特别的“天府之国”。这是因为，这里有适宜早期人类生存的四大关键要素：水、土、山、盐。首先，水的重要性无须多言。人类文明的发源地，往往靠近大江大河；其次，汾河流经的黄土适宜耕作，这也不用多说了。前面两点，是黄土高原河流流经地区普遍具有的特点。但后面的两点，却并不是黄土高原所有地区都具备的：一是有山脉。山脉不仅能提供黄土高原特别稀缺的木材和其他矿产资源，还是一个天然的屏障、堡垒。古代讲究的风水就是背山面水，好处是，人既能吃饱肚子，又能躲避危险——一旦遇到敌人袭击，就可以迅速遁入森林隐藏起来。二是汾河流域南部紧挨着运城的盐池。盐对人类早期文明的重要性也已有很多人论述过了。

山西的幸运在于，这个省很少受到中国大的战乱和水患的波及。流经山西的黄河在山西境内河床低，这使得山西人虽无法取黄河水灌溉，但也不会受到黄河水灾的威胁。而汾河流域地势是两边高，中间河床低，人们也不会遭受大的水灾。

正因如此，春秋时期，在富饶的汾河流域立国的晋国（公元前 11 世纪 ~ 公元前 349 年），是所有诸侯国里称霸时间最长的，其霸主地位保持了百余年。

谭其骧认为：“山西在历史上占有重要地位的时期，往往是历史上的分裂时期。这是因为，山西处于黄土高原的东部，它对河南、河北、陕西的关中地区而言，都是居高临下的，这在过去一刀一枪打仗时，是很占优势的地势。又因为盘踞山西的割据势力大都是强悍的少数民族，他们的武力很强，因而能攻则取之，退则守之，长期割据称雄。”

不过，“两山夹一河”也导致汾河流域有一个致命的弱点——平原面积较小，太原盆地和临汾盆地的面积加起来只有1万平方公里，不如关中盆地（近4万平方公里），更不如四川盆地（26万平方公里）和华北平原（30万平方公里）了。在人口较少的人类早期时代，狭窄面积提供的资源还足以支撑。但到了人口膨胀时期，人类带给环境的压力就会越来越大。当环境不堪负荷时，移民就成了唯一的出路。

复旦大学历史地理专家葛剑雄在《家山何止大槐树》一文中提到："在中国移民史上辐射范围最广、影响最大的一个移民发源地，大概要算山西洪洞大槐树了。经过数百年的生息繁衍和再迁移，要说当年山西移民的后裔遍及华北以至全中国实在并非过分。"

"流水哗啦啦"的汾河，就像一颗包裹着乡愁的种子，早已伴随山西移民的举家迁徙，传播到了不同地方。不管时代变迁，流淌着诗篇和富饶的汾河，始终是山西人的乡愁寄托之所。

正如我每一次到山西，脑海中总会浮现明代诗人张颐的那首《汾河晚渡》："山衔落日千林紫，渡口归来簇如蚁。中流轧轧橹声清，沙际纷纷雁行起。遥忆横流游幸秋，当时意气谁能俦。楼船箫鼓今何在？红蓼年年下白鸥。"

汾河发源于山西省的管涔山，全长700多公里，最终汇入黄河。（摄影/王牧）

夏季时，河流水量大涨，在呼伦贝尔草原地区形成了众多湿地。

呼伦贝尔

草原也是大湿地

在很多人心目中，呼伦贝尔是中国最美的草原。其实，这里还是蒙古族的发祥地，成吉思汗的铁骑就是从这里奔腾而出震撼世界的。2013 年 7 月，我驾车从北京出发，一路向北，穿越了这个水草丰茂的蒙古族兴起之地，接受了一次独特的草原文化洗礼。

梦想终于照进现实

去呼伦贝尔大草原，是我心中久远以来就有的一个梦想：蓝天白云下，一位牧人骑马飞奔在辽阔的草原上，惊起草丛中的各种飞虫；远处，悠扬的马头琴声与金戈铁马的战鼓声完美交织，穿透了历史与现实的隔阂。这一切唤醒了我心中沉睡已久的豪情与向往。这里水草丰茂，是蒙古族的发祥地，其波澜壮阔的历史文化，与一望无垠的大草原一样，引发了后人的无限遐想。

2013 年 7 月 17 日，这一天，梦想终于照进了现实。我和三位朋友一起，驾车从北京出发，上京承高速，沿东北方向直奔承德。过了承德，高速路段结束，转上 101 国道，然后从承德一直往东奔河北平泉县。过平泉县，方向开始变为往东北方向，奔辽宁凌源市。然后一直沿 101 国道，过凌源市，到建平县，再到朝阳市。过朝阳，就到了科尔沁沙地南部的彰武县，拐向北，沿着高速直奔内蒙古的通辽市。一路走来，天色已经黑了，我们也经过了平原、山脉、沙地到草原的变化，环境的变迁令我们有些目不暇接。

车上，同行的中国科学探险协会奇异珍稀动物专业委员会副秘书长赵连石老师介绍说，“我们这次所经过的路线，像满洲里、海拉尔、扎兰屯、牙克什等，为西伯利亚冷空气通道，比周边地区温度低 10~15 摄氏度。夏天也比较凉爽。上次，我去中蒙边境，是离乌兰巴托不远的地方，我没带保暖衣服，第二天起来，天很冷，结果每人披着被褥出来了，成了一景。”一路行来，因为有户外探险经验丰富的赵连石老师一路现场解说，再加上另外两位同伴蔡杰、石久达和我，都曾参加过“绿家园”组织的“黄河十年行”环保公益活动，所以大家聊得非常投机，一路上谈笑风生，不觉寂寞。

第二天，我们一行出通辽市，沿着 111 国道，往北直奔科尔沁右翼中旗。此时，感觉草原逐渐变得水草丰茂。上午 10 时，我们停车，在一个湖边拍摄。大家对一朵野花上的一只昆虫产生了极大兴趣，互相帮忙，一人扶着随风颤动的野花，其他人用相机“咔咔”地拍个不停。

我们进入科尔沁右翼中旗，继续往北，沿着 111 国道，直奔突泉县。自从 20 世纪 70 年代后，草原上的农垦愈演愈烈，人们将湿地的水放干，开始种地，连一些牧民也开始定居农垦。赵老师说：“德国的农业很成功，它本身是一个牧业国家，却走上了有机农业之路，也是自然生态保持最好的国家之一。这值得我们的草原地区学习。他们的黑山羊、培根、黑面包出口到周边国家，价格很贵。比如，凯宾斯基饭店的德国黑面包、扒猪脸，味道最棒，全是德国进口，你去还得提前订位。”

下午 1 时，我们从乌兰浩特开始拐上去阿尔山的路，途经了一个叫“哈拉黑”的地方。哈拉黑是一个镇，位于科右前旗中西部，耕地有 20 多万亩，而人口只有 3 万多，是以农业为主、牧业为辅的乡镇，主产玉米、水稻和大豆，还有马铃薯、旱烟、白菜、沙果、香瓜、葡萄。难怪，这一路看到的不仅有草原，还有成片的庄稼地。

开车的赵老师一边聊，一边打哈欠，看来有点困了。但是，赵老师可是有名的“车霸”，一般不轻易让别人开车。我和石久达好说歹说，才轮换着接替赵老师开车。就这样，他还是谈兴颇浓。

离阿尔山还有 136 公里时，天空飘起了雨丝。我们的别克凯越车是该款的顶级配置，有一个专门的防滑按钮，一按就打开了防滑装置，因此在潮湿的公路上跑起来也显得轻松自如。我看到路旁有一条河，是从达赉湖（呼伦湖）发源出来的一条河，名叫呼伦河。从这里，我们看到河湾开始增多，大家都感到“有点儿额尔古纳河的感觉了”。

途中，我们在一处加油站附近停车，旁边就是一条河，远处的山上雨雾缭绕。河滩上，遍布芦苇，都是黑黝黝的黑土地，映衬着本来清澈的水也变得有些黑起来。

路过呼和达坂大桥时，见到高速路两旁成片的黄色油菜花，我们终于按捺不住，靠边停车，下高速，亲近漫山遍野的黄色和绿色。只见，山野间，各种颜色的蝴蝶展翅飞翔，虫鸣声此起彼伏，一条清澈见底的小溪钻进茫茫的黄色和绿色大地之中，汩汩而流，一直延伸到远方，消失在天际线之外。四周是连绵起伏的山丘。这些山丘很有意思，就像是被整齐剃过的头，一侧是密密的树林，另一侧则是没有树林的光秃秃

呼伦贝尔草原上的许多湿地，也是鸟类栖息的天堂。

的草地。大桥的不远处，还有一家养蜂的人家，用帐篷支起来一座屋子，门口摆着他们酿出来的蜂蜜。屋后就是一个挨一个的蜂箱。靠近如此大面积的油菜花，这里的蜜蜂一定也是最辛劳的蜜蜂了。

晚上 7 时 30 分，我们进入阿尔山市区。由于赶上旅游旺季，这里的宾馆价格普遍很高，便宜的也要 400 元一间。于是，我们又跑到离阿尔山十几公里的伊尔施镇。伊尔施镇是一个只有一条主街的小镇，街道的路面坑坑洼洼，正在施工整修，街道两旁基本都是饭馆。后来，总算找了一家名叫亿达的宾馆住下，也要 200 元一间。此后的几天，我们从宾馆的价格上，明显感受到呼伦贝尔在旅游旺季的人气了。

自然法则精巧而复杂

7 月 19 日早上 6 时 30 分，我起床后推开窗户，只见不远处山坡上绿草茵茵，一群群奶牛在上面悠闲地吃草。酒店旁边就是一个大工地，可能是正在盖楼建酒店。

上午 9 时，我们离开伊尔施镇。我发现这里基本都是俄罗斯风格的建筑，木屋结构。沿着 203 省道，我们去新巴尔虎左旗，一条河流相伴公路旁边。此刻我们开始沿着国境线行驶。翻过左手边的山，就是到了蒙古国。由于车很少，省道开起来就像高速公路。“这条道以前是国防公路，‘文化大革命’期间屯兵百万，周围的环境太漂亮了。我过去来过这里，记得有一次我看到一只小牛犊，就过去拍它，它反倒过来用舌头舔我的胳膊，感觉就像吃奶一样不停地嘬，想必是把我当成它的妈妈了。所以，我无意中当了一回‘奶爸’。小牛犊的第一行为就是吃奶，逮什么都嘬一口，感觉胳膊有肉感，就没完没了地嘬。”

周边的山上，出现成片的白桦林和松树林，还出现了成片黄色的油菜花。蓝天白云下，草原上一群马在悠闲地啃吃着草，牛羊开始成群出现。“草原上有马才有生机。”赵老师说。我们看到了骑马放牧的，也看到了骑摩托车放牧的。一只鹰在天空飞翔，草原上的鹰有隼、大鹭、苍鹰等十几种，算是这片天空的绝对霸主。

随后，我们又看到了一片森林。“现在松树也闹虫害，因为没鸟了，农耕将湿地破坏，也就破坏了鸟类的栖息地。没有天敌，虫害就会爆发。半干化的湿地是鸟的乐园，如果破坏了，鸟儿就完蛋了。你看着不起眼的小雀，一天就能捉两三百只虫子。”赵老师说。

“鸟儿是森林卫士，过去这里的百灵鸟、斑鸠、雉鸡多得不得了。以前我还跟别人打过猎。他们用的是霰弹枪，一枪下去，就能打下来好几只。两小时下来，汽车后备厢和后座都塞满了猎物，你想想看那时的鸟儿有多少啊！不过，我老是跟他们捣乱，一看到野鸡，我就抢先鸣枪报警，野鸡哗哗地就飞了。后来，他们明白过来，是我从中作梗，是猎物的‘卧底’，所以就不带我出来打猎了。”

说起动物，赵老师总是眉飞色舞，他对动物的行为很有研究，说：“大自然太好玩了。比如说草原上的小鼬鼠就特别有意思。它的附近一般有好几个洞口，只要一发现人靠近，它就会开始变‘魔术’——一会儿从这个洞口钻出，一会儿从那个洞口钻出，给人感觉有挺多的鼬鼠，但其实就是它一个在不停地来回窜来窜去，是在耍你呢，以便迷惑人类或天敌。人类对它好奇，它对拍照的人也很好奇。鼬鼠的地洞四通八达，里面储存了很多过冬的粮食。狐狸要逮鼬鼠，有时候也会被鼬鼠弄蒙了。现在小孩玩的‘打地鼠’游戏，就是从狐狸抓鼬鼠来的。鼬鼠碰见狐狸时，也会玩这一手‘魔术’，不停地从不同洞口窜出来。不过，狐狸的猜测能力比人类强，总结规律比我们快。所以，狐狸捕捉鼬鼠是一绝，而且它还知道洞里究竟有几只鼬鼠。抓到一只，先把它咬死了，埋在附近的土里，然后再抓下一只。鼬鼠还不算是草原的鼠害，因为现在人类还没有去消灭它。而鼠兔则成了草原一害，因为人类要灭绝它，结果是越要灭它，它反而就越爆发，拼命繁殖。环境的变量是它进化的动力，变量越大，它进化的动力越强。人类在地面放毒药，用飞机洒毒药，反而让它进化得越快。”

“你听说过草原上的蝗虫成灾吗？蝗虫成灾的是农耕区，是人弄出来的。草原上没有蝗虫的灾害。为什么？大自然都安排好了。”同行的石久达说。

11 时多，我们路过红花尔基森林公园。在草原上可以看到裸露出来的土地，黑乎乎的，都是腐殖质含量非常高的黑土，分解很慢，微生物特别丰富。有牛羊粪便的滋养，加上昆虫的分解，就相当于给草原施肥了。看来大自然的安排总是非常合理。

“我的一个朋友王方成说过，自然的规律是一整套的，你如果在草原转一圈，就会对这个规律非常清楚。自然有自然的秩序和法则，相当精巧而复杂。”赵老师说。

路边有一群马，在一个小的水泡子里饮水。我问：“为何看到的枣红色马比较多？”赵老师说：“这跟人类的选择有关系，人一般比较偏爱枣红色马，就让枣红色马做种马，这样就容易传递基因，整个马群就跟着漂亮优化。”不远处，还出现了一个热电厂，一群大烟囱在冒烟。热电厂的四周，有不少奶牛在吃草。近些年，呼伦贝尔草原下发现了煤矿，昔日平静的草原开始变得喧嚣起来，这些地下“黑金”纷纷变成热电厂的燃烧能源，发出的电被输往四面八方。

过了鄂温克旗，经过陈巴尔虎旗往西，我们一直奔往扎来诺尔镇，到扎来诺尔镇时已经是下午 4 时。

晚上 6 时，当地朋友为我们接风。他们说：“现在当地鸟儿赶上换毛季节，不太好看。大雁也是繁殖季节。大鸨最近一直没有见到，乌兰泡那儿应该有。”他们所说的乌兰泡，就在达赉湖自然保护区下属的乌兰诺尔保护站，也就是我们行程的下一站。

在盛夏季节的呼伦贝尔草原上，花儿们也在争相绽放。

领略蛮荒湿地美景

7 月 21 日，我们驱车赶往乌兰诺尔保护站，该保护站的核心区位于达赉湖自然保护区南部乌尔逊河的中段，以流经乌兰诺尔地段的乌尔逊河河流型湿地为主，由乌尔逊河及其两岸的芦苇沼泽、柳灌丛等湿地构成。这里是鸟类繁殖的一个重要区域，也是鱼类洄游、产卵的重点区域，同时也是保护区鸟类集中分布数量最多及生物多样性最丰富的区域。

乌兰诺尔保护站站长张友热情地接待了我们，还有保护站那位大学毕业没多久的小伙子孟庆彪，也陪同我们在保护区参观。

我们来得正是时候，这里湿地的大批珍稀鸟类迎来了繁殖高峰期，候鸟也开始换飞羽，为携妻带子南飞作准备。不过，当我们达到湿地边缘时，却有些失望，只能看到零星的几群白琵鹭和几只凤头鸊鷉。因为进入 7 月之后，鸟类大都在水草深处繁殖养育雏鸟，所以一般人只能看到岸边少数的鸟类。为了不惊扰它们，乌兰诺尔保护站的工作人员设置了警戒线，不允许游人靠近。

说起乌兰诺尔保护站，也许很多人不知道，而说起达赉湖国家级自然保护区，很多人就并不陌生了。达赉湖保护区位于呼伦贝尔市境内，跨新巴尔虎右旗、新巴尔虎左旗，主要保护对象为湿地生态系统和以鸟类为主的珍稀濒危野生动物。达赉湖是亚洲中部干旱地区最大的淡水湖，湖中水生生物资源极其丰富。湖泊、河流、苇塘、沼泽湿地、草甸和草原等构成了保护区复杂多样的自然生境，生物多样性位居亚洲中部草原地带中的前列。

在这片世上少有的生态净土上，生存着 475 种高等物种，包括丹顶鹤、大鸨等世界级濒危物种的 333 种鸟，蒙古高原特有黄羊等 35 种兽和 30 种鱼。这些物种当中，被列入国家一、二级保护名录的就有 55 种，中国分布的 8 种鹤，有 6 种是保护区的候鸟和旅鸟。特定的地理位置使保护区成为澳洲——东亚候鸟迁徙的重要通道和集散地，也是亚洲水禽的重要繁殖地。

本来我们这次是专门奔着看大鸨来的，赵老师还特别提请大家注意，大鸨或其他鸟类在孵化期间相当敏感，时刻警惕、戒备外来入侵者，望各位在观鸟时着装不要太过艳丽，最好是迷彩服或颜色略暗的服装。但遗憾的是，在乌兰诺尔保护站，我们并没有看到大鸨的踪迹。倒是在后来我们离开保护站的时候，远远地看到了草丛中大鸨的身影，也算是运气不错。

7 月 22 日，我们离开乌兰诺尔保护站，在穿越达赉湖西部的茫茫大草原时，遭遇了一场突如其来的大雨，一不小心迷了路，驶入了一条草原上的牧道。虽然经历了

一望无际的油菜花，吸引了一户养蜂人家前来驻守。

短暂的彷徨、不安，但最后还是找到了正确道路。这次迷路也让我们欣赏到一般游人绝对看不到的达赉湖附近的草原美景。

其实，在常年干旱、大风连天的蒙古高原上，水的价值是无法估量的。呼伦贝尔草原之所以肥美，就是因为这里有众多的湖泊、河流滋润，形成了广阔的湿地、草原、沙地多种景观，使得呼伦贝尔成为资源丰富、多个民族特别是北方众多游牧民族的主要发祥地。突厥、鲜卑、蒙古等众多民族就繁衍生息于此，逐步繁荣昌盛，创造了灿烂的民族文化，为中华民族文明的形成和国家统一作出过重要贡献。达赉湖湿地生态系统与呼伦贝尔草原、大兴安岭森林生态系统一起，共同成为中国北方的绿色生态屏障。

7 月 25 日，我们特别绕开了位于额尔古纳市区附近的额尔古纳湿地景区，这里早就人满为患，布满了各种人造景观。虽说在很多游人看来，湿地景区也算如诗如画，布满郁郁葱葱的人工林，有白桦、灌木为主的观赏林带，但是这种人工痕迹很浓的景观总是很难引起我的兴趣。直到我们来到额尔古纳市下面的黑山头镇，才真正找到了那种原始蛮荒的草原湿地的感觉。

黑山头镇地处额尔古纳市西南部，距拉布大林 60 公里，西部、西北部与俄罗斯隔额尔古纳河相望。黑山头镇地域辽阔，人口稀少，是一个以华俄后裔与俄罗斯族为主体、汉族占多数的多民族居住区。黑山头镇的天然草场面积有 111.81 万亩，是额尔古纳市最好的放牧场和打草场。

第二天一早，我们迫不及待地爬上黑山头镇附近的一座山头，居高临下俯瞰被周边山丘环绕的一片湿地，只见一条条蜿蜒曲折的河流像一条条丝带，飘舞在一片密密麻麻的森林之间。一群群牛羊散落在山坡上，白云飘过，那些牛羊仿佛就在云端漫步一样。

见到如此美景，我们一开始惊呆了，等反应过来，就如痴如醉地开始了拍摄，全然忘了周围的一切。不过，没过多久，就觉得胳膊上奇痒无比，定睛一看，原来是一群蚊子正趴在胳膊上“美餐”呢。

黑山头镇区内的水域总面积有 34 万亩，额尔古纳河和根河水系在境内流程达 86.7 公里。所以，这里不仅是鸟类的家园，也是蚊子的聚居地。难怪，我们看到这里的牧民都是戴着专门的防蚊面罩放羊的，

其实，来草原之前，赵老师特别提醒我们要准备防蚊虫水及气雾剂，甚至还让石久达专门弄了一点医用氨水。赵老师说：“碱性药水，热带雨林必备，越战时用过，治疗虫咬有特效，一般急救用来刺激昏厥患者苏醒，医院中急诊室多备。”但是真正到了湿地才明白，面对饿疯了的蚊子，这一切都派不上用场。这次蔡杰还带了一件高科技——超声波驱蚊器，像钥匙牌，纽扣电池驱动，可挂在身上，利用物理原理向周围发射类似公蚊、蝙蝠的超声波，功率有大小，驱蚊范围从数平方米至数十平方米不等。不过，他似乎也被蚊子咬得不轻。

经验丰富的赵老师还事先提醒我们：“方便时要找风头处，不可于草丛中如厕。我的一个同事曾想在草丛中如厕，结果方便未成，整个臀部瞬间暴肿，裤子险些提不上来，奇痒无比，数月之后方愈。”

去黑山头镇游览湿地的前两天，我们还去了著名的恩和、室韦俄罗斯民族乡，领略了独特的俄罗斯风情。7 月 25 日，我们从呼伦贝尔市前往牙克石、阿荣旗，然后于 26 日沿着 G10 国道返回北京。

有水才有草。湿地遍布的呼伦贝尔草原，成了中国最美的大草原。

红旗岭

一个退耕还湿的生态典范

丹顶鹤、白枕鹤、白鹳、野鸭、江鸥等珍稀水禽，也在此筑巢安家，嬉戏觅食，构成了一幅和谐动人的生态画卷。区内有国家重点保护鸟类 8 种，其中丹顶鹤、东方白鹳等为珍稀鸟种。

夏季的红旗岭湿地，是一片生机盎然的景象。

夏日的一个清晨，天气还有些微微凉意，荒原里的簇簇野花早已开始怒放，芦丛中的各种水禽珍鸟也在欢快地鸣叫着，一切都展示了大自然的勃勃生机。这里是位于黑龙江省完达山北麓的红旗岭农场，如今被称为千鸟湖湿地。

从20世纪50年代开始，一批批转业官兵先后来到红旗岭农场，开始了改造沼泽地、垦荒种庄稼的艰苦历程。为了垦荒，全场的职工要年年排水。当时也没有机械化作业，全靠人工。泡在沼泽地里开荒打粮，和水“斗”了多年，按当时农场老人的话说：“我们是在水盆里种庄稼。”但由于盲目开发，也导致湿地水源涵养功能严重丧失，水患频发，农业经济陷入低迷。如今，当农场的老职工再回到红旗岭时，或许做梦都没想到：当年的五星湖，已成了三江湿地保护区的著名景点之一；割荒草、芦苇的草泡子里，修起了观鸟的栈道和观景台；那些曾经一踩一陷的沼泽地，成了飞鸟水禽出没的地方。

当年拼尽全力改造出的庄稼地，现在又翻回头成了沼泽地，让人感叹人类对大自然的认识的深刻改变。而这一切的发生，都与一个人很有关系，他就是红旗岭农场的原场长张晶华。

在 2005 年来到红旗岭农场之前，张晶华曾在黑龙江农垦总局红兴隆分局任环保局局长。正是环保局局长的经历，让他了解到湿地保护的重要性。在他的倡导下，红旗岭农场不惜牺牲每年 1750 万元的收入，搬迁了 5 个作业站，退耕还湿 6 万亩，“两荒”还林 3600 亩。如今，红旗岭的千鸟湖湿地已晋升为国家级自然保护区，面积达 20 万亩。2011 年，在国家林业总局湿地中心和人民日报《经济周刊》联合举行的湿地评选活动中，它还被评为“中国最美湿地”。这里物种相对丰度较高，是一个不可

为开展生态旅游，红旗岭湿地修建了人工栈道。

多得的基因库。湿地成了东北亚候鸟重要繁殖栖息地和迁徙停歇地，保护区内有鸟类 89 种，鱼类 32 种，还容纳了由低等到高等的 500 余种植物。

千鸟湖湿地位于饶河中下游沿河地段，漂筏苔草水生植物面积达 1800 公顷，形成了独特的生态系统，有些濒危物种具有严格的地理区域限定，如漂筏苔草、荷花、菱角等。

丹顶鹤、白枕鹤、白鹳、野鸭、江鸥等珍稀水禽，也在此筑巢安家，嬉戏觅食，构成了一幅和谐动人的生态画卷。区内有国家重点保护鸟类 8 种，其中丹顶鹤、东方白鹳等为珍稀鸟种。保护区内的兽类、飞禽和它们栖息的林地灌木林植被，组成了第一类生态系统——森林生态系统；小型兽类、涉禽和它们栖息的杂类草低湿草甸，组成了第二类生态系统——草甸生态系统；游禽及其生存的沼泽生境，构成了第三类生

态系统——沼泽湿地生态系统；沼泽植物、鱼类、浮游动植物及其生境，构成了第四类生态系统——水生生态系统。这四种生态系统互相有机联系，构成了一个相对的统一体，彼此进行着能量、物质信息的交流转换。

在当下中国，千鸟湖湿地有着其自身的特殊意义：这是一个退耕还湿的生态典范，作为一片曾经的原始湿地，在经过人类垦荒之后，湿地丧失殆尽；后来，人类发现过度垦荒的种种不利之后，开始拨乱反正，停止干扰自然，让这片土地回归到它本初的状态。可以说，千鸟湖湿地的变化，折射了近些年来中国不断加强生态建设、回归人与自然和谐的不懈努力。在自然界面前，人类最宝贵的品质正在于此：懂得反省，克制欲望，留住“绿水青山”，就是留住幸福与希望。

近些年来，红旗岭湿地采取的退耕还湿生态保护措施，收到了明显效果。

第三篇

城郭

长三角

十五城市遗产考察记

我有幸穿越长三角 15 座最富活力的城市，深入当地最具代表性的遗产地并切身感受到，在经济奇迹的光环外表下，这一地区深厚的历史文化底蕴并不被外界所广泛认识，而这恰恰是该地区时至今日仍然活力十足的真正源泉所在。

江苏常州的春秋淹城遗址，距今已有 2700 余年历史，具有独特的“三城三河”建筑形制。（摄影/陆志刚 李牧）

南通　板鹞风筝：最世俗的空中交响乐

每次在正式做活儿前，黄师傅通常会在心中默默念诵一段敬仰祖师爷的话。他的祖师爷就是鲁班，不仅是木匠的老祖宗，也是风筝的祖师级人物。

风筝的发明地在中国，然后从中国流传到东亚、马来半岛、欧洲及非洲。据记载，中国最早的风筝由墨翟（墨子）制作，最初是用木头做的，但没有放飞上天。他的学生鲁班改用竹子做风筝，结果获得了成功。在纸张发明后，人们才改用纸张来做风筝。这样，鲁班理所当然地成为风筝的祖师爷。

黄师傅的大名叫道生，在南通风筝博物馆做风筝，已是做了近30年风筝的老师傅。我赶到博物馆时，他正在一间工作室里埋头给风筝扎制骨架。桌上摆的是绘有鲤鱼和莲花吉祥图案的风筝布面。扎好骨架后，黄师傅调好胶水，熟练地将骨架和布面粘在一块儿。看似简单的一道道工序，其实内含玄机。特别是骨架和布面的黏合是非常关键的一道工序，这要求制作者谙熟风筝的结构，从而使风筝达到最佳的平衡。

看完黄师傅精湛的制作工艺之后，一个问题开始困扰我：为何南通成了中国南派风筝的发源地，从而有“南鹞北鸢”之说呢？这里的板鹞风筝刚刚入选了中国首批非物质遗产名录，开始为更多人所关注。带着这个问题，我请教了南通风筝博物馆的馆长吴小军。颇具儒雅之气的吴馆长带我参观了他的风筝博物馆，并把南通风筝的诸多历史与民俗向我娓娓道来。博物馆其实就是一个风筝完整历史的展示馆，各种风筝琳琅满目，让人叹为观止。

吴馆长告诉我，南通位于黄海之滨、长江之北，有着大片平坦的沙滩，为放风筝提供了良好的条件。每年从农历正月到清明，都是放风筝的大好时光。当地人的生活与风筝有着密切的联系，这可以从当地俗谚中窥见一斑，“鹞子口声急，明朝雨打壁”“鹞子满天飞，家家有得收”。

过去，南通放鹞子是村民的一件大事。放飞前，村民要把风筝供在堂屋里，烧香磕头，虔诚敬拜。放飞时，由一个身强力壮、经验丰富的老手做“头把手”，带着十几个人拉绳，还有一组人扶着风筝放飞。如果风筝一飞冲天，风筝上的哨鸣可以响彻天地，震慑妖魔，这预示着一年会有好收成；如果鹞子断线，摔落下来，则是大不吉，是“不顺遂”的事。这要烧利市，磕头上香，然后把鹞子撕碎丢入河滩或坟地去。

如今，放风筝已经没有这么多讲究了，它成了人们强身健体、休闲放松的一种方式。在南通农村，还有十万多人在从事着做风筝的活计。人们认为风筝能够给家人带来吉祥和幸福。在有些人家，风筝会祖祖辈辈相传，是不可随意丢弃的传家宝。

据吴馆长介绍，南通风筝中最有特色的是“六角板鹞”，由一个长方形和一个正

江苏南通的板鹞风筝大如门板，以彩画、布满哨子、音色洪亮而独具特色。（摄影/李牧）

方形组合而成，有六个凸角，也有由几个这种风筝组合在一起的“七连星”“九连星”等。这种“六角”大的有几米高，上面装有几百只大小不同的口哨。风筝放上天去，这些口哨发出不同的高低音，像一支大型交响乐队在空中合奏，声音可传到几公里之外，十分壮观。所以，风筝又有“空中交响乐”的美誉。这是一支世俗的空中交响乐，已在南通上空合奏了上千年，还将不断地演奏下去……

镇江　醋里乾坤大

走在恒顺香醋厂颇具现代化的厂区里，四周的空气飘荡着一股浓浓的醋香味。刚开始我还有些不适应，但随后竟然有些享受起来。这就是被列为国家首批非物质遗产的镇江恒顺香醋酿造工艺的发源地。

一家酿醋的工厂，为何会被列入国家非物质遗产名录？其中有何秘密呢？走进这家工厂后，我才逐渐解开了心中的一些谜团。

说到镇江的香醋，其中还有一段美丽的传说。杜康在造酒后，一家老小来到镇江，开了一个小酒店。一次，杜康的独生子黑塔喝醉酒后，觉得口干唇裂，便捧起已泡了21天的酒糟水喝，结果感到上下通气，舒服极了。这便是镇江香醋的由来。

而说到镇江香醋的代表恒顺，其悠久的历史更是令人赞叹。清道光二十年，也就是1840年，镇江有个叫朱兆怀的人，始创了朱恒顺糟坊。开始时生产酒，后来恒顺又以酒糟制醋，作坊改名为朱恒顺糟淋坊。1966年正式定名为国营镇江恒顺酱醋厂，也就是今天恒顺醋业股份有限公司的前身。身为老字号，恒顺香醋的拿手绝活儿是其生产所用的固态分层发酵生产技艺，在中国酿醋业独树一帜。这套制醋技艺分制酒、制醅、淋醋等三大过程，大小40多道工序，从糯米原料到食醋成品前后历经60多天时间。固态分层发酵法酿醋技艺使镇江香醋独具“色、香、酸、醇、浓”五大特色。

为了解恒顺香醋独特的工艺，我来到了发酵车间。只见巨大的车间里，排列着一条条长方形的水泥池子，池子里堆放着的就是等待发酵的醋胚。工人们在有条不紊地对池子里的醋胚进行机械化的翻醅。孔师傅就是其中的一员。他告诉我，他在车间已经干了25年，一直在做这道工序。过去，工厂是用人工完成的，用耙子翻，后来则改成了机械化作业。现在农村还有私人企业做醋，大都采用传统的手工做法。

在发酵的池子里，我发现了几根插在醋胚里面的温度计。原来这也是这道工序里至为关键的秘密。醋胚在什么时候需要翻动，就是靠温度的提示。也就是说，到了一定的温度，就需要翻动醋胚；而到了另外的温度，就需要添加一些原料进来。这样，

镇江香醋是地方传统名产，特点是具有一种独特的香气。（摄影/李牧）

对于温度的把握就成了重中之重。据说，那些经验老到的师傅，只要用鼻子一闻醋胚，就知道具体的温度了，简直有些匪夷所思。如果温度掌握不好，就像炒菜掌握不好火候一样，制作出来的醋就变味了。

不过，不管香醋的味道如何变化，镇江的老百姓对香醋的情感始终没变。有专家说，这和镇江多中原移民有关。当年秦始皇派来的三千“赭衣徒”留在了镇江。千百年来，屡次因战争造成大移民，更给镇江留下了很多北方人的生活习惯。此外，由于其特殊的地理位置，镇江地处长江下游，江面开阔，水质好，是鱼米之乡，农作物丰富，更使香醋获得了最大的发展空间。

于是，在有了大规模的产业化生产后，恒顺香醋走向了更为广阔的舞台。这一点在其他非物质遗产中并不多见。

扬州　文化才能代表它的气质

只有文化才能代表扬州。这是我探访扬州后的最大感受。已经无法用某一个代表性建筑、某一种技艺来说明扬州了，所见所到之处，皆有历史、皆有文化。

这座2500年的城市，蕴藏着浓厚的历史积淀，从公元前486年吴王夫差凿邗沟、筑邗城时起，汉广陵城，隋江都宫城及东城，唐扬州的子城和罗城，宋扬州城的宝祐城、大城和夹城，元、明、清扬州城，层层叠压在一起，让人非常怀疑历史为什么这样眷顾扬州。在表面上已经被现代生活覆盖的城市中行走，穿过车流、人流，在一条500米的文昌路上，逐个地数过，唐塔、宋代古井、文昌阁、1500年古银杏，这比教科书来得直观，时空在这条街上被压缩在一个平面里，街道一如既往地延续了以往的繁华。

当隋炀帝杨广在扬州开启京杭大运河的第一段时，注定了扬州将成为以后很长时间内交通的枢纽，也使扬州成为最富裕的城市。扬州，因为运河而成为最富裕繁华的城市，留下的却是文化的各种传说，是一座和中国其他的商业城市有着很大不同的、罕见的充满传说和想象力的城市。因其地理特征，扬州吸引了八方来客，也接纳了各种文化，将各类新鲜事物融为一体，体现出非比寻常的包容性。

从美食到花木，从建筑到园林，于每一个细微处，“融合”都代表着扬州与众不同的气质，成为扬州有别于其他城市的文化符号。所以，扬州就能够出现融合“南秀北雄”的个园，也能出现“中西合璧”的何园；所以就有瘦西湖那种不同于其他地方的秀丽；所以各种宗教文化在扬州能够相处一地，相安无事。所以，今人宋振庭说：“扬州文化是综合的中华民族文化，不管爱好什么的人，都可以找到他的所爱。”

扬州本身美景如画，历来是文人荟萃之地，唐代的李白、杜甫、白居易、孟浩然、杜牧等曾先后在扬州生活，留下大量的溢美之词。运输和经济的发达使得扬州成为盐商聚集的地方，而盐商，特别是后来兴起的安徽盐商，兴趣在于艺术及奢侈，同时也供养或间接养活了大批的文人。当时，文人画繁荣，其中八位风格独特的画家，以郑板桥为代表，被称为“扬州八怪”，其实他们代表了整个扬州文人画的面貌。有人这样形容扬州文人画的整体面貌：师造化、抒个性、用我法、专写意、重神似、端人品和博修养。这种不同于传统的张扬的做派，也许只有在扬州能容忍甚至纵容。

既然雄富冠天下，那么扬州人的生活也精致悠闲。昆曲发源于昆山，却在扬州兴盛。扬州人精致的饮食甚至自成淮扬一派，令天下人羡叹；扬州漆器形神俱臻、古朴典雅；玉器选玉精良、因材设计，度势造型、雕琢精致；扬州刺绣以劈丝精细、针法细密著称；扬州剪纸以明朗朴实、清新秀丽见长；著名的扬州盆景亦是中国盆景艺术的五大

说起园林大家会想到苏州。其实在清乾隆、嘉庆年间，甲天下的却是扬州园林。（摄影 / 李牧）

流派之一。天下所有的精彩汇聚于扬州，构成了属于扬州独特的、鲜活的文化。历史上流传下来的无尽赞美扬州的诗句，吸引着天下人对扬州生活的幽思和向往。所以，古代人们最大的愿望就是“腰缠十万贯，骑鹤下扬州”。

即使扬州经历过历代的繁华和衰败，但薪不传火传，就是在现在，长久流传下来的扬州那种优雅的、闲散的文化传统并未消逝，如扬州“三把刀”“皮包水、水包皮”的生活。就算处于再艰苦的环境中，家中的妇人也要在自家的墙上种上爬山虎，经营着花草，在细微中向生活表达敬意。

南京　一段城墙的悲喜剧

9 月的南京笼罩在一片阴雨中，秋意渐浓。我和林凯顺着湿滑的地板砖，爬上了中山门的古城墙。由于地砖上长满了青苔，我们每迈一步都格外小心。在一般人看来，虽然这段城墙比不上中华门的那段漂亮、完整，但是残破的墙砖显得真实而生动，清晰地再现了 600 年前的风云岁月。

登上城墙，面前的一切让我有些意外。一对年轻的情侣紧紧地靠在城墙的垛口处，幸福地依偎着。一位父亲抱着婴儿，来回踱着步，口中喃喃地絮叨着只有婴儿能听懂的词汇。而他的脚边，一只黑狗正兴奋地绕着他来回转圈，并顺着他的腿努力往上攀爬，想引起他的注意。此时，烟雨中的古城墙暂时遮掩了岁月刻在自己身上的伤痕，呈现出少有的妩媚和柔情。而沪宁高速就从城墙的底下穿过，熙熙攘攘的车流夹着人流咆哮而去。南京，这座古老而现代的大都市，并没有因为古城墙的存在而放慢自己的脚步。

对于从 8 岁起开始在南京生活的林凯来说，古城墙是其生命中一段重要的记忆。他出生在重庆，后来举家迁移到南京。“小时候，我和伙伴们经常爬上古城墙，骑在墙头上玩耍。”林凯告诉我。那时，破旧的古城墙是孩童们玩耍的场所。如今的古城墙，早已完成当初的历史使命，成了市民休憩、游玩的地方。而在历史学家和古建筑专家

南京博物院的镇馆之宝《竹林七贤砖画》是目前中国发现年代最早的人物画像砖。（摄影 / 李牧）

眼里，南京古城墙绝对是一个令人兴奋的话题。它修筑于明朝，仅内城周长就达 33.5 公里，比周长 29.5 公里的巴黎城墙还长。

古城墙是明太祖朱元璋经过 3 年准备、历时 21 年才建成的。为了建造南京城墙，朱元璋曾下令 5 省、20 州、118 县烧制城砖。为了保证质量，每块砖上都要打上烧制的州、府、县及工匠和监造官员的姓名。这些城砖长 40 ~ 50 厘米，宽 20 厘米左右，厚度不少于 10 厘米，总数约为 3.5 亿块。

墙体中间有些用一层黄土一层岩石填实，夯成中间高两边低的弧，便于排水；另一些是内外两壁都砌砖，中间夹填砖土并压实。这样精细且巧妙的设计思想可称得上绝无仅有。砌砖石所用的砂浆，是用石灰水加一种黏性极强的草汁混合，再浇入桐油，使得砌成的城墙十分坚韧，固若金汤。不过，再坚固的城墙也经不起人为的破坏。经过数百年的沧桑，南京城的宫城、皇城、外郭三圈城墙已遭毁坏殆尽，唯剩下内城墙 30 余公里。“我们的古城墙被挖断了，也就被挖断了龙脉。所以，后来的南京城再也出不了皇帝。”说这句话时，林凯显得既伤感又无奈。

曾几何时，这里曾经有十里秦淮的香艳，有魏晋遗风的熏染；这里曾经是六朝古都，十朝都会，是出将入相的帝王之都；这里现存有世界上最长的古城墙。

如今，这里的老城墙仍然屹立不倒……

泰州　红色遗产地的记忆

有一个地方，是你必须要了解的红色遗产地，因为它见证了中华人民共和国海军从无到有的诞生过程。这个地方就是江苏泰州白马庙。

我从泰州城区驱车 20 余分钟，经过一片片绿油油的稻田、一块块水波荡漾的池塘、一幢幢黑瓦白墙的民居，途中还有幸看到了田里的水牛和白鹭，最后来到了位于白马庙的海军诞生地纪念馆。新中国海军的发祥地，就隐藏在一派南方水乡的温柔包围中。

若非熟悉中国军事历史的人，断然不会想到，泰州被海军官兵亲切地称为“水兵母亲城”。泰州这座并非声名显赫的城市，竟然与中华人民共和国海军有着极为紧密的感情联系。因为它就是新中国海军真正的诞生所在地。

一走进海军诞生地纪念馆，迎面看到的主体建筑外形酷似军舰，馆前广场上陈列了一批从海军退役的飞机、雷达、机关炮，而馆内展厅以翔实的文献资料、图片再现了中华人民共和国海军诞生与成长的历史。

说来也凑巧，正当我急于了解海军的那段光辉历史时，我巧遇了泰州广电局的陈兵。他是一员老水兵了，就是泰州本地人，曾在海军当兵 20 年。1976 年，20 岁的他参军入伍，先在威海的导弹快艇部队当了 8 年兵，然后去军事院校做了 12 年的行政工作。多年的海军经历，使陈兵对海军的历史如数家珍："当年白马庙这里是著名的南北货物集散地，自古物资云集，是一个很大的经济流通地，粮食的交汇地。况且，这里还是鱼米之乡。可以说，海军选在这里成立，是有很好的物质基础的。"

陈兵的讲述将我的思绪带到了 1949 年 3 月。当时，百万雄师正欲横渡长江，渡江战役东线指挥部就设在白马庙，驻扎于此的第三野战军接受了组建海军的任务。当时三野的主要领导陈毅、粟裕、谭震林均是总前委委员，注意力全都集中在战役上。而时任华中军区副司令的张爱萍则临危受命，独立担负起海军的组建工作。4 月 23 日，就在解放军强渡长江天险、将胜利红旗插上南京总统府的同一天，张爱萍在白马庙召开组建人民海军的第一次会议，参加会议的 13 个人成为中华人民共和国人民海军的首批成员。于是，中国人民解放军的第一支海军——华东海军在这里宣告成立。一年后的 1 月 12 日，毛泽东签发命令，任命萧劲光为中国人民解放军海军司令员，并着手组建海军领导机关。至此，人民海军正式成为中国人民解放军的一个独立军种。

1989 年，中央军委正式决定泰州白马庙为中国人民解放军海军诞生地。旧址已辟为纪念馆，原指挥部作战室及粟裕、张爱萍、张震的卧室兼办公室也恢复原貌，厢房及前厅陈列着革命文物、史料。

1949 年，解放军第一支海军——华东海军在海军诞生地纪念馆的白马庙成立。（摄影 / 李牧）

陈兵洪亮的嗓门又把我的思绪拉回到现实。他腰板挺直，过去军人的影子仍然很明显："过去，我们海军的装备很落后，当时靠木板船跟人家的军舰作战。现在好了，都是现代化的高端家伙了，早已今非昔比。"

此时，夕阳斜照，一片暖红的阳光打在纪念馆前的那些飞机、雷达、机关炮上，就像一幅浓墨重彩的油画，勾勒出了这片红色遗产地的辉煌记忆……

淹城（常州） 一段被淹的奇异传说

没到常州前，我就听说了淹城遗址，知道它是春秋时期一座重要的都城遗址。到了常州，我才发现，除了漂亮的明清古建筑（尽管现在已被拆除了不少），淹城遗址的出现，将常州这座文化名城的历史往前推进了若干年。

如此看来，淹城遗址就不得不提了。

淹城遗址，并非被淹没在水下的遗址，而是以前曾经有一个叫淹城的国家在这里繁衍生息过。而且，关于淹城，背后还有一段非常奇异的传说。

那是在淹城国鼎盛时期，国王有一个美丽的公主名叫白灵。她酷爱棋琴书画，能歌善舞，才貌双全，甚得国民喜爱。当时的淹城有个镇国之宝——白玉龟，遭到了一个邻国王子的觊觎。于是，这个王子图谋不轨，接近淹城王，并获得了淹城王的喜爱。后来，淹城王就将白灵公主嫁给了王子。一日，淹城王外出，王子见机就冒用公主的名义，盗取了白玉龟，并携之逃之夭夭。等到淹城王回来，发现镇国之宝不见后大怒，认定是公主所盗，竟然残忍地将公主杀掉，还碎尸三段，将头、身、脚分别埋在了三个不同的地方。而分别埋着公主头、身、脚的地方，就被称为头墩、肚墩与脚墩。

后来，考古学家在传说中的头墩位置发现了一处墓葬。这个故事也许太过怪异和诡谲。不过，作为一处古城遗址，考古学家已经为我们作了相应的描述。

如果从高空看，淹城就像北京人常吃的"糖耳朵"，有三道明显的凸起和三道凹陷，一环套一环。其中，凸起的是土城墙，而凹陷的则是护城河。

事实上，淹城是中国目前保存最为完整的春秋时期地面城池遗址，距今已有2500多年的历史。它是世界上仅有的三城三河形制的古城，由三道土城墙和三道护城河组成，最外面有城郭围绕。从里向外，淹城由子城、子城河，内城、内城河，外城、外城河三城三河相套组成。这种建筑形制在中国的城池遗存中独一无二。

淹城东西长850米，南北宽750米，总面积约为65万平方米，其面积大小与《孟子》里的"三里之城，七里之郭"的记载相吻合。城墙系用开挖护城河所出之土堆筑

随着经济的快速发展，常州市的一些老建筑也被拆除。（摄影 / 陆志刚）

而成，护城河平均深 4 米左右，宽 30 ~ 50 米，最宽处达 60 余米。

另外，遗址内还有 70 多座墓葬，年代大多为春秋时期。到目前为止，这些墓葬已出土了 1000 多件文物，其中许多为稀世珍宝，包括造型优美的青铜器、原始青瓷器和陶器。内城发掘出的独木船曾轰动了中国考古学界，最大的一只为整段楠木火烤斧凿而成，长 11 米，宽 0.9 米，深 0.45 米，被誉为“天下第一舟”，现珍藏在中国国家博物馆。如今，淹城遗址已改造成公园，成为人们休闲放松的好去处。徜徉其中，只见河水清波荡漾，游鱼如织。园内绿树成荫，茂林修竹环绕。人们三五成群，或放飞风筝，或踏青野游，或露营烧烤。孩子们更是玩得畅快，在草丛里逮昆虫，或到河边捞鱼虾，好不自在。

对于淹城，古人曾说：“淹溪古迹，曲水环围，苍松郁秀，颇类空山无尘绝俗之境。”又有人称其为“中国江南第一城，淹城奇观甲天下”，甚至感叹“明清看北京，隋唐看西安，春秋看淹城”。为此，淹城遗址曾在 2003 年被提出申报世界遗产，只不过，到如今它仍在世界遗产的大门外徘徊……

无锡　枯木逢春的老厂房

那还是 1943 年，只有 15 岁的胡寿松做梦也没想到，经过荣德生的亲自考试后，他被招到无锡申新第三纺织厂做了练习生，随后一步步成长为该厂的总工程师。荣德生就是当年中国赫赫有名的“面粉大王”和“棉纱大王”，其荣氏企业遍布大半个中国，是中国近代民族工商业的缩影。

胡寿松成了无锡近代工商业历史的“活字典”。每天，他都安静地坐在厂部办公室，整理着过去的史料档案。这些珍贵的档案就像穿城而过的古运河水一样，流淌不息，为我们见证了那段不该被遗忘的往事。

我要去拜访的茂新面粉厂就在老运河边上。由于运河便利的水运，过去很多工厂都是建在运河附近。碰巧赶上道路改建，车子一路走得很颠簸，在七绕八拐之后，穿过一个陈旧的大门，我走进了一处不起眼的厂房。

这是一幢灰色的旧厂房，不少工人正在厂房里装修施工，原来这里要改为中国民族工商业博物馆。在厂房里，我发现，当年从英国进口的古老机械设备虽然蒙上了厚厚的灰尘，但是基本保存完好。这些设备已成为名副其实的古董，就算在英国都很难找到同样的原件。

茂新面粉厂也是荣氏家族的企业，原名保兴面粉厂，始建于 1901 年，是荣宗敬、荣德生兄弟集资创办的第一家大型企业，所产“兵船牌”面粉曾畅销海内外，可惜在1937年遭日军炸毁。1946年，荣德生之子荣毅仁重建该厂，由著名的上海华盖建筑事务所设计，厂房造型简洁，比例恰当，砖墙承重的钢木结构极富特色，体现了面粉加工专业化生产的特点。

令人惊讶的是，茂新面粉厂就像一头勤勤恳恳的老黄牛，直到2003年仍然在开工生产。只是因为要改成中国民族工商业博物馆，厂子才正式在这一年停产。在经历了102年的风雨之后，茂新面粉厂又迎来了新的使命。

如果说古老的茂新面粉厂因为被改为博物馆而重新焕发青春，那么，北仓门蚕丝仓库则是披上了一件时尚靓丽的外衣，被包装为文化艺术气息极浓的生活艺术中心。

就像北京的798工厂一样，如今的北仓门蚕丝仓库已经成为艺术家们扎堆的地方。画廊、影展、论坛、咖啡吧、前卫艺术……这些流行的时尚元素在这里与阳刚十足的老式厂房发生强烈的碰撞，结果却相得益彰，奇妙地融合在一起。

既不破坏原有的建筑结构，又要进行恰当的商业开发，谁能进行如此完美的无缝拼接？从海外归来的郑皓明和郑皓华兄妹，就成了包装北仓门的幕后高手。

位于无锡运河边上的北仓门蚕丝仓库，是一组建于1938年的建筑群，也是无锡地区典型的民国式建筑。由于被闲置多年，蚕丝仓库渐渐变得破败了。

直到2004年，郑皓明、郑皓华兄妹从国外回到家乡，一次在运河边散步时，偶

无锡的一些老厂房，被改造成了艺术区。（摄影／李牧）

然发现了这个蚕丝仓库。他们突发奇想，就把它租下来，参照国外对文化遗产保护与利用的理念，进行了改造和利用，使之成为一个颇具创意和品位的北仓门艺术生活中心。如今，这里已成为无锡新的文化时尚地标。

对于这样一处受到保护的工业遗产，如何加以改造和利用，显然绝非易事。况且，蚕丝仓库是1938年建造的木质结构房子，年久失修，许多地方还有渗漏，改造难度极大。

“我们遵循‘不改变文物原状’的原则，尽可能多地保留和保护原有建筑上的原始信息，运用了先进的修复技术，在砖和木材表面都进行了必要的技术处理。同时，给屋顶全部作了防水处理。而且，为适应现代人的需求，我们在6000平方米建筑内全部实现无线网络覆盖，地底下铺设了音响线路，但从外表根本看不出来。”郑皓明告诉我。

在老厂房墙壁的砖上，“芮福记”“吕恒丰”等当年造砖者的名字仍然清晰可见，在向我讲述着仓库的悠悠往事。而穿过厂房的一个过道大门，我就到了运河岸边。这座当年盛极一时的蚕丝仓库就紧靠在运河边，我可以想象昔日人们在这里装卸蚕丝的盛况。而今，我悠然地端坐这里，慢慢品着香浓的咖啡，看运河水一如往昔地缓缓流过……

由民营企业家新建的一座苏州园林——静思园。（摄影／李牧）

苏州　私家园林的现代余脉

一汪碧池，虹桥卧波，长廊蜿蜒，小亭静立，石峰嶙峋，花草传香……美妙的大自然被人为地浓缩在一方精致的园内，不由让人惊叹万物之灵的巧夺天工。这是苏州私家园林的魅力。

当我来到苏州吴江明代造园理论家计成的故里，踏进“静思园”时，多年来被私家园林勾起的情怀，一瞬间释放了出来。

与皇家园林、寺庙园林等其他古典园林相比，私家园林显然跟老百姓更为亲近。在狭小的空间里，私家园林将山水草木、亭台楼阁一股脑儿地吸纳进来，把江南的湖光山色、小桥流水、森林丘壑巧妙地捏合为一体。园内的一草一木、一砖一瓦，无不浓缩、寄托了设计和建造者的审美、品位和追求。园内的四季变化、草木枯荣，使人们可以“不出城郭而获山林之怡，身居闹市而有林泉之乐”，因此它们被称为“无声的诗，立体的画”。

苏州古典园林大都是私家园林，有着悠久的历史，例如建于东晋的辟疆园有近2000年的历史。从宋代至清代，苏州涌现出了沧浪亭、拙政园、留园、网师园等大批园林精品，城中园林最多时达300余座。明清时曾出现过持续300年的造园高峰期。后来由于战火，从20世纪初开始，大批苏州园林被毁，目前保存尚好的近70处。苏州园林的建造从此走向衰微，留下百余年的空白。

正所谓“盛世造园，乱世毁园”。事实上，营造一座带有精致花园的私人宅邸，是中国历代文人雅士的梦想。苏州园林大都是过去的文人隐士、商贾巨子们在归隐江湖之后建造的。比如，沧浪亭是北宋诗人苏舜钦建造；小巧精致的网师园是南宋吏部侍郎史正志的宅邸；以假山和湖石著称的狮子林，则是元代高僧天如禅师惟则的弟子为拥戴他而修建的。

如今，在现代化的都市苏州，一批现代文人雅士重新续写了中断百余年的私家园林建造史。苏州画家叶放擅长现代水墨画，却用现代艺术重新解构了古典园林，建造了“南石皮记”园林；苏州国画院副院长蔡廷辉，倾其所有打造出两座私园；旅美华人郑德明在苏州渔洋山下依山傍湖，建成了一座品位不俗的“悦湖园”。

这其中，一位名为陈金根的民营企业家，建造出被称为当代江南“第一私园”的“静思园”，成为苏州私家园林建造的一大奇观。

徜徉其中，静思园琳琅满目的各种奇石令人目不暇接，可谓聚天下奇峰异石于一园。这些石头造型千奇百怪，鬼斧神工。该园镇园之宝“庆云峰”高达9.1米，重136吨，遍体镂空，大小洞穴1600余孔，打破了上海大世界吉尼斯纪录，为天下灵壁石之最。

此外，静思园虽是新造的园林，但园中却嵌入了大批精美的明清建筑构件和摆设，例如门楼、厅堂、花窗、彩绘、砖雕等，甚至很多古建筑是被整体拆下移搬过来，然后在静思园重新组装。园中最古老的一处建筑是一座四面厅，始建于明代，已有 400 余年的历史。与过去相比，当代人打造的私家园林仍须具备山、水、亭台楼阁、花木、花街铺地、文化内涵六大要素。明代造园家计成在《园冶》中提到“三匠七主”，意为园子最终的样子三分靠匠人，七分靠主人，主人的意趣决定着园子的气质。

显而易见，静思园的主人试图延续苏州古典园林的风格。有专家认为，静思园从布局、结构、意境等方面已经具备了苏州园林的基本条件，既糅合了苏州众多园林的风采，又匠心独运，是中断多年的苏州私人造园史的接续。

不过，在时过境迁之后，现代的苏州是否还具备建造私家园林的土壤呢？虽然要打造一座形似的私家园林并非难事，而要达到神似，似乎非一己之力就能解决。就像一位专家所说：“苏州私家园林的辉煌早已成为历史，不可能再续。因为时代向前发展了，私家园林存在的社会基础已一去不复返。”

也就是说，尽管私家园林建造起来了，但园林的文脉如何延续下来？

湖州　湖笔的没落

来到号称“湖笔之乡”的湖州善琏镇，一种失落感深深地笼罩着我——位列文房四宝之首的湖笔早已走向了衰落。

善琏距湖州市区东南 30 多公里。这里河湖纵横，桑竹青翠，环境幽静。曾几何时，就是这个小镇，家家出笔工，户户会制笔，演绎出诸多“湖笔世家”的传奇故事，制笔的历史可追溯到 2000 多年前。

相传秦朝大将蒙恬居住于善琏西堡村时，创造性地改柳枝为竹管，纳毛于管内，称之为“笔”。因此，蒙恬被后世人尊为“笔祖”。秦汉时，湖州归会稽郡管辖，到隋代时才置湖州，明代改为府。因善琏隶属湖州府，故善琏笔又名“湖笔”。

漫步在善琏镇街头，只见行人稀少，众多湖笔店铺门可罗雀，冷冷清清。我不禁有些怀疑，难道这就是湖笔的发源地和主要产地吗？

我信步走进了善琏含山湖笔厂的厂房。这是一座简陋的三层小楼，在一楼和二楼，工人们正在有条不紊地进行毛笔的制作，三楼则是展示厅和办公室。

每支湖笔的成品要经过笔料、蒲墩、水盆、结头、装套、牛角镶嵌、择笔、刻字等 12 道工序，每道工序又有若干道小工序，整个制作工艺流程竟达 120 余道。正因

“湖笔之乡”湖州善琏镇生产的湖笔，被誉为“笔中之冠”。（摄影 / 陈庆港）

为湖笔制作异常讲究，故有“毛颖之技甲天下”之说。

刘晓莉在厂子里学做湖笔已经3年了，一直从事“择笔”这道工序。3年对于这个行业来说，还只是刚刚入门。每天清晨，当朝阳的光辉从陈旧的铁窗外倾泻进来时，她已经端坐在竹椅上，用尖尖的剔刀，熟练地将多余的羊毛剔掉。然后一直干到太阳下山，她才提着工具，回到家里继续手头的工作。

由于这项工作学徒时间长，挣钱又少，因此现在很少有人愿意像刘晓莉一样，老老实实地待在湖笔厂里讨生活。“我们现在很难招到年轻人来学习制笔技术。”含山湖笔厂的厂长钱建梁一脸无奈地告诉我。除了技术工人青黄不接之外，产品的销路也一直困扰着他。由于现代人很少使用毛笔作为书写、绘画工具，湖笔的黄金时期早已过去。现在他的湖笔主要靠外销，东南亚、日本、韩国是主要的市场。“过去最辉煌时，我们厂子有七八座厂房，四五百名员工，产品还供不应求；现在，只剩下这座厂房，工人也只有三四十人了。”钱建梁消瘦的脸庞上布满了焦虑。

下课后的学生在台州临海长城保存完好的瓮城里玩耍。（摄影 / 陈庆港）

钱建梁的父亲曾是这家厂子的老厂长，如今已年逾花甲。他颤颤巍巍地带我来到一间储藏室，里面的货架上堆满了各种湖笔，上面蒙了一层厚厚的灰尘。这里面一定有他多年含辛茹苦的心血之作。迫于市场的压力，钱建梁把湖笔生产从实用型向工艺型、礼品型方向转变。生肖纪念笔、婴儿胎毛笔、高级礼品笔、工艺陈列笔，以及为书画家特制的专用笔代替了传统湖笔。

其实，考察湖笔的历史，其发展勃兴与中国传统书画的兴起密不可分。例如，宋元时期是书画艺术大师辈出的时代，宋徽宗、苏轼等对书画领域的拓宽和黄派花鸟、湖州竹派等众多流派的出现，对制笔工艺和笔料取材产生了深远影响。以燕文贵、赵孟頫领军的湖籍书画群体和以钱选、周密为核心的江南隐逸集团，为湖笔的勃兴起到了推波助澜的作用。他们携手制笔名匠，一举奠定了湖笔风流700年的基础。正因如此，时代的变迁让今日湖笔的衰落已成无法挽回之势。不过，一旦失去了书写功能，而变成赏玩的工艺品，湖笔能否延续过去千年的风采，我的心中留下了大大的问号。

台州　临海长城的传奇幸存史

当我来到巾山脚下的瓮城时，已近日暮时分。这里是台州临海长城保存完好的四个瓮城之一。在夕阳余晖的映照下，高大的城墙熠熠生辉，虽历经千年风雨，却依旧散发出迷人的魅力。

城墙下空旷的平地上，放学后的学生们正在兴高采烈地踢着足球，不时传来一阵阵嬉闹声。对于他们来说，有着悠久历史的临海古长城只是他们平时玩乐游戏的场所。穿过高大的门洞，发现城墙里面包围的世界别有天地。一座座古老的民居容颜未改，一如既往地保持着宁静如水的生活节奏。小巷深深，隐藏了诸多过往逸事风流。

绕到城墙背后，沿着狭窄的石阶，登上长城，我发觉眼前豁然开朗。前方，灵江波光粼粼，一派水波潋滟的美丽风光；侧后方，巾山绿树掩映，苍翠秀丽，几座古塔矗立其间，更添几分古幽之气。古城墙沿江修筑，依山就势，逶迤曲折，雄险壮观，有“江南八达岭”之美誉。

古老的城墙静默无言，却见证了抗倭风云的光辉历史，见证了拒洪水于堤外的英雄壮举。也正因如此，它在历经风雨侵蚀和人为破坏之后，仍然屹立不倒。这本身就是一部令人匪夷所思的传奇。

临海长城即台州府城，始建于晋朝末期，已有1600余年历史，历经唐、宋、元、明、清诸朝不断修筑增扩，其主体部分一直保存到今天。

令人感到意外的是，临海长城竟然与北方的长城有着深厚的历史渊源。原来，抗倭名将戚继光在临海任职 8 年，曾改造临海古城墙的结构，将其加高加厚，并创造性地修筑了十三座二层空心敌台，极大地增强了防守能力。后来，戚继光调到北方任职，将在临海修筑城防的经验运用到北方长城的增扩建上。现在的北京八达岭、慕田峪、司马台、古北口，天津黄崖关，河北山海关附近的老龙头、角山等处的长城，均是经戚继光督建留存至今的长城精华。

古城墙除了御敌的功能之外，还有一个十分重要的作用，就是防洪。城墙靠近灵江，犹如大堤，千余年来抗击着洪水的冲击。为此，临海城墙在修筑设计上，采取了特有的措施，把瓮城修作弧形，特别是把“马面”迎水的一方修作半圆弧形（其余一方仍为方形），在全国古城墙中十分罕见。正是这个不可替代的作用，才使得临海长城在历次劫难中得以幸存下来。

据史料记载，在北宋太平兴国三年（978 年），吴越国王钱俶为表忠诚，“纳土归宋，毁各地城墙”，临海古城也在被毁之列，但因其西南灵江段有防洪作用才得以保存。

在元朝灭宋时，元帝曾下令拆毁江南所有古城墙，以利其铁骑长驱直入，而临海城墙却因其无法替代的防洪功能，得到了特旨免拆。

“文化大革命”时期，全国大拆文物之风盛行，临海长城再次因为防洪的特殊作用而逃过一劫。也许，是天意注定，不能让北方的长城专美，而要留下一座南方的长城供后人凭吊……

宁波　河姆渡人为何拥有高智商？

1973 年夏天，在宁波河姆渡镇金吾庙村（原罗江乡浪墅桥村），当地农民在建造排涝站时，不经意间为后人开启了一扇了解 7000 年前人类生活的大门。它就是后来举世闻名的新石器时代遗址——河姆渡遗址。

乘车从杭甬高速公路余姚口驶下，穿过余姚市区，向东行驶经过连绵起伏的四明山区，行车约 25 公里，我们便来到河姆渡文化遗址。在这里，六七千年前中华民族祖先的痕迹触手可及：石器、陶器、骨器，人工栽培的水稻遗物，人工饲养的猪、狗和水牛等动物遗骸，采用榫卯的木构干栏式建筑遗迹和构件等。

这里的许多发现，在当时都足以令世人狂热不已。遗址发现了世界上最早的人工栽培稻谷，尽管被后来的考古发现不断刷新；遗址中发现的榫卯，是中国已发现古代木构建筑中最早的榫卯；在遗址发现的一眼木构浅水井遗迹，是中国目前所知最早的

宁波雪窦山有一个“妙高台”，曾是蒋介石运筹帷幄的地方。

水井遗迹，也是迄今发现的采用竖井支护结构的最古老遗存；遗址出土的一件瓜棱状敛口圈足木碗，外表有薄层的朱红色涂料，是中国迄今最早的漆器。

从中不难看出，早在7000年前，河姆渡人就已有了惊人的智慧。以至于有专家惊讶地表示，即使与现在某些偏僻落后的地区相比，7000年前河姆渡人的生活方式也丝毫没有落伍的迹象。例如，河姆渡人居住的干栏式建筑，是一种底下架空、带长廊的长屋建筑，它适应南方地区潮湿多雨的地理环境，因此被后世继承，今天在中国西南地区和东南亚国家的农村还可以见到此类建筑。而建造庞大的干栏式建筑远比同时期黄河流域居民的半地穴式建筑要复杂，这说明河姆渡人已具有媲美现代人的较高智商。

那么，究竟是什么原因促使河姆渡人拥有如此之高的智商呢？也许，其中的秘密就隐藏在他们7000年前的生活方式里。

在衣食住行中，最紧要的显然是要先填饱肚子。在河姆渡遗址先后两次考古发掘的大多数探坑中，人们都发现了稻谷、谷壳、稻叶、茎秆和木屑、苇编交互混杂的堆积层。让人意外的是，出土时的稻谷色泽金黄、叶脉清晰、芒刺挺直，经专家鉴定属栽培水稻的原始粳、籼混合种，以籼稻为主。伴随稻谷一起出土的还有大量农具，主要是骨耜，有 170 件。骨耜的功能类似后世的铲，是翻土农具，说明河姆渡原始稻作农业已进入“耜耕阶段”。可以说，河姆渡人已经走向生产式的经济发展，靠种植水稻来养活自己。此外，从河姆渡遗址中发现的大量鱼、龟鳖类及猪、狗和水牛等动物遗骸，人们可以推测河姆渡人已经将水产品和家畜摆上了餐桌。也就是说，当时的河姆渡人吃着白米饭，享受着生猛海鲜和猪牛肉，日子过得逍遥自在。

于是，专家们通过河姆渡人的膳食结构，进一步推测他们拥有高智商的真正原因。一般认为，在原始社会，决定人的智商水平的因素主要是营养。现代营养学家认为，人体摄取的碳水化合物、脂肪、蛋白质三大类食物的结构达到 6∶3∶1 的比例才算是均衡膳食，而均衡的膳食对人体大脑的健康发育至关重要。据研究，河姆渡人年人均占有稻谷量已达 164 公斤，这与现代中国城市年人均粮食消耗量十分接近。因此，人们可以推测河姆渡人的膳食结构已接近或达到 6∶3∶1 的科学要求。

那么，不难想象，正是在解决温饱和营养问题之后，河姆渡人才得以创造出诸多震惊后世的伟大壮举。

舟山　鸦片战争正式爆发始于定海?

到舟山需要坐渡轮，人、车概莫能外。这是一座美丽的海岛城市，也是当年中国英勇抵抗英国入侵的古战场。舟山鸦片战争古战场遗址就在定海区城西的竹山上。

我乘坐的车沿着竹山一条仅容一辆车通过的小路蹒跚而上。路虽窄却奇陡，一路上我一直在祈祷不要碰见下山的车。好不容易爬上山顶，却觉眼前视野顿然开朗，我已经来到舟山鸦片战争纪念馆前。前方，起伏的群山被阻隔在一望无际的大海波涛里，一艘艘船只往来穿梭在港口，而靠近海岸边的定海城市全貌一览无遗地呈现在面前。

不远处，一座纪念抗英三总兵的巨型雕塑就矗立在另一个山头，而山下密林中有埋葬英烈忠魂的坟墓。鸦片战争纪念馆所在的竹山是当年抗英的主战场之一，如今馆内陈列了众多历史照片及武器、旗帜和服装等实物。置身其中，我仿佛闻到了过去硝烟弥漫的味道，听见了铁炮发出的震耳欲聋的怒吼声。

纪念馆的背后是三忠祠，奉祀在第二次定海保卫战中壮烈牺牲的镇海总兵葛云飞、寿春镇总兵王锡朋、处州镇总兵郑国鸿三位总兵。

清朝道光年间，外国商人为谋取暴利，将大量鸦片走私输入中国。而中国采取了强硬的禁烟措施，引起了英国政府的强烈反应。道光二十年（1840 年）夏，由 48 艘舰船和 4000 余名士兵组成的英国远征军封锁了广州珠江口，鸦片战争爆发。在林则

舟山鸦片战争古战场遗址公园内的三总兵雕像。（摄影 / 陈庆港）

徐的部署下，广州军民严阵以待。英军无隙可乘，遂北犯厦门，也未得逞，又进犯并攻陷浙江定海。第一次定海保卫战爆发。

1841 年，英军继续扩大战火，先后攻陷福建厦门，浙江定海、镇海和宁波，是为第二次定海保卫战。此次英军纠集战舰 29 艘猛攻定海，镇海总兵葛云飞、寿春镇总兵王锡朋、处州镇总兵郑国鸿率官兵血战 6 天，先后为国捐躯，史称抗英“三总兵”，后立“三忠祠”作为纪念。如今祠内保存有许多珍贵文物，如道光皇帝赏恤三总兵及阵亡将士诏令碑、三总兵和先期殉国的定海知县姚怀祥遗物、历代清帝御笔题词以及相关资料等。

先后发生在定海的两次保卫战可谓荡气回肠。有学者据此认为，1840 年 7 月 5 日，英国大举入侵定海，标志着鸦片战争的正式爆发。理由是，定海战役是英国侵略者第一次以武力侵占中国领土的大规模战争，也是清朝在中国近代史上第一次丧师失地的败仗。而此前历史教科书的观点是：“1840 年 6 月下旬，英舰队抵达广东海面，宣布封锁珠江口，鸦片战争爆发。”

另外，有史料记载，镇江战役是鸦片战争中战斗最为激烈、双方伤亡最惨重的一次，英军共死 37 人、伤 128 人、失踪 3 人。而在舟山发现的英军合葬墓碑刻表明，英军死亡 416 人。这个数据若得到证实，定海战役的惨烈程度无疑超过了镇江战役。

如果上述观点得到史学界的认可，那么我们或许要重新审视定海保卫战在鸦片战争中的历史地位了。

绍兴　鲁迅故里寻故知

窄窄的青石板路，两旁是白墙黛瓦的深宅大院，一条细长的溪流从门前缓缓流过，漆黑如墨的乌篷船就静静地漂在水面。这些画面我并不陌生，已多少次在鲁迅的文章里领略过。而在绍兴鲁迅故里，我才算真实地触摸到它们的存在。

走在鲁迅纪念馆前的小街上，太阳暖洋洋地打在身上，看身边游人如织，两旁特色商店林立，远处不时飘来一股臭豆腐的浓浓味道。白墙黛瓦、长长的小溪、漆黑的乌篷船……一切似乎都没有改变容颜，只不过，过去窄窄的青石板路已变成宽阔的条石板路。走在石板路上的人，却早已不是当初鲁迅笔下的那些头戴毡帽、身穿旧棉袄的乡下人了。

一瞬间，多年来潜伏在我心底里的鲁迅作品中的各色人物变得鲜活起来，他们笑容可掬地为我领路，指引着我去寻找那些熟悉的场景和身影。

鲁迅故居位于绍兴都昌坊口周家新台门西首。1881 年 9 月 25 日，一代文学巨匠

绍兴鲁迅纪念馆前的鲁迅画像。（摄影 / 陈庆港）

鲁迅就出生在这里，一直生活到 18 岁，随后去南京求学。辛亥革命前夕，他返回故乡，先后在绍兴府中学堂、山会初级师范学堂担任教职。这一期间，他基本都住在此地。

走进鲁迅故居，沿井边长廊进入，前进就是当年鲁迅一家的住处，鲁迅就出生在这进房子的西次间楼下。他以西首第一间楼下为卧室，其中一张铁梨木床还是他当年睡过的原物。新台门是周家多年聚族而居的地方。这里原有的正中大门是六扇黑漆竹门，改建后已不复存在。新台门整座屋宇是江南特有的那种深宅大院，它是老台门八世祖周熊占 (1742 ~ 1821) 在清朝嘉庆年间购地兴建的。鲁迅的曾高祖一房移居新台门，世系绵延。到了清光绪、宣统年间，整个周氏家族逐渐衰落。1918 年，经族人共议，将这群屋宇连同屋后的百草园卖给了东邻的朱姓。房屋易主后，原屋大部分拆掉重建，但鲁迅家居住的地方主要部分得以保存。

出故居向东行百余米，往南过一座石板桥，就到了三味书屋。在 12 ~ 17 岁期间，鲁迅就在这里求学。书房正中挂着“三味书屋”匾额和松鹿图。书房内摆有方桌、木椅。鲁迅的座位就在书房的东北角，桌面右边有鲁迅自刻的自勉字“早”。三味书屋是清末绍兴城里的著名私塾。塾师寿镜吾是一位方正、质朴和博学的人，在这里坐馆教书达 60 年。他的为人和治学精神，给鲁迅留下了终生难忘的印象。

三味书屋原名三余书屋，是三开间的小花厅，本是寿家的书房。在鲁迅的记忆里，这是绍兴最严厉的私塾，也让他接受了最正统的教育。多年后，这位文学大师对这家私塾和塾师仍感念不已。

除了三味书屋，让鲁迅念念不忘的还有百草园，因为这里有他留下的许多美妙的童年往事。“我家的后面有一个很大的园，相传叫作百草园……其中似乎确凿只有一些野草，但那时却是我的乐园……”“不必说碧绿的菜畦，光滑的石井栏，高大的皂荚树，紫红的桑葚……单是周围的短短的泥墙根一带，就有无限趣味。”

百草园就在鲁迅故居的后面，原本是周氏家族的菜园，也是鲁迅童年时代的乐园。园子占地近 2000 平方米，平时种一些瓜菜，秋后用来晒谷。幼年时的鲁迅常来这里玩耍嬉戏，可以尝一尝紫红的桑葚和酸甜的覆盆子，在矮矮的泥墙根一带捉蟋蟀、拔何首乌，夏天在园内纳凉，冬日在雪地上捕鸟雀。

如今，园子里菜地上的青菜仍然碧绿欲滴，“短短的泥墙根”也还保持着原来的样子，爬满了各种青藤和野草。凑近过去，我还听到了蟋蟀的鸣唱呢。

能与鲁迅近距离地“对话”，总是一件令人异常愉快的事情。中午时分，我在咸亨酒店，就着一杯黄酒，发现这种感觉越发浓烈了……

杭州　西子湖畔觅古都

“山外青山楼外楼，西湖歌舞几时休？暖风熏得游人醉，直把杭州作汴州。”这是当年南宋都城临安城（今杭州）一家旅店墙壁上题写的一首诗《题临安邸》，对临安的奢华场景作了入木三分的描述。漫步在现代化的杭州城，过去的青山与西湖风光依旧，而皇城楼阁早已灰飞烟灭。

很难想象，没有了西湖，杭州将会变成什么样？在享受西湖带来的惬意时，现代人几乎很少有闲暇去怀念当年这片土地上曾经辉煌过的皇宫大内、亭台楼阁、御街酒肆、茶楼、丝坊。因为这些早已消失在历史的尘埃中，在地面上几乎不留痕迹。

然而，恰恰是这些逝去的旧时痕迹，足以代表这座南宋都城曾有过的显赫和骄傲，

杭州南宋太庙遗址。太庙是南宋皇帝祭祀祖先的宗庙。（摄影 / 陈庆港）

成为它在历史上最值得书写的浓重一笔。

1126 年，金人攻陷北宋都城汴梁，俘虏了徽宗、钦宗两个皇帝，中原国土落为金人的统治。赵构逃到江南，以临安为都城，史称南宋。

临安原为隋唐时期州治、五代吴越国（907 ~ 978）的王室所在地和北宋杭州州治。南宋建炎三年（1129 年），宋高宗赵构君臣一行，南渡抵达临安，以此为行宫。绍兴八年（1138 年），正式定都临安，以行宫为基础，经过近 20 年的建设，至绍兴二十八年（1158 年），皇城初具规模。

南宋定都临安后，致力于宫殿寺庙建设，形成方圆九里的宫城，又进一步扩建外城。当时的西湖沿岸，楼台林立，园林争奇斗艳，寺观众多，正所谓“一色楼台三十里，不知何处觅孤山”，一个集居住、娱乐、文化、商业于一体的繁华街区呼之欲出。

临安南倚凤凰山，西临西湖，北部、东部为平原，城市呈南北狭长的不规则长方形。宫殿独占南部凤凰山，整座城市街区在北，形成了“南宫北市”的格局，而自宫殿北门向北延伸的御街贯穿全城，成为全城的繁华区域。御街南段为衙署区，中段为中心综合商业区，同时还有若干行业市街及文娱活动集中的“瓦子”，官府商业区则在御街南段东侧。遍布全城的商业、手工业在城中占有较大比重。居住区在城市中部，许多达官贵戚的府邸就设在御街旁商业街市的背后。以国子监、太学、武学组成的文化区则在靠近西湖西北角的钱塘门内。

然而，到了德祐二年（1276 年），元兵攻占临安，元将伯颜掳走了宫内所有人员和器物，自此人去宫空。元至元二十四年（1287 年），民间失火，殃及皇城，宫内建筑焚毁过半。到了元末，皇城渐成一片荒丘。

时间飞逝，通过 1995 年对太庙遗址的发掘，人们得以重新审视这座当年南宋都城的辉煌。

南宋太庙遗址位于杭州中山南路西侧太庙巷以北，察院前巷以南。太庙是古代帝王祭祀的庙室，是仅次于皇城的另一处重要场所。南宋太庙始建于宋高宗绍兴四年（1134 年），后来宋廷又多次扩建。南宋太庙分为 14 室，每室祀一帝神位，神位两旁有配享（附祭）的功臣。南宋太庙遗址规模宏伟，气势壮观，是中国迄今经考古发掘的时代最早、保存最完好的太庙遗址。

作为七大古都之一的杭州，过去一直缺乏反映古代城市格局的代表性建筑，而南宋太庙遗址的发现，就填补了这一空白。

它与南宋御街遗址、临安府治遗址、南宋皇宫遗址等，组成了杭州庞大的遗址群，为后人揭示出关于这座古都的更多秘密。

如今，考古专家对已发掘的太庙遗址实行了掩埋式保护，并在原址上建成了南宋太庙遗址公园，成了杭州市民游玩休憩的场所。

嘉兴　谁是江南文化之源?

“1959年初春，农民在这里挖出了很多草木灰，发现用作肥料一点都不肥，还挖出了一些兽骨……”

在足有半人高的荒草地中，嘉兴图书馆馆长崔泉森指着眼前立着的一块石碑告诉我。此时已是夕阳西下，天边一抹余晖打在石碑上，上面由金庸书写的“马家浜遗址”五个大字在熠熠闪光。

这里就是位于嘉兴西南7.5公里的城南街道天带桥马家浜，40多年前的那次考古大发现早已震惊全世界，从此留下了名扬天下的“马家浜文化”。

如今，站在这荒芜一片的旷野，我却很难把它与7000多年前在此兴盛的古老文明联系起来。我沿着荒草掩盖下的一条石板路，深一脚、浅一脚地继续前行，周围疯长的乱草几乎要将我淹没。

这时前方出现了一座两三米高的石碑，上面赫然题写着金庸手书的“江南文化之源”几个大字。碑顶是神人兽面像，采样来自马家浜遗址出土的器物。

不远处，9根图腾柱在暮霭的笼罩下显得颇为诡异。

这些石碑和图腾柱自然都是后人的作品。其实，通过考古学家的努力，我们已窥见7000多年前这块土地上先民生活的轨迹。显然，人们更感兴趣的是，马家浜文化究竟能否被称为江南文化之源?

早在1977年，时任国家考古研究所所长的夏鼐等考古学家，根据长江中下游、太湖流域新近的考古成果，提出了“长江流域和黄河流域同是中华民族文化起源的摇篮”这一划时代的论点，并确认以嘉兴马家浜遗址为代表的马家浜文化是长江下游、太湖流域新石器时代早期文化的代表。从此，马家浜文化正式定名，并确定了它在史前文化考古中的地位。

在马家浜文化之后，江南地区又经历了崧泽文化阶段，在公元前3200年左右，发展为良渚文化。而良渚文化达到的高度，使人们更有理由对马家浜文化另眼相看。此时，农业已经发展到犁耕阶段，农业和手工业出现明显分化，氏族显贵，父权确立，并有了奴隶。此类文化遗址在嘉兴星罗棋布，仅近年发现的就多达100多处。

然而，就在河姆渡文化、良渚文化频频吸引社会关注的同时，令嘉兴人引以为豪的马家浜文化却有些“不温不火”。良渚文化的玉器备受青睐，河姆渡文化也已开始申遗，而马家浜文化却被考古界称为“一朵被遗忘的鲜花”，外界对它的知晓率远远比不上河姆渡文化、良渚文化。

马家浜文化，还要被遗忘多久?

马家浜遗址距今 6000 多年，是长江流域早期文明的代表。（摄影 / 陈庆港）

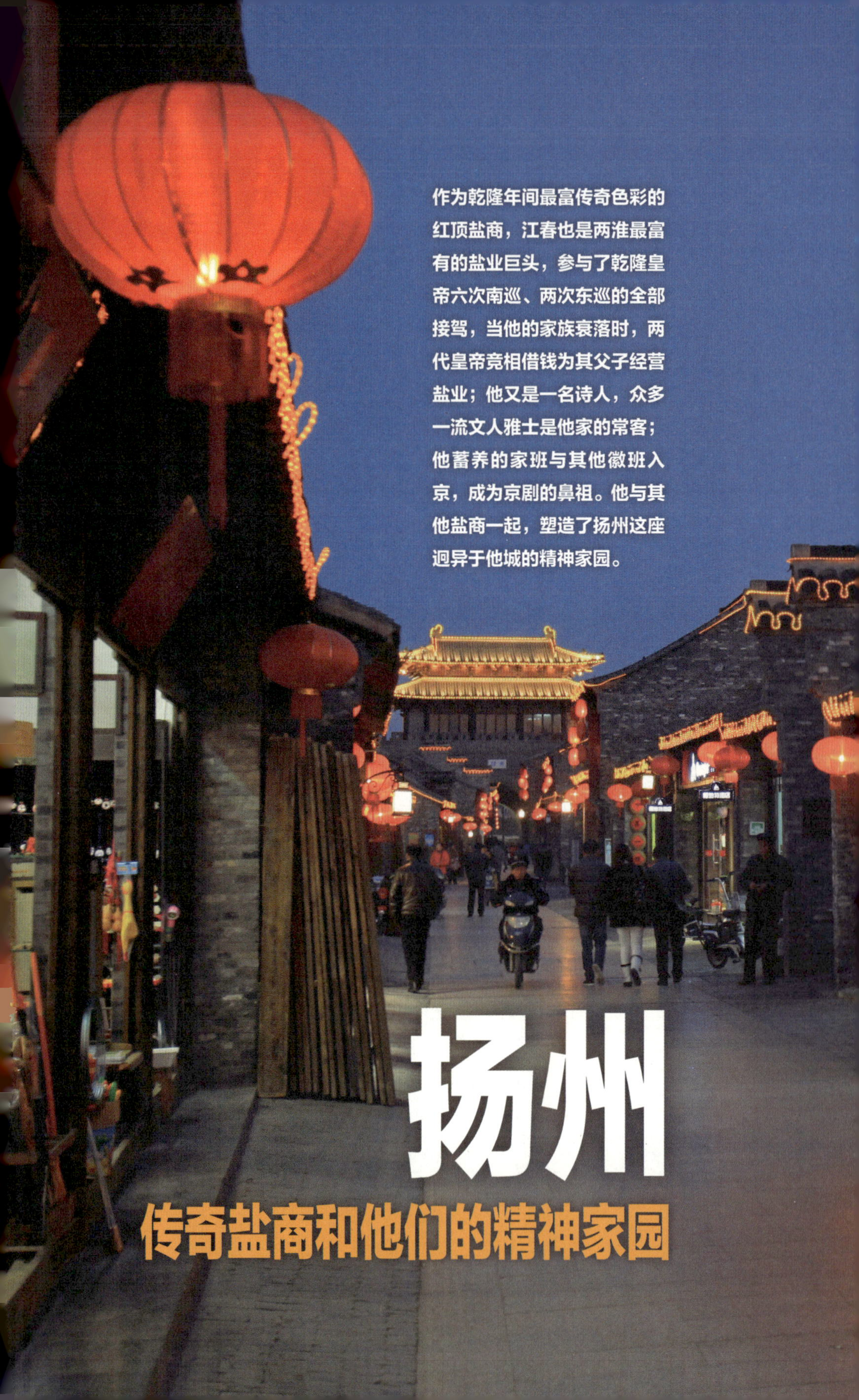

扬州

传奇盐商和他们的精神家园

作为乾隆年间最富传奇色彩的红顶盐商，江春也是两淮最富有的盐业巨头，参与了乾隆皇帝六次南巡、两次东巡的全部接驾，当他的家族衰落时，两代皇帝竞相借钱为其父子经营盐业；他又是一名诗人，众多一流文人雅士是他家的常客；他蓄养的家班与其他徽班入京，成为京剧的鼻祖。他与其他盐商一起，塑造了扬州这座迥异于他城的精神家园。

夜幕下的扬州老街，让人依稀看到了那座富豪盐商打造的繁华都城的影子。（摄影／邱衍庆）

在我的印象里，扬州是一幅画，一幅烟雨蒙蒙、诗意笼罩的山水画。不消说，李白的“烟花三月下扬州”，或许早已滥俗；徐凝的“天下三分明月夜，二分无赖是扬州”，为扬州博得了“月亮之城”的美名；而风流诗人杜牧则是扬州的“超级粉丝”，留下了诸如“十年一觉扬州梦，赢得青楼薄幸名”“二十四桥明月夜，玉人何处教吹箫”“春风十里扬州路，卷上珠帘总不如”的浪漫诗篇；同样，纵情声色的才子张祜感叹：“人生只合扬州死，禅智山光好墓田”，扬州可以使一个人醉生梦死，也可以使他身死而绝无后悔。

在这些唐朝大诗人的渲染下，我得以遥想当年的扬州，青楼醉舞，歌吹沸天，一派艳丽无边、销魂荡魄的景象。到了宋代，连扬州太守也一度风流无限，欧阳修大人高会平山堂，招伎侑酒，传花行令，真正羡煞后人。

直至明清，“扬州八怪”、园林、盆景、曲艺、饮食，凡此种种，将扬派文化的精致和高雅推至极致，令人瞠目。绿杨村、廿四桥、杏花村舍、邗上农桑……单是这些名字就足以勾起我对扬州之美的期待。只不过，我没想到，扬州繁华的背后，其实全凭一个名叫盐商的富豪阶层在支撑。而一旦这个阶层衰落，所有的销魂与诗意，一瞬间都会四散奔逃而去。尘埃落定后，至少还有某些有形或无形的物质在民间留存。于是，2011 年 2 月，我从京杭大运河的北端北京出发，南下扬州，这个昔日的冒险家乐园，去寻访盐商的风流余韵……

“最牛红顶盐商”的发迹史

2 月底的扬州仍旧湿冷，天公很配合地飘起了细雨，让冬季的江南也晕染上一层朦胧意境。行走在扬州老城繁华的文昌路，两旁都是戴“帽”的仿古建筑，楼层不高。临街店铺人声喧闹，人流摩肩接踵，机动车道上塞满了汽车，非机动车道则是呼啸而过的电动自行车，繁华光景与其他城市并无二致。

道路两侧，有经过精心修整、小石子铺就的人行道，还有假山、池塘、水榭和依依杨柳，依稀让人看到了明清时期这座东方大都市的风韵。不过，记忆里的艳丽销魂、歌吹沸天，早已烟消云散了。

“在扬州老城，视线所及，没有新盖的高楼大厦，只有新区才有。新区盖高楼，要先在盖楼处放气球，如果在瘦西湖能看到这只气球，那就要把这栋楼的高度降至看不到为止。因此瘦西湖也是全国唯一没有视觉污染的园林。”我的扬州朋友孟瑶告诉我。她老家在苏州，南京出生，扬州长大，说话透出一股爽脆儒雅，又带着本地的软

大运河开创了扬州水运的辉煌，如今这座城市仍与水相伴而生。

糯味道。以前做报社文化编辑的她，现在大运河申遗办工作，由于酷爱昆曲，还组建了一个昆曲社，名字也透着浓浓的扬州味——空谷幽兰昆曲社。

“自然，扬州的昆曲要感谢那些腰缠万贯的大盐商。那时扬州盐商的精神境界，与现在很多商人相比，简直有云泥之别。他们对文化的介入之深，用心之多，是罕见的。”孟瑶对扬州盐商的评价，让我对这个超级富豪集团多了一丝好感和好奇。显而易见的是，名闻天下的瘦西湖也只是当年盐商们的私家别墅罢了。

“在外地人眼里，明清时期的扬州就是遍地黄金的冒险乐园，就像二十世纪二三十年代的上海滩一样。这些外来淘金者中，最成功的莫过于盐商。”时任扬州文化研究所所长、学者韦明铧告诉我。对扬州文化颇有研究的他，也被誉为扬州的一张“文化名片”。

而提到扬州盐商，乾隆年间的江春是一个绕不过去的人物。这位当时两淮最富有的盐业巨头，也是一位诗人，以“布衣结交天子”的第一人，早于胡雪岩的著名“红顶商人”，一生极富传奇色彩，因此被称为“最牛红顶盐商”。

由于盐业本身为高利润行业，朝廷通过盐业税收获得了巨额收入，例如乾隆年间两淮盐业税收竟占据朝廷税收的一半。同时，盐商也借经营盐业，成为当时社会的超级富豪。而江春就是其中的佼佼者。扬州历史学家朱宗宙通过挖掘史料，将江春家族的来龙去脉梳理了出来。

江春原是徽州歙县江村人，生于清康熙五十九年（1720 年），出身于一个“士商结合”的家庭。这种家庭成分，是一个很奇怪的混搭组合，因为在当时社会“士农工商”的等级排序中，“士”是至高无上的，通过科举取士，是所有人的梦想。而“商”则属于最末等。江春家庭属于“士商结合”，在“商”的头上戴一个“士”的“红顶”，这种家庭成分“混搭风”实际上也是扬州众多盐商的选择。

早在明代嘉靖、万历时期，在江春的老家江村，由于自然资源匮乏，族人从商已蔚然成风。而且，江氏商人大多从事盐业贸易，且获利丰厚。

在经营盐业的族人中，就有江春的曾祖父江国茂。江国茂是明朝末年的秀才，到了清朝初年，出于时局的考虑，他放弃科举，背着行囊，带着儿子江演（江春祖父），到扬州做了一名盐商。此时正逢明清交替时的乱世，却给他提供了致富的大好机会。不过，他死时并未能完全实现家族的兴旺，直到江演成为总商后，家族才迅速走入致富的上升通道。

在跟随父亲经商的磨砺中，江演得到了锻炼，逐渐洞悉盐政的利弊，成为两淮盐商的中坚人物。在商业上获得成功的同时，江演始终没有放弃取仕的理想，后来考取了“授州同知”的功名。至此，江氏家族由江春祖父江演戴上了一个“士商结合”的“红顶”。

同时，江演的一个儿子，即江春的父亲江承瑜，继承他成为两淮总商；江演的另一个儿子江承玠，历任户部郎中、浙江台州知府、嘉兴知府，后升为两浙江南盐驿道，诰授中读大夫。在这样的家庭环境影响下，乾隆六年（1741 年），21 岁的江春雄心勃勃地去参加乡试，以博取举人的功名，不料却铩羽而归。经过慎重考虑，他采取了曾祖父一样的策略，暂时放弃科举，去扬州协助父亲江承瑜经营盐业贸易。由于才干出众，在父亲死后，他被选为总商。在科举入仕无望的情况下先经商，然后寻找机会再获官衔。这也成了包括江春在内的众多盐商的务实选择。入仕为了“名望”，经商为了“厚利”，亦官亦商，两者又可相互为用。

从江春曾祖父江国茂算起，到了第四代，江家可谓人才辈出，造就了一群文人、艺术家、艺品鉴定家和官员。除了江春外，他的堂兄、江承玠之子江昉，也是一位大名鼎鼎的才子。江昉虽然协助江春经营盐业，但是主要精力仍放在诗书上。一代文宗阮元称他的诗“意境清远、得宋人高格”。

江春家族究竟积累了多少财富？虽然历史没有记载，但是据估算，在清代，盐商豪门家族的财富可达白银 1000 万两以上，小盐商也有一两百万两白银的身家，两淮盐商的商业资本加起来近 8000 万两白银。而乾隆三十七年（1772 年）户部历年库存白银也只有 7800 万两。扬州的大盐商可以说富可敌国。江春担任扬州总商 40 余年，喜欢招集名流，酒赋琴歌，通宵达旦。在招待客人时，江春通常要上演三四部曲剧，同时分亭馆宴客，客人数以百计。当时，上至公卿士大夫，下至百工伎艺，只要有珍奇异宝、书法名画，无不送到江春家，以求高价售卖给江春。这样日复一日，支出十分庞大，没有巨额财产作后盾是不可想象的。

淮扬菜与“瘦马”

像江春这样的扬州盐商，连皇帝也羡慕三分。雍正皇帝在一次上谕中说：“闻各处盐商……衣服屋宇，穷极华靡；饮食器具，备求工巧；俳优伎乐，恒舞酣歌；宴会嬉游，殆无虚日；金钱珠贝，视为泥沙。甚至悍仆豪奴，服食起居，同于仕宦……”连盐商家的奴仆也跟着主人过起了如同仕宦般骄奢的生活。

不过，正如扬州市文物局局长顾风所说：“清代的扬州是一个快速制造富人，也是富人快速变成穷人的地方。我们现在找一栋历史建筑，如盐商园林或老宅，最感为难的是，因为易主太快，使得它的背景很模糊。当年‘扬州八怪’之一的李复堂一到扬州就觉察到扬州很浮躁，因此感叹：‘滚热扬州居不得’。也正如《金瓶梅词话》所说：‘扬州虽好，不是久恋之家’。”

在盐商财富的驱动下，扬州城内的消费需求被迅速拉动起来。盐商们不仅沉溺于声色犬马、莺歌燕舞，还热衷于筑楼宇，建园亭，美服饰，精肴馔，玩古董，蓄优伶，养清客，将扬州打造成一个商业繁荣、文化发达、人文荟萃的园林都市。

对盐商来说，饮食男女之事总是首要关注的。“因为扬州盐商对吃的追求，产生了淮扬菜。如果没有盐商的推动，淮扬菜就不可能会成为一个咸甜生熟都适中的单独菜系。”韦明铧告诉我。而我刚刚在扬州城内的百年老字号“富春茶社”尝过“大煮干丝”，又在卢氏盐商老宅品过“三丁包”，因此对韦明铧的观点深有同感。

直至今日，人们还会对淮扬菜的工艺和选料津津乐道。其中有一道菜叫文思豆腐，是乾隆年间扬州一位名叫文思的僧人所创制。这位善于作诗的文思和尚，把豆腐切成千百条像头发丝一样的细丝，能够从针眼里穿过去，而且还不断。虽然是简单的一道豆腐，但是选料极严，刀工精细，软嫩清醇，入口即化。现在在正规的淮扬菜酒席上，还保留着这道神奇的豆腐羹。

据说当年扬州有一位穷书生，娶了盐商家的丫鬟为妻，要她炒一碟韭黄肉丝。不料丫鬟摇摇头，说穷书生吃不起，原来那碟韭黄肉丝是由十只猪的面肉切成的。后来，丫鬟总算做成了那道菜，书生吃了一筷子，差点连自己的舌头都吞了下去。

盐商家的一个丫鬟对饮食都有如此见识，自然不用说盐商了。如今流传较广的是关于个园主人、嘉庆道光年间“八大盐商”之一的黄至筠（1770~1838），对饮食追求到极致的故事。

有一天，黄至筠随手翻看家庭账簿，看到“卵二枚”下面注着“每枚纹银一两”，非常诧异，斥责厨子弄虚作假。谁知那厨子说：“您吃的鸡蛋不是市面上的鸡蛋能比的，每个一两银子很便宜了。”于是，黄至筠换掉这个厨子，鸡蛋的价格下来了，可味道却大不如从前。一连换了好几个厨子都是这样。最后，他只好又请回原来的厨子，结果第二天鸡蛋又和从前一样美味了。原来厨子的家里养了上百只母鸡，每天都用人参、白术、红枣等研磨成粉末，加入饲料中喂养，所以才产下如此特殊的鸡蛋。

黄至筠还听说黄山产一种竹笋，用它炖肉异常鲜美，但竹笋一定要刚从地里拔出来和猪肉炖才好吃。为此，他想了个办法，叫挑夫在黄山上挑着担子，担子里放一个火炉，将竹笋挖出来洗净后，马上放进火炉，和猪肉一起小火慢炖。然后，挑夫挑着担子往扬州赶，走几十里路就换一个挑夫。到了扬州，竹笋炖肉也就香味扑鼻了。不过，虽然钟爱美味，但黄至筠也并非一个脑满肥肠的市侩商人，而是一位出色的画家。现在个园抱山楼下的嵌壁石刻上，还有他画的一幅山水扇面，扬州博物馆也藏有他的一幅石刻花鸟扇面。

盐商有了钱，自然要养一大帮人，除了管家、家丁、丫鬟、花匠、戏子外，还有各种陪他玩乐的人。比如，一些有一技之长的人，都能在盐商家混口饭吃。据记载，有个人抽水烟时，吐出的不是一般的烟圈，而是一幅山水画，里面有逼真的楼台、车马和人物；还有人能用嘴一次吹起十几个葡萄皮，浮在空中不掉。这些奇人不仅可以给盐商解闷，还可供盐商在人前炫耀，于是就被盐商养在家里，付给优厚的酬劳，也足够这些人养活自己的父母妻儿。

于是，只要依附盐商，许多人就可以无所事事，而打发光阴的方法就是到茶馆喝茶、看戏、听书、泡澡堂子。这也导致扬州茶馆、澡堂极为兴旺，形成了“早上皮包水，晚上水包皮”的市民生活方式。

此外，经常围在盐商身边的，还有一群掮客，他们向盐商推销的是“扬州瘦马”，而此“马”并非真的马，而是美女。所谓“瘦马”，就是被公然买卖的“妻妾预备队”。早在明朝中叶，“扬州瘦马”就已小有名气。每逢烟花三月，天下的达官贵人、富商大贾、风流才子纷至沓来，挑选美妻娇妾。

由于富裕盐商有纳妾的需求，“养瘦马”也成了一项暴利的投资，当时扬州有一大批人专门从事此职业。他们先出资把贫苦家庭中面貌姣好的小女孩买回来，教她们歌舞技艺、琴棋书画，长成后卖与盐商做妾，或送入烟花柳巷，以此牟利。当时的秦淮河两岸，扬州籍的歌妓大多是“瘦马”出身。

因贫女多瘦弱，“瘦马”之名由此而来。扬州人娶媳妇，口头语是“娶马”，或“娶马马”，“娶马”二字即由“瘦马”一词演化而来。对于一等资质的“瘦马”，初买时不过十几贯钱，待其出嫁时竟可赚白银1500两。一般百姓见有利可图，也竞相效法。为此，郑板桥专门有诗写道：“千家养女先教曲，十里栽花算种田。”没人知道，春风十里扬州路上，洒下多少“瘦马”的辛酸泪水。

供养文人过一生

在盐阜路与史可法路的交汇处，古护城河北岸，有一座古香古色的宅院，即为著名的史可法纪念馆。埋有史可法衣冠冢的馆内，古杏参天，梅花点点，香气扑鼻。一

清代盐商开始在扬州营造园林，至今还保留了许多优秀的古典园林。（摄影 / 邱衍庆）

扬州观音山禅寺，建于观音山上，是山寺的代表。（摄影／邱衍庆）

座挂有“梅花仙馆”牌匾的建筑在纪念馆中并不起眼，但如果熟悉梅花书院的历史，或许会对梅花仙馆肃然起敬，因为它是梅花书院硕果仅存的老建筑。而梅花书院之所以能名震江南，又与扬州盐商的大力资助分不开。

有四百多年历史的梅花书院曾三易其址，雍正十二年（1734 年），扬州府同知刘重选与大盐商马曰琯于梅岭建起梅花书院。

此时的马曰琯在扬州风头正劲，与他的弟弟马曰璐并称扬州“二马”，而江春还只是一位苦读寒窗的少年书生。“二马”虽是盐商，却热心文化教育。当时的梅花书院虽是官办，但背后有盐商这个大财团资助，盐商也纷纷将孩子送到书院上学，以考取功名。

乾隆四十二年(1777 年)，马曰琯的儿子马振伯呈请将梅岭处原梅花书院楼宇归公，盐运使朱孝纯接受呈请，并延请著名文学家、桐城派领袖姚鼐出任梅花书院官办后的第一任掌院（院长）。当时梅花书院的掌院工资待遇极高，为白银 700 两，是其他地区书院的近三倍，学生的助学金也比其他书院高出好几倍。学院雄厚的财力，吸引了大批优秀老师到书院任教，一时名师荟萃。同时，学院的高额奖学金也吸引了优秀生源。

至此，梅花书院进入最为辉煌的“盐官兴学、盐商助学”的历史时期，书院的传奇就此开始。明清年间，梅花书院共出过四个状元，更使学院声名大振。后来，两淮盐政阿克当阿奏请朝廷，在梅花书院设立“孝廉堂”，也就是现在所说的研究生院，把扬州的举人集中起来学习，然后送到京城考取进士。梅花书院设置“孝廉堂”，算是开了历史的先河。

梅花书院的成功，是朝廷和盐商双赢的结局。朝廷不费一文，就开办起一所著名的书院；而盐商通过经济资助，将书院打造成顶级学府，为子女的教育提供了最好的环境，最终通过科举从政，一跃成为统治阶级的一员，完成“士商结合”的华丽转身。

事实上，盐商的投入物超所值。据统计，顺治三年至嘉庆七年（1646~1802），近 300 户盐商家庭中，居然出了 139 个进士、208 个举人。而同期全国进士的总数才 16067 人。除了科举外，盐商也可以通过捐纳获官。

或者是自身的喜好，或者是为家庭营造文化氛围，像江春、“二马”之类的大盐商还热衷于广交名士，结社吟诗，刻印藏书，收集书画，支持戏剧。这直接导致当时扬州的书画市场极为火爆，一流书画家的年收入可达白银 1000 两，很多书画家因此而腰缠万贯。与此同时，也有一些盐商在文化素养上无法与江春、“二马”相比，为了借助名家抬高自身品位，不惜采取蒙骗手段，“扬州八怪”之一的郑板桥一不小心就着了一位盐商的道儿。

有一次，郑板桥外出郊游，忽听耳畔传来悠扬琴声，于是循声来到一处竹林掩映的幽深院落，只见一位颇具仙风道骨的老人正弹奏古琴，旁边的一位小童在烹煮狗肉，香气四溢。一向爱吃狗肉的郑板桥不由大喜过望。老人邀请郑板桥一块品尝，他也不客气，埋头大嚼起来。吃罢，郑板桥见老人家里四壁皆空，就问他为何不挂字画装饰。老人说：“没有好字画。这里的郑板桥，虽颇有名，但我没见过他的书画，不知道是否画如其名？”郑板桥听后大笑，马上挥笔画了一幅画，并遵嘱为老人署款。

第二天，郑板桥忽然接到一纸请帖，原来是某盐商宴客。到了一看，只见盐商家四壁都悬挂着自己的书画。更让郑板桥惊诧的是，昨天为老人所作的那幅兰竹，赫然位列其中。此时才知道老人是受盐商指使，特意设下骗局，让郑板桥在画上署上盐商大名，以便在人前夸耀。

当然，像江春、“二马”这样具有真才实学、真风雅的盐商也大有人在。有一首《扬州竹枝词》写道：“邗上时花二月中，商翁大半学诗翁。”盐商竟然个个都想成为诗人，说明了当时扬州的文风之盛。

盐商经常举行诗文集会，延请四方名士，游览胜景，结社吟诗，被称为“雅集”。扬州文人雅集，自宋代欧阳修平山宴会以来就名满全国。清代扬州盐商举行的“雅集”，有“一时文宴盛于江南”之誉。据《扬州画舫录》记载：“扬州诗文之会，以马氏小玲珑山馆、程氏篠园及郑氏休园为最盛。”

“二马”本身就是著名的藏书家与诗人，建立了专门的藏书楼——丛书楼，收藏有宋元稀有古书，同时也以收藏书画及碑拓闻名。乾隆三十七年（1772 年），当乾隆皇帝下令编辑《四库全书》时，马曰璐之子马裕贡献了大批稀有图书，其中有 776 种被翰林院传抄。

“二马”兄弟也广交各类文人雅士，他们修建的园林——小玲珑山馆，成为终年招待各类文人的豪华宾馆，清代第一流的文人如袁枚、郑板桥等，都是出入“二马”家的常客。许多文人就在丛书楼看书、写书，最后“二马”还资助他们把书刻印出来。

当贫穷的历史学家全祖望感染恶疾时，马曰琯花费 1000 两白银为他聘请最好的医生；当诗人厉鹗年过六旬仍未有后时，马曰琯又为他聘娶一位少妇，并为其安置新居。袁枚曾专门给“二马”赋诗一首，称赞其“供养文人过一生”。

为了提高家族名声，许多盐商也会像“二马”、江春一样，赞助学术，或成为艺术家、收藏家。这种奢华的文化活动需要巨大的投入，对盐商是一种沉重的消耗。一旦在盐业经营上有所闪失，盐商庞大的资金链条就会陷入崩溃或毁灭。

布衣结交天子的神话

流淌千年的运河水，在扬州城的东南角悠然拐了一个 90 度的弯，扬州人习惯将这个弯叫大水湾。被大水湾兜住的，是一个叫康山的地方。

我顺着大运河找到这里时，看到街边挂着“康山文化园”的牌子，周围的仿古建筑打的是饭店餐饮的招牌。我询问路人康山草堂何在，结果一问三不知。拐进去寻觅，终于看到路边一块小标示牌上写着康山草堂，环顾四周，我才发现所谓的草堂，只剩下一个隆起的荒芜土包。

而就在 200 多年前的乾隆时期，这里还是大盐商江春名噪天下的康山草堂所在地，乾隆皇帝南巡时曾两次临幸该园。巧合的是，这里最初是明代永乐年间疏浚运河时堆积起来的一抔黄土，如今当年的风流复归一个土包。

就像其他盐商一样，随着财富的积累，江春也在大兴土木，不断扩建自己的园林和住宅，共有八处之多，是清代扬州盐商拥有园林最多的一个。其中，名声显赫的康山草堂是他购自明代状元、翰林院编修康海的故居，并在此基础上进行增建。

清代李斗所著的《扬州画舫录》被誉为“清代扬州百科全书”，其中有一段记录，被传诵至今:“杭州以湖山胜,苏州以市肆胜,扬州以园亭胜。”可见,乾隆、嘉庆年间,甲天下的是扬州园林,而不是苏州园林。当时,扬州城内私家园林最盛时达200多处。

盐商们之所以耗费巨资建造园林,一方面是为了自己享受,另一方面则是为了结交权贵名流、文人雅士。江春因为担任扬州总商40余年,更是广造园林。而他恰逢盛世,又赶上一位喜好下江南的皇帝乾隆,于是,这就给了这位八面玲珑的总商长袖善舞、结交天子的绝佳机会,由此上演一出“布衣结交天子”的神话,让这位“红顶商人”迎来了人生最辉煌的一页。

《清朝野史大观》就有“江春一夜造塔”的故事:乾隆皇帝第四次南巡,临幸瘦西湖的大虹园,对左右说,这里很像南海(今北海公园)的琼岛春阴,可惜没有喇嘛塔。江春听说后,暗地里用1万两银子买通乾隆皇帝身边人,画出喇嘛塔的图案,然后请来能工巧匠,一夜间造出一座白塔。第二天,乾隆皇帝再次来到大虹园,见一座白塔巍然耸立,大为惊异,以为是假的,走近一看,却是砖石砌成。问明原因后,乾隆皇帝不由感叹:“盐商之财力伟哉!”这位名叫江春的盐商也给乾隆皇帝留下了深刻印象。

乾隆皇帝一生六次南巡,两次东巡,这八次接驾都有江春的份儿,并且都由江春承办一切供应。也就是说,江春不仅要负责皇帝的游玩差旅费,还要让皇帝玩得高兴。好在江春的努力没有白费,南巡扬州后,乾隆皇帝大为满意:“行在以来,莫若扬州之适意者。”

乾隆十四年(1749年),即乾隆皇帝首次南巡的前两年,江春就开始了接驾的准备工作。他组织扬州近百名盐商巨贾,捐银修建江都高旻寺、金山县金山寺、丹徒县焦山寺等行宫,疏浚扬州内河,整修园林,建造画舫,使扬州城焕然一新。自然,银子花得也像日夜流淌的运河水一样。

江春所建的江园中有一个“怡性堂”,仿效西洋人的建造方法,室内设有自鸣钟,对面设有影灯,用玻璃镜取屋内所画影,“晶耀绝伦”。这种中西合璧的建筑,当时除圆明园外实属罕见。第二次南巡,乾隆皇帝临幸江园,并赐给江春金玉器玩,御书“怡性堂”匾额,此外还赏赐江春为“内务府奉宸苑卿”。

在第五次、第六次南巡中,乾隆皇帝还两次亲临江春的私家园林康山草堂。江春抱着7岁的儿子接驾,乾隆皇帝把孩子抱在膝上,还解下自己的紫荷包给他戴上。江春八次接驾,并四次入京参加庆典和千叟宴,先后十二次得见龙颜,在众多盐商中无人能出其右。

江春还深知乾隆皇帝喜欢看戏,于是和众盐商将各自蓄养的精锐家班尽遣而出。这些家班,名角荟萃,行当齐全,行头精美。戏班被安排在乾隆皇帝巡游的河道两岸,设立香亭,每座香亭都演昆曲,剧目各不相同。当龙舟驶入扬州河道后,乾隆皇帝目光所及,岸柳如烟,人影衣香,丝竹管弦,如梦如幻。

江春本来就是一名超级“文艺发烧友”,闲暇时喜欢创作诗文,以文会友。当时,凡外地到扬州的士大夫，不是住在江春的康山草堂，就是住在其弟江昉的紫玲珑阁。因此，江春身边集聚了一大批著名文人，如钱陈群、金农、郑板桥、袁枚、卢见曾等。“扬州八怪”之一的陈撰一生就住在盐商家里，前后换了三家盐商，最后终老在康山草堂。临终时，江春在他家乡浙江宁波给他买了一块墓地，将他厚葬。

为招待文士名流，除饮酒外，还要吟诗赋文、听曲观剧，这就需要有可以随时演出的家班。为此，江春组建了两个家班——德音班和春台班，每年的开销高达三万两银子。

曾名动京师的秦腔花旦魏长生（又名魏三），也投靠了江春。他的到来，对扬州戏曲与京、秦二腔的融合起了推波助澜的作用。那时，康山草堂经常高朋满座，江春与文人雅士诗歌应酬之际，就叫魏长生登台演出。每演一出戏，江春即赠他千两白银。后来，魏长生到瘦西湖乘坐画舫游览，扬州的妓女倾城出动，都在后面划船追逐魏长生，只为争睹名角风采。

清乾隆五十五年（1790 年），为祝贺乾隆皇帝 80 岁生日，扬州三庆班入京，接着四喜、和春、春台等徽班亦相继入京。他们长期在京演出，又与湖北汉调艺人合作，逐渐形成了以唱西皮、二黄为主的京剧。而此时，江春已经去世一年，没有亲眼看到春台班日后的辉煌。

除了接驾有方，每遇朝廷的大典礼、大工程、军需兵饷、赈灾，江春都踊跃捐献银两。据记载，江春与其他盐商前后共为朝廷捐银 1120 万两。乾隆皇帝甚至对新的两淮巡盐御史叮嘱：江春这人老成，有事儿可与他商量。

有一年，宫里的太监张凤盗窃宫内金册，逃到扬州，寻求江春庇护。面对这位多年老友，江春并没有手软，与扬州营游击白云上共同设计，在酒宴上将张凤擒获，送交官府。因此，乾隆皇帝赐江春“布政使”衔，赏戴孔雀翎，成为当时盐商中仅有的一支孔雀翎。就像一幕奢华的大剧，终有曲终人散的时候。由于迎驾铺张，捐献朝廷，加之奢靡消费，江春富有的家产逐渐消耗殆尽，曾经的“红顶商人”不堪重负，走了下坡路。

眼见江春陷入困境，乾隆皇帝出手援助了，于乾隆三十六年（1771 年，乾隆皇帝第四次南巡后的第六年）赏借给江春 30 万两皇帑，以资助他营运盐业。所谓“皇帑”，就是“万岁爷发的本钱”，是要付利息的。后来，乾隆五十年（1785 年，乾隆第六次南巡后的第二年），乾隆皇帝又一次赏借 25 万两皇帑给江春。在中国历史上，一名商人向皇帝借本钱做生意，这种荣耀也许是破天荒的头一遭。这两次借款，分别发生在乾隆皇帝两次南巡之后。与其说是乾隆皇帝的皇恩浩荡，不如说是他对江春竭力迎驾的某种感激和回馈。

乾隆五十四年（1789 年），带着无上的家族荣耀和皇恩宠幸，江春悄然去世，给他的儿子江振鸿留下了一个风雨飘摇的未知前程。

江春死后第四年，其子江振鸿因为家道衰落而生计窘迫，再也无力修葺康山草堂。

乾隆皇帝对江春仍没有忘怀，爱屋及乌，要求众盐商出银5万两，将康山草堂买下作为商人公产。5万银两即赏给江振鸿，另外再赏银5万两，作为他的营运资本。故事到此还没结束。嘉庆六年（1801年），皇恩再次眷顾江家，嘉庆皇帝继续他父亲的“慈善事业”，又赏借5万两皇帑给江振鸿。清代两代帝王持续给两代盐商借钱营运盐业，也算是未有之奇观了。

再后来，康山草堂被清代“一代文宗”阮元买下，这位“三朝阁老、九省疆臣”，江春的远房亲戚，算是为康山草堂延续了江春家族的风流雅韵。到了晚清，几易其主的康山草堂虽然楼阁依旧，但是文脉气数已尽。20世纪50年代初，因为筑路取土，康山草堂的残余被彻底挖掘一空，仅余一个荒凉的土包。

从此，一个“以布衣结交天子”的传奇家族，和一座最能代表扬州名士风流的私家园林，终被雨打风吹去。除了留给世人华丽的想象外，还有至今不绝的昆腔古琴、淮扬余韵……

个园，为清代扬州盐商黄至筠宅邸私家园林，以叠石艺术著名。（摄影/杜宗军）

扬州城下吹笛的古装少女，让人想起了“二十四桥明月夜，玉人何处教吹箫”的诗句。（摄影/邱衍庆）

敖伦布拉格

荒漠里的世外桃源

敖伦布拉格镇是内蒙古阿拉善盟的一个小镇，地处乌兰布和沙漠的北缘。历史上，既因为农业垦殖、人畜数量猛增等导致生态退化，也因为近年退牧封育、特别是发展沙产业而明显改善了生态环境。作为阿拉善的一个生态样板，我们通过敖伦布拉格，可以管窥中国生态文明的未来变革和发展趋势。

牧民就地取材，用梭梭树枝围成了羊圈。

沙漠小镇的桃源生活

蒙古族小伙子苏都

“我也不知道这座山是不是阴山，反正它挺神的，阴天是灰色的，晴天就变成了红色。”苏都指了指前面的那座山，踩了一脚油门。他的国产“赛弗”越野车“嗖”地蹿了出去，前风挡玻璃下的小玩具——现在孩子们超级喜欢的“喜羊羊”——随着车子的颠簸开始不停地扭着屁股。

这座会变色的山叫哈鲁乃山，当地牧民又叫它“七彩神山”，是阴山余脉，其西部尾端从内蒙古阿拉善盟左旗敖伦布拉格镇的北部斜贯而入，往西逶迤而去。苏都是当地蒙古族人，也是我们敖伦布拉格之行的向导兼司机。1986 年出生的他是个帅小伙，普通话说得不赖，兴奋时脸上的青春痘会红得发亮。

我们行驶在敖伦布拉格镇的哈吉公路上。公路一侧连绵起伏的哈鲁乃山看起来光秃秃的，但山里盛产铁矿，远看是一片耀眼的红色。

公路旁的水渠上种满了高大的柳树，这里的柳树与其他地方的不太一样，叶子细小，可以降低蒸发量。水渠两边的农田种的是小麦、玉米、籽瓜等作物。

沿着红色的哈鲁乃山，公路不断延伸，前方没有了水渠，农田也随即消失。大地换了一身装扮，被成片的起伏沙丘代替，上面点缀着苦豆子、白刺、红柳等沙生植物，多少透出一些生机来。我鼻腔里嗅到的气味，已从庄稼花粉的潮湿甜润，瞬间变成了沙尘粉末的干燥凝滞。这一切提醒我，这里并不是旖旎多情的江南，而是中国沙尘暴的发源地——阿拉善。

敖伦布拉格镇就在阿拉善左旗的北部，1999 年 8 月与巴音毛道农场合并，将以前的苏木改为现在的镇。在蒙古语里，“敖伦布拉格”是泉多的地方，因镇内有水泉108 眼之多，故取此名。“以前下雨时，山上就有瀑布。现在雨水少多了，今年以来还没下过一场雨呢。”苏都皱着眉头说。

他的家在离敖伦布拉格镇以西 30 公里的一个嘎查（村），家里养了 700 多只山羊，有 1.4 万亩山地草场。现在看来，干旱肯定会让他家山羊的日子不太好过。我们与苏都朝夕相伴，充满了欢声笑语。

这位独自在外闯荡、曾经怀揣音乐梦想、坦率真诚的蒙古族“80 后”小伙子，为我们观察敖伦布拉格这一沙漠小镇的真实生活，开启了一扇窗户。

“白色洪流”

清晨的峡谷还有一点凉意，吐布达莱披着一件外套，戴着毡帽，出了门。他习惯性地抬头望了望天，蓝蓝的天空上白云朵朵，预示着今天又是一个晴天。老人眉头微皱，心情变得复杂起来。不远处山坡上的羊圈里，他和老伴儿养的 300 多只山羊开始躁动起来。年初至今半年了，滴雨未下，山上的草比往年更少，他的羊必须要翻越更远的山峰去寻找食物。吐布达莱老人的家就在哈鲁乃山的阿拉善峡谷里，这是一个外表红色、兼具雅丹和丹霞地貌的峡谷。穿过几公里长的峡谷，走到尽头，上一个高坡，是几座简朴的平房，那就是他的家。

老人在此牧羊已 40 多年，祖辈是信奉伊斯兰教的蒙古族，被称为“蒙回”。在阿拉善左旗，“蒙回”有上千人。其来源说法不同：一是元、明时期从新疆移居阿拉善的信仰伊斯兰教的蒙古人；二是阿拉善第二代王爷阿宝于雍正年间到青海平叛，归来时带回西宁一带的“缠头回回”一百多人；三是阿拉善第三代亲王罗布桑多尔济于乾隆年间远征，带回受降的信仰伊斯兰教的哈萨克人。

早晨放牧前，吐布达莱照例要先用早餐。我们赶到时，他正端坐在门前的石凳上，

当地牧民喂养的羊是“阿拉善型”白绒山羊，产出的羊绒胜过绵羊。

石桌上摆着油炸馍馍（当地蒙语叫“起蛋子”）、腌制的辣椒和奶茶。老人身材不高，但脸色红润。他请我尝了松脆香甜还带着奶香的油炸馍馍。我问他：“您这么大年纪了，儿子又是镇长，怎么不在镇里享享清福呢？”他笑了，说：“我离不开这个地方。小时候老是旱，羊放不住。你别看这里干燥，风沙大，山也光秃，其实峡谷里有泉水，有水就有草。现在山里开矿空气差了，而且过度放牧也使一部分草场退化了。”

老人养的山羊就是著名的“阿拉善型”白绒山羊，所产的羊绒比绵羊羊绒更好，价钱也更高，他主要靠卖羊绒赚钱。“阿拉善型”白绒山羊是克什米尔绒山羊的一支，经过长期繁育，已经成为优良的地方品种。它适应力极强，能忍耐粗饲、寒冷、干燥，体质健壮，行动敏捷，喜欢爬高山远牧，终年可放牧在高寒荒漠草场。

“以后还这么旱下去，我就不养羊了。因为缺草，我还得买草料，养羊就会赔钱。”吐布达莱忧郁地告诉我。冬天时，年迈的他不能出去放牧，要每月花800元雇一个人放羊，还要花钱买草料，因此养羊所赚不多。他在20世纪80年代最多时养了500多只羊。

吃完早餐，吐布达莱和老伴儿将山坡上的羊群赶到山坡下的羊圈里，然后开始了“分羊”——将一头头怀孕的母羊赶出羊圈来。他和老伴儿拿出许多布套子，布套子里装了羊们爱吃的玉米，然后一个个地给母羊们套在嘴上。母羊们颇为滑稽地戴着布套，“嘎吱嘎吱”地大嚼起来。这是专给怀了小羊羔的母羊单独“开小灶”。一些没有吃着玉米的母羊急得转圈圈，甚至朝旁边的我扑过来，用两只前腿往我身上爬，想找吃的。

“分羊”之后，羊圈门打开了。山羊汇成一股白色洪流，倾泻而出。吐布达莱手拿羊鞭，跟在羊群后。他和羊群敏捷地翻上前面的一座山后，很快不见了踪影……

沙漠里生机盎然，也充满了危险

绕过老镇，穿过一片沙丘，我们就进了梭梭林。几年前，老镇的人搬到现在的新镇后，过去热闹的老镇慢慢沉寂下来。说是镇，其实规模很小，几座简陋的四合院平房，显得破败。一群骆驼行走在梭梭林里觅食。摄影师虹阳下车追逐骆驼，苏都急得大喊：“别乱跑，说不准什么时候突然起沙尘暴，你就啥也看不见了。”

前方碰上一段流沙覆盖的路段，苏都下车，到前轮处拧上开关，挂上四驱，加大油门冲了过去。发动机“嗡嗡”直响，车子就像大海中的巡洋舰，呼啸着穿过茂密的梭梭林。苏都说：“沙质路段疏松，速度慢了反而容易熄火。”在梭梭林里的狭窄路段上，苏都把车开得飞快，说：“在柏油路上开车没劲，沙漠里开车才刺激。”

拐过一道弯，我们后面跟着的江淮越野车不见了。江淮是两驱，一路紧跟苏都的赛弗，搞得苏都被跟得有些紧张。“跟得太近了，万一我一急刹车，很容易撞上。”他说。现在江淮没跟上，肯定是在刚才的流沙路段抛锚了。

果然，我们掉头返回后发现，江淮陷在沙堆里，一股烧焦的煳味扑鼻而来。驾驶室里的司机老王大汗淋漓，一脸苦笑。疏松的沙路让江淮狼狈不堪，离合器被烧焦了。

这里是沙漠梭梭林的中心地带，四周一片空旷死寂。如果在日落前不能走出梭梭林，我们极可能迷失在这一望无际的沙生植物中。

苏都眉头紧锁，找来一根绳子，系在赛弗和江淮两车之间。赛弗发出低吼，“咔嚓”一声，绳子绷断了。我的心也随之“咯噔”一下。再看苏都，他的表情是少有的凝重。

“推车！”苏都发出了动员令。江淮车机盖滚烫，手扶在上面推车的滋味让我想起了韩式烧烤，况且，地上还有烫得能烤肉的沙子。好在总算把车推出了这块沙地。

我们四周都是梭梭。梭梭一米多高，高的能到两米以上。树叶很细，很像针状的松叶，这有利于它减少蒸发。为尽可能地吸收地下水分，它根部粗壮，根系极为发达。

我摘下一根梭梭枝条，放进嘴里一尝，味道又苦又咸。这种骆驼的美味，人几乎难以下咽，骆驼却甘之如饴。

在当地蒙语里，梭梭叫“扎干”，耐干旱寒冷、高温盐碱，是防风固沙的优良树种，被称为阿拉善荒漠中的“植被之王”。对当地人来说，梭梭浑身是宝：梭梭嫩茎内含有适量盐分，是骆驼喜食的优良饲草；梭梭柴是当地居民的主要燃料来源；梭梭根部寄生的肉苁蓉被誉为“沙漠人参”。从 1981 年开始，阿拉善左旗就对梭梭林进行了封育保护。

荒漠里的梭梭林，在当地生态系统中起到了重要作用。

“当地人离不开梭梭，梭梭也离不开骆驼。”同行的牧民巴特尔告诉我。原来，多年的自然进化后，人、骆驼、梭梭已经形成一种良性的生态关系，三者缺一不可：骆驼吃梭梭嫩枝，梭梭根部寄生肉苁蓉，人通过采集肉苁蓉和养骆驼来生存。在这个链条里，梭梭也得到了丰厚的回报：因为骆驼吃了嫩枝，相当于给梭梭“平茬”，促使梭梭根部往下扎，根系更为发达；骆驼还通过粪便把梭梭种子带到更远的地方；骆驼的蹄子能把梭梭林里的老鼠洞踩坏，从而降低鼠害。

返回的路上，车里飘出雄浑苍凉的蒙古族歌曲，很配大漠的空旷。苏都说：“我从小就喜欢唱歌，拿过学校唱歌比赛前三名。我一直想学呼麦、架子鼓，但学费就要1万多元，没钱学。我后来去学电力，学了三个月，结果把腿摔断了。后来去学放炮开矿，虽然工资很高，但很危险。有一天，一个同伴放炮时被毁了容，我害怕了，就跑回家放羊。现在，我应聘到敖伦布拉格酒店工作，是保安队队长兼运输队队长，其实就我一人。”

太阳即将落山，天边出现了淡紫色的暮霭。我问苏都：“如果当初你有钱学音乐，你会干音乐这行吗？”他毫不犹豫地点了点头。

走“天路”，看岩画

让我意外的是，就连很多当地人也不知道岩画在哪里。镇文化站的吴学忠站长虽听说了岩画，但语焉不详，更别提其他人了。

好在苏都有办法，找到了当地一位了解岩画的牧民。他叫王大云，是甘肃移民过来的汉族人，在本地搞了“牧家游”，以蒙古包式的饭店和住宿招待客人，生意红火。他的家就在哈鲁乃山脚下，有一座独立的小院子，养了400多只羊，一年纯收入八九万元。

“这一片都是我们家的牧场。”王大云指着面前的山说。由于采矿影响了牧民放牧，王大云获得了政府一定的经济补偿。

到山上看岩画，要通过一条特别险峻的路段——当地人戏称为“天路”。这条路是沿着山脊到山顶的唯一道路，平时通行大型采矿车，路窄陡峭，路况极差。当地人说，前些天刚有一辆货车从“天路”掉进山谷里。

“我带你们去看古代的岩画，那里也有我的岩画作品。”即使面对“天路”，王大云也一脸轻松，不改幽默本性。我们暂时忘了“天路”的危险，开始琢磨王大云是否活了上千年。要知道，那些古代岩画作品恐怕都得上千年了。“我的作品是现代派的，是我在山上放羊无聊时刻上去的。”此时我们才恍然大悟。

老王的江淮率先冲上了“天路”，苏都的赛弗跟在后面。在沙漠里疾驰如飞的苏都此时开得异常小心，车速如龟行。“天路”都是碎石路面，车过后，扬起漫天灰尘。车非常颠簸，人在车里就像汪洋中的船，上下翻飞。车的两边都是深不见底的峡谷。

“快看那辆摔下去的铲车！”有人指着车窗外喊，苏都把车停了下来。在峡谷底部，一辆铲车四仰八叉地躺在那里，一只轱辘摔得不知所踪。

到一个拐弯处，猛然发现江淮停在路边。原来江淮在前面的拐弯处爬不上去，一直往下溜，老王费了好大劲才把车刹住，一车人惊出了一身冷汗。

王大云自告奋勇，接替老王，掌舵江淮车，冲击山顶。大家都捏着一把汗。熟悉本地路况的王大云果然身手不凡，一踩油门，江淮车仿佛被驯服的猛兽，轰鸣着慢慢地往山上爬。翻过这座山，走进一个峡谷，两边有开矿的洞口，路面都是碎石夹杂着沙子。不知为何，今天的赛弗跑起来老是一蹦一蹦的，就像吃多了饭打饱嗝一样。这个原因在这天傍晚才被揭开，从而更加庆幸我们能从“天路”安全撤回。

终于，颠簸到了尽头，在一处断头路前，车停了下来。王大云指着旁边峭壁上一条上山的小道说，就从这里爬上去。峭壁几乎成六七十度斜角，陡峭异常，而且没有路，尽是碎石。人踩上去，碎石哗哗地往下掉。再看王大云爬起山来，灵巧如猿猴，很快就上去了。

山上到处都是碎石，让人无处下脚。我们小心地迈着步伐，跟在王大云后面。王

敖伦布拉格镇山上的古老岩画，透着神秘的远古气息。

大云说，山上这一片都是他家的牧场。小时候，他哥和他来放牧时，就带他来看岩画。当时还是“文化大革命”，他哥说，那些岩画都是“阶级敌人”刻的联络暗号。王大云听了很害怕，虽然对这些岩画好奇，但是从不敢一个人过来看。

翻过一道又一道山岗，王大云指着路边的一堆大石头说：“看！那就是岩画。”我们兴奋地凑过去，果然，石头上分布着一幅幅刻制的图案，有羊、马、骆驼、牛等动物和人的不同造型，有人骑在马背上，有人在后面追逐马，刻画得栩栩如生。除了画之外，还有一些不知是什么意思的符号，以及一些蒙古族和藏族文字符号。

王大云带我们来到一块长条的石头旁，说：“这是‘八骏图’，是这里的明星岩画。”上面一字排开的八匹骏马神态各异，栩栩如生，堪称岩画中的佳作。“这里要是下了雨，草地绿了，就是最美的时候。”王大云站在山顶，看着周围光秃秃的山峰告诉我。其实，一些砾石中，偶尔也能发现一些不知名的沙生植物，其生命力顽强得令人叹为观止。

回到酒店，天黑了下来。苏都趴在赛弗车下捣鼓，原来是车胎爆了。我们才明白，为何今天赛弗在平坦的柏油路面上也一直颠簸。“那个车胎鼓了好几个大包，下午突然爆胎，跑十几万公里了。”苏都说。要是赶在上午我们上“天路”时爆胎，那我们就是那辆掉下山谷的铲车的命运了。

红塔寺

早上起来，天空扬起了沙尘。来到阿拉善后，终于嗅到了沙尘暴的味道。不过，这对马金元来说，算是小儿科。“真正的沙尘暴，比这厉害一百倍。”他捻了捻长长的白须告诉我。

这天早晨，马金元的妻子照例来到红塔寺，开始一天的清洁工作。红塔寺就在哈鲁乃山脚，在沙尘的遮掩下，透出些许神秘和缥缈。寺庙规模不大，有正殿、侧殿各一间，还有僧寮，属藏传佛教中的红教（宁玛派）。再往山上走，就有一个醒目的标志矗立在那里——当地人称“红塔”，后又称“人根峰”，是传说中穆桂英的拴马桩。

一进寺庙，迎接我的是一个身穿传统蒙古族服装的老人，他就是拆能，汉名马金元。他白须飘飘，精神矍铄，黝黑的面孔油光发亮，去年和老伴儿来到寺庙，之前是鄂尔多斯的牧民。马金元给我端上一种甜甜的类似糖水的饮料，让我品尝，然后抓了一把冰糖塞给我。这算是进寺庙的仪式了。

寺庙旁边一个陈旧的蒙古包，里面的陈设五花八门，被褥、锅碗瓢盆、衣服等一应俱全，这是庙里住持江村宁布的住所。蒙古包里，中间是一个烧火做饭的炉子，周围一圈是供人席地而坐的地毯。墙上挂着一个硕大的挂历，上面全是蒙古文字。室内的物件摆设陈旧，蒙着一层灰尘，一股淡淡的霉味萦绕其间。

诵完经后，江村宁布回到蒙古包，早餐已做好，是一碗素汤面。他默默地低头吃面，吃完后用布慢吞吞地擦碗。擦完碗，他又用这块布仔细地擦自己的脸和头。

江村宁布是巴盟的蒙古族，7 岁时在阿贵庙出家当喇嘛，1971 年来到这里。这座红教寺庙历史悠久，曾经比阿贵庙还大，可惜一度被毁，现在的寺庙建筑是最近盖的。

蒙古族早期信仰萨满教，明末清初，喇嘛教（藏传佛教）逐渐取代萨满教，成为蒙古族的全民信仰，并延续至今。清同治年间，阿拉善左旗喇嘛教最为兴盛，喇嘛多达 6400 多名。后来由于战争、疾病等原因，喇嘛的人数逐年下降。清代时，人们大量集资修筑寺庙，仅两三万人口的地区，建了近 40 座寺庙。

清乾隆十一年（1746 年），63 岁的六世达赖喇嘛罗桑仁钦仓央嘉措在承庆寺附近圆寂。按照仓央嘉措生前遗愿，其徒弟阿旺多尔济于乾隆二十一年（1756 年）在贺兰山中建立广宗寺，将仓央嘉措的法体（肉身）放置到寺中的镀金铜塔中供奉，尊为广宗寺的第一代格根（活佛）。

“我现在算是红塔寺年龄最大的喇嘛，年轻喇嘛越来越少。庙主要靠香客和信徒的供奉维持。去年，通过各地喇嘛凑钱，再加上香火钱，重新修缮了寺庙。”江村宁布告诉我。他面容黑瘦，留着山羊胡，戴一顶绒布鸭嘴帽，大部分时间都是沉默，只有当哈达进蒙古包时，他才回答几个问题。“以前真正信佛教的多，现在也有很多人信佛，但很多人是看热闹的。”平时，当地的富人会开着豪华越野车请他们做法事，也有牧民请他们去做超度、求雨的法事。

哈达是江村宁布的徒弟，圆脸寸头的他长得很壮硕。他的穿着打扮与时下年轻人无异，普通话说得比很多当地人标准。他一进来，就笑嘻嘻地挨着师傅江村宁布坐着，用蒙古话交流。哈达说话时，满脸的肉仿佛都在跳动，眼睛笑得眯成了一条缝。而一转过脸来面对我们时，则恢复了严肃的神情：“你们是哪家媒体？从哪儿来的？”语气很老练，似乎是经常跟外界打交道，与师傅的沉默寡言形成了鲜明对比。当听说我们是从北京来的之后，哈达严肃的脸上有了一些笑容。

哈达在寺庙里负责后勤、外联等工作。在与我们谈话时，他的手机不时响起铃声，真是业务繁忙。“你为什么要出家？”这是我很感兴趣的话题。他说：“为了众生。8 年前，我感觉生活希望渺茫，这时碰见了我的上师，我跟他谈了好几天，就决定出家。我内心很喜欢，觉得这条路很适合我。出家前，我是鄂尔多斯农牧干校畜牧系毕业的，在兽医站干了 11 年。现在庙里的很多喇嘛不会念经，只有几个老喇嘛会，年轻的不愿意学。”

近几年，当地开始发展旅游，加大宣传力度，寺庙的香火越来越旺。哈达过来，就是跟师傅商量中午的一场法事，是鄂尔多斯来的几个年轻人要求做的。哈达出了蒙古包，到侧殿和老喇嘛用青稞面捏出法会上用的供品。供品被刷成红色，耀人双目。随后，哈达披上袈裟，穿戴整齐，让人无法与刚才打手机联系业务的那个人联系起来。

每年农历五月二十五日的法会是红塔寺最大的法会。当地百姓来庙里求保佑平安、事业或隐私。当然，最多的还是来求子的。庙里供的是欢喜佛，再加上山上有“人根峰”，大家都相信来红塔寺求子很灵验。

离开红塔寺时恰逢正午，太阳很毒，晒得人直发蔫。苏都一边开车，一边盯着外边干得冒烟的地面说：“往年这个时候也该下雨了。”

阿拉善西部梦幻大峡谷

中午时分，太阳已经老高，天气热得仿佛要榨干空气里的水分。站在峡谷侧边的山脊上，我的视野一下开阔起来，发现周围一片苍茫。眼前的峡谷就像一条蜿蜒而行的红色巨龙，掩藏在荒野群山中。极目远望，黄色的沙漠充盈着一切，一眼看不到头。

山脊上，乱石散落一地，一块白色卵石被燥热的我一脚踢开，一骨碌滚进了下面的峡谷。摄影师老吴背着重重的摄影包，满头汗水，一边执着地寻找最合适的拍摄角度，一边不停地嘟囔：“还是高度不够啊，再高一点就好了。”

峡谷有一个很浪漫的名字——西部梦幻大峡谷，一个让喜欢西部大漠探险的旅行者充满无限幻想的奇妙地方。说它奇妙，是因为它神奇般融合了雅丹与丹霞这两种独特的地貌特征。因此，它又被誉为中国的“科罗拉多大峡谷”。

我们从敖伦布拉格镇驱车，沿着哈吉公路往西，右侧是蜿蜒起伏的哈鲁乃山，很快就到了山里的西部梦幻大峡谷。峡谷外表呈红褐色，在阳光照射下，分外耀眼。它全长 5 公里，是丹霞和雅丹地貌的结合体，记录了千万年来地貌的变迁和地质的演化过程。

我们沿着峡谷中间的沙土路行走，脚踩着细细的沙子，感觉松软湿润。沙地里，生长着许多沙生植物，甚至还有嫩嫩的青草和流淌的细细清泉。几声小鸟的鸣叫划破峡谷的宁静，让我猛然从慵懒中清醒过来。太阳越升越高，峡谷里的气温也逐渐升高，身子热了起来，但只要走在阴影里，还是很有凉意。

我抬头看峡谷两侧，是紫红色含砾粗砂岩，刀削斧凿般陡峭险峻。由于水和风蚀的作用，大自然雕琢出各种稀奇古怪的形状，有的像骆驼，有的像鸽子，有的像女阴，有的像臀部……丹霞地貌为西部梦幻大峡谷披上了一层无垠的红褐色，而雅丹地貌又为它装上了一个雄浑粗犷的外壳。

西部梦幻大峡谷的物质基础是形成于距今 7000 万至 9000 万年前晚白垩世的红色河湖相沙砾岩，即侏罗纪至第三纪的水平或缓倾的红色地层。这种地层含有红色氧化铁，多由坚硬而厚的砾石、沙石组成，水流侵蚀后，产生许多断痕和节理。

距今约 2300 万年开始的喜马拉雅运动，使得这里迅速抬升。在漫长的岁月中，间歇性的抬升作用使得这里的地貌发生了翻天覆地的变化，地质作用将它塑造得秀丽多姿。在流水侵蚀、溶蚀、重力崩塌的综合作用下，许多鬼斧神工的地貌造型展现在人们眼前。由于地处干旱，风力对地貌的塑造具有特殊的意义。河湖相土状沉积物所形成的地面，经风化作用、间歇性流水冲刷和风蚀作用，形成与盛行风向平行、相间排列的风蚀土墩和风蚀凹地（沟槽）地貌组合。在风的吹蚀或水流冲刷下，使得节理或裂隙加宽扩大。由于大风不断剥蚀，风蚀沟谷和洼地逐渐分开了孤岛状的平台小山，后者演变为石柱或石墩。在西部梦幻大峡谷旁边令人惊奇的“人根峰”，便是这种干燥地区的一种特殊地貌。

敖伦布拉格镇的地貌，是一种独特的“丹霞地貌＋雅丹地貌”的复合型地貌景观。

干旱环境下形成的丹霞地貌，有着令人惊诧的红色。

“人根峰”就在红塔寺旁，是一根自然风化而成的巨大红褐色石柱，在山腰拔地而起，高 34 米，直径 8 米，形成于距今约 7500 万年前，传说杨家将曾在这里打仗，是穆桂英的拴马桩。当地蒙古语又把它称为“乌兰苏布日格”，意为“红塔”。每年农历五月二十五日举行祭塔仪式，附近牧民聚集于此，盛况空前。

“后来，我把它改称‘人根峰’，可谓独一无二，大家都很感兴趣，慕名而来的人越来越多。外科大夫看了说，‘人根峰’的比例大小、脉络血管与男性生殖器极为相似，令人匪夷所思。”月书记的一席话让我恍然大悟，才知道“人根峰”的来龙去脉。如此一来，“人根峰”与大峡谷中的“神水洞”遥相呼应，形成了完整的“阴阳”组合，从而让西部梦幻大峡谷的名声远扬。

另外，当地企业正在敖伦布拉格镇加大旅游产业的开发力度，逐步形成了以生殖崇拜文化、沙漠休闲风光、宗教文化、寻根文化等为主的沙漠休闲旅游。正如中国科协原副主席、沙漠及沙漠化治理和资源保护专家刘恕所言，干旱荒漠地区的人要生存，需要倡导发展多样性经济。从旅游角度看，干旱荒漠地区是人类最好的休闲地，给人以强烈的旷野荒漠感觉。

沙产业：荒漠里的甜蜜事业

改善沙漠生态环境的尝试

月・特木其勒图是典型的蒙古族，身材高大肥胖，性格豪爽。在蒙古语里，“特木其勒图”是奋斗者的意思。他的祖辈是游牧的牧民，他说：“那时，人与自然的关系是和谐的。牧民捡拾枯死的梭梭当柴；挖肉苁蓉时，会留下菌种，好留待来年再长出新的肉苁蓉；草场分夏、秋、冬季草场，进行轮牧，给草场以生长和恢复期。如果在草原上打仗，军队必定会散开了走，为的是不把草场踩坏；在草原上生火，走时把火弄灭。这是自古以来的‘天人合一’的思想。现在，羊一年四季在一个草场吃草，已没有了轮牧。”

月・特木其勒图曾担任过巴音毛道农场场长兼敖伦布拉格镇党委书记，后上调阿拉善左旗当人大常委会主任，不过当地人一直习惯称他月书记。

巴音毛道农场原为北京军区内蒙古建设兵团农一师六团，始建于 1969 年，是阿拉善左旗当时唯一的大型引黄自流灌溉种植业基地。1975 年，农场实行体制改革，军垦转为农垦。1999 年，旗里成立敖伦布拉格镇，镇政府就设在巴音毛道农场。

“用现在的理念看，当年的农垦对生态系统产生了不少负面影响。”月书记告诉我，“农垦时，砍了很多梭梭作为取暖做饭的柴火，过去的梭梭有三四米高，现在变得矮小多了。垦荒后，必须要有水；没有水，开垦后的土地退化更严重。”

生态恶化，根源在人多。1949 年，全旗人口不到 3 万人，牲畜仅 21.91 万头。后来，移民增多，光甘肃民勤的移民就不下 10 万人。到 1999 年，全旗牲畜总头数超过 150 万头，50 年间增加近 130 万头。

随着人畜数量猛增，干旱始终是当地人挥之不去的梦魇。雨季一般在每年的 7、8、9 月。如果雨下到 7 月，草长得好；如果下到 9 月，草就没时间长了。正所谓“夏旱不算旱，秋旱连根断”。

历史上，阿拉善左旗旱灾一般是四五年一遇，大旱灾平均 8 年一遇。20 世纪 60 年代开始，旱灾变得越发频繁。1965 年，全旗遭受特大干旱，牲畜死亡 42 万头，占全旗牲畜总数的 33.5%。雪上加霜的是，大旱时狼患也成灾，导致疫病流行。1954 年，阿拉善组织打狼工作组，共打狼 732 头，保护了畜牧业生产。

与旱灾形影不离的是令人恐怖的沙尘暴。中华人民共和国成立前的 2000 多年，这里的沙尘暴发生频率是 30 年一次；1950 ~ 1990 年，变成了 2 年一次强沙尘暴；1991 年后，阿拉善左旗受持续干旱、强沙尘暴、草地超载放牧和人为破坏等综合因素的影响，草地退化，沙漠化速度加快，沙尘暴的频率更加频繁，一年会出现好几次；1993 年后，连续 7 年出现强沙尘暴，给阿拉善左旗造成直接经济损失近亿元。

1981 年，阿拉善左旗开展飞机播种牧草试验，在腾格里沙漠东缘年降水量 250 毫米以下的半流动沙丘地带飞播牧草 1.84 万亩。1981~1990 年，阿拉善左旗共飞播牧草 88.47 万亩。飞播牧草、退牧还草的成功，为沙漠治理和建设荒漠草场开辟了一条新的途径。“这些年，敖伦布拉格引进沙草产业和旅游业，是一个正确的方向。比如在本地投资的民营企业，为合理利用资源和改善生态环境作了诸多开创性尝试。”月书记说。这一切源于著名科学家钱学森的科学设想——沙产业理论。

沙漠不是恶魔、敌人，而是朋友

“这沙漠与我想象的完全不一样，到处都有生机啊！”我推开敖伦布拉格酒店的窗户，往外看，农田里作物长势旺盛，远处的梭梭林绿意点点。在当地土生土长的苏都深有感触，说：“人们常以为，沙漠干旱无比。其实，从沙子底下往下挖不了多深，就可以挖出水来。沙漠里长的沙生植物，许多浑身是宝。比如，梭梭林根部寄生的肉苁蓉，那可是好东西。还有苦豆子，可以提炼出生物碱，是抗癌的特效药成分。”

而早在40多年前，一位睿智的老人——科学家钱学森已经洞悉了沙漠所蕴含的真正宝藏。在阿拉善盟的西部沙漠，钱学森习惯在繁忙的工作之余到处跑跑。那是20世纪60年代初，正是中国在西部沙漠基地大搞火箭、导弹试验的时候。在与沙漠、戈壁朝夕相伴后，钱学森发现，自己理解的大漠与现实中的相去甚远。

“沙漠、戈壁并不是一片荒凉，而是有不少其他地区没有的动植物。”多年后，钱学森回忆道。当时基地每年要搞生产建设，大家挖甘草，一卡车一卡车地往外拉。伙房要柴烧，就挖梭梭木，因为梭梭木质好，烧火旺。始终对自然界十分关注的钱学森看后很忧虑：老挖不种，挖光了怎么办？“我从这里得到启发，沙漠、戈壁不是完全不毛之地，关键是我们要经营，用科学技术来经营管理。”

如果仅仅停留在阻止砍伐、保护梭梭林的层面上，那仍是一般意义上的生态保护。但“导弹之父”钱学森的科学智慧再次闪光，经过多年的思索，1984年他前瞻性地提出：“沙漠要充分发挥它的作用，那就靠沙产业了，中国未来的生存空间就在沙漠。”

多年后，人们才明白，这位当初可“抵得上5个师的兵力”的科学家，他提出的“沙产业理论”将惠及整个人类。就在1984年，钱学森应《内蒙古日报》编辑郝诚之的约请，为该报撰写了一篇《草原、草业和新技术革命》，提出“我国草原面积是农田面积的三倍，怎么能忽视草业？”的问题。

钱学森将沙产业称为人类的“第六次产业革命”，其理论是以太阳为直接能源，靠植物光合作用来进行产品生产的体系。这并不是要从根本上改变沙漠、戈壁的自然地理特征，而是主张利用它的阳光优势。太阳能被人类大量浪费，没有充分利用。他预言，沙产业将创造上千亿元的产值。

我曾坐在内蒙古沙产业草产业协会秘书长郝诚之的办公室里，聆听他与钱学森之间因为约稿而引发的那段故事。“不要妖魔化沙漠，换一种思维看沙漠，它不是恶魔、敌人，而是朋友。沙漠里的好东西太多了，只不过很多人不知道而已。不能用农耕文化的眼光来看沙漠。这里虽然干旱、风沙大，但是有充足的阳光。这就是自然现象，正确对待自然留给我们的东西，用健康的心态去面对它。”记者出身的郝诚之极为健谈，谈起沙草产业更是掷地有声，“沙漠和绿洲的转换是可逆的，我们既然能花很大精力和资金上月球，也能自己把沙漠的事情办好。”

中国科协原副主席、沙漠及沙漠化治理和资源保护专家刘恕，多年来一直深入研究和实践钱学森的“沙产业理论”。

她如今满头华发，激情却不减当年，把沙产业喻为现代农业的新型“绿洲”，将把不毛之地变成沃土。

牧民巴根那的孩子呼青是一名高中生，喜欢球类运动。

梭梭林、肉苁蓉和苦豆子

“我也是受了钱老（钱学森）理论的感召，才投入沙产业的。不过，钱老的一个观点我持不同意见。”吴子申笑起来给人以如沐春风的感觉，黝黑的面庞，健壮的身躯，外表很像敖伦布拉格镇上的一位普通牧民，“钱老预言沙产业将创造上千亿元的产值，而我认为，至少是上万亿元的市场规模。”

当年，月书记与吴子申相识后，邀请吴子申到敖伦布拉格镇投资沙产业。而当时吴子申已经在他的家乡山西恒山脚下投资黄芪种植，成立了山西恒远药植园，购得2000 亩土地种植黄芪，随后又续购土地数万亩。

“2002 年，我来敖伦布拉格考察，当时月书记刚上任 3 个月。我和他聊了一个小时，然后下去转了一圈，感觉很对路。”吴子申骑着骆驼，进入梭梭林，仔细观察梭梭的生长情况，“那时刚来敖伦布拉格时，卫生条件差，房间里蟑螂满地爬。”吴子申清楚地记得当时的情景：缺水，缺电，蚊子猛得赛过轰炸机。从地下打出来的水是苦的，水井一点火就能点着。一到刮沙尘暴的时候，坐在越野车里连门都开不了，人能被风沙打一个跟头。

到 2004 年，他的苦豆子加工基地——苦豆综合开发利用工程一期工程，在敖伦布拉格镇开工建设前，吴子申已先后向敖伦布拉格派去 24 个调查组，包括 100 名教授、100 名博士，范围涉及整个产业，从生态、土壤、气候、水源、地貌、植被、文化等方面，进行了全方位考察，最终确定了工厂、酒店的选址。

苦豆子加工基地就在从敖伦布拉格酒店去镇里的路旁。在厂子门口，有一条水渠，两旁长了苦豆子，结的果实已经成熟。我摘下一串剥开，里面是一个个圆圆、黑黑的小豆子，放进嘴里一嚼，顿时一股浓烈的苦味弥漫了整个口腔，简直苦不堪言。说实在的，我从来没有尝过这么苦的东西。我又摘下一个还呈绿色的苦豆子，用手一捻，就冒出水来，放进嘴里一尝，发现味道比成熟的要温和多了。总经理刘武斌告诉我，苦豆子可以消炎祛火，治疗咳嗽。小孩上火，拿水一泡苦豆子，喝下就管用。

让我“吃尽苦头”的苦豆子，却让吴子申的沙产业设想尝到了甜头。“再过一段时间，我们的院子就漂亮了。”刘武斌说。厂房规划面积 200 亩，现在还在大搞基建，进行扩大生产。厂子于 2005 年 10 月投产，现在每天可生产 320 公斤的苦参总碱，一年产值 800 多万元。厂子已经形成年产 100 吨苦参总碱、5000 吨消杀剂和日化系列产品、500 吨保健食品的生产规模。

从苦豆子提取的液体称为苦参总碱，可以卖给制药厂作为制药的原料。苦参总碱还可以进一步提炼分离，制作治疗肝炎的药。3 吨苦参总碱可以制出 1 吨药。苦参总碱出口可以卖到每吨 8800 美元。

20 世纪 80 年代初，宁夏植物研究所开始研究苦豆子的药用价值。苦豆子的生命力非常旺盛，中国西部大量分布，从苦豆子里可以提炼出 28 种生物碱，可以做成生物农药，可以杀虫、杀菌。现在开始在实验室里试验将生命素与生物总碱混合，制作新的生物制剂，可以融合多种功能，促进生产。

对于苦豆子的神奇功效，见多识广的吴子申也赞不绝口，“苦豆子抗旱耐盐碱，生命力顽强，对防风固沙很重要。在原子弹做爆炸试验的地方寸草不生，但唯有苦豆子能够存活下来，成为生命的奇迹。虽然牛羊都不喜欢吃它，但是它营养丰富，含有多种单体碱，对人体很有好处，有极高的药用价值。据说‘二战’时期，苏联伤员打了一针含苦参总碱的药液，竟然起死回生。”

以前将苦豆子割下来才能利用，严重破坏生态，现在只需要摘下苦豆子的果实就可以。吴子申建了苦豆子加工厂后，把苦豆子的收购价格提升了起来。苦豆子收购价比以前涨了近 10 倍。这也提高了周边采摘苦豆子的农牧民的收入。

吴子申正设想把敖伦布拉格镇打造成一个沙漠里的生态小镇，以沙产业和沙漠旅游为基础，发展肉苁蓉、苦豆子、锁阳的生产加工基地。其中，肉苁蓉来头不小，曾被地质学家李四光誉为“沙漠人参”。当年他在西部野外考察，缺少食物时就以肉苁蓉充饥。

2002 年，吴子申的 50 万亩乌兰布和药植园成立，将梭梭林圈起来保护，并种植了肉苁蓉、锁阳、苦豆子等沙生植物。他还跟当地牧民订立协议，他们可以在梭梭林里放牧骆驼。

吴子申算过一笔账：抛开生态效益不算，一亩梭梭林投入不到 3000 元，而一亩梭梭林产肉苁蓉 300 公斤，一公斤肉苁蓉可卖 100 元，因此一亩肉苁蓉纯收益就达 2.7 万元。不过，梭梭林成材需要 6 年，而肉苁蓉成长需要 3 年，所以投资梭梭林的周期较长。在吴子申的规划中，工厂将把牧民移民到梭梭林，通过种植、养殖，牧民可以出卖自己的农产品，工厂负责收购，从而带动牧民致富。

其实，梭梭和肉苁蓉的种植可以实现双赢：种植保护好梭梭，才能获得肉苁蓉；经营管理好梭梭，肉苁蓉才能优质高产；肉苁蓉的种植和采挖过程还可以给梭梭施肥、浇水。而种植肉苁蓉的经济效益可以促进梭梭天然林的保护、复壮、更新，还可以加快梭梭人工林营造的进度。

“韩国利用竹盐，开发了竹盐牙膏。敖伦布拉格的盐碱植物比比皆是，应该有着更为广阔的市场开发前景。最关键的是，要找到自己的路子，不能光提保护，没有发展利用。”刘恕告诉我。

令刘恕欣慰的是，去年她到敖伦布拉格镇，发现那里的生态恢复得很好，吴子申围起来的 50 万亩梭梭林得到了良好的保护……

在流水侵蚀、溶蚀、重力崩塌、风力等的综合作用下，这里的丹霞地貌极具观赏性。

日出时分，作者雷东军在楼兰遗址考察。（摄影/朱振华）

楼兰

探寻西域古道的秘密

在新疆，如果当地人要诅咒一个人，就会说：“把他送进罗布泊吧！”托中央电视台的福，我被送进了罗布泊，最后终于明白了这句话的道理。在这个不毛之地，人是那么渺小，如果离开了必要的食物和水，等待他的只有死路一条。

把我送进罗布泊

在新疆，如果当地人要诅咒一个人，就会说："把他送进罗布泊吧！"托中央电视台的福，我被送进了罗布泊，最后终于明白了这句话的道理。在这个不毛之地，人是那么渺小，如果离开了必要的食物和水，等待他的只有死路一条。

虽然我们并不缺食物和水，但越野车老是掉链子，让我们一颗被荒漠蹂躏得异常脆弱的心始终悬在罗布泊的半空。更要命的是，在 14 辆越野车中，有一大半司机竟然从来没有进过沙漠，毫无沙漠越野经验。许多人是抱着进一趟罗布泊开开眼的想法，没预料到前路的艰险。这还没完，大部分司机居然连必要的修车工具和备胎都没有。这对于连续行驶 1000 多公里，穿越沙漠、戈壁、盐碱地等复杂地形的车辆来说，无异于雪上加霜。

现实总是残酷的。我坐的 2 号车司机老杨最早出事了。从库尔勒出发的第三天，他的车空调管爆裂，不得不折回库尔勒修理，结果忙了一天也没修好。最后，老杨只得半途而废，另一位司机临时"救火"顶替他。后来，就是这位经验丰富的"救火队员"任师傅在车队里发挥了至关重要的作用。老杨本是在库尔勒城里做烟酒生意的老板，进罗布泊是他一生中最大的心愿。临走的那天，这位强悍的黑脸大汉流下了伤心的泪水。一路上，4 号车故障不断，经常莫名其妙地熄火。刘队长的 1 号车也出现了小故障，车里的警报器不停地报警。不仅如此，作为领头车，刘队长倒霉透顶，车胎竟然两次被扎，而且有一次刚换上的车胎差点飞出车身。就这样，我们在荒无人烟的盐碱路上提心吊胆地走着，不知道哪辆车会突然"闹情绪"抛锚。

当我们穿过罗布泊最后那段戈壁、连夜赶到敦煌时，我发现大家已经迫不及待地幻想着泡在浴池里的情景了。

踏上枯寂千年的楼兰古道

"时间过了许久，当流沙洗去了褶皱的牵挂，我的心和肉都已没有了温度，仅仅留下执着的双眼，去照亮那条枯寂了千年的楼兰古道……"这首不知是谁写的诗歌在我心中封存了十几年，如今淹没在漫漫黄沙中的楼兰古道终于向我走来。难得的机会，我们与冯其庸老人一道，踏上了沉睡千年的楼兰古道，去追寻它往日的辉煌与沧桑。

当 100 年前瑞典探险家斯文·赫定发现楼兰后，他一定也像后来的考古学家和历史学家一样迷惑不解：是什么样的人建起了这座城市，又为什么遗弃了它？现在，仍然没有谁能解开这个千古之谜。

“丝绸之路”自古以来最难走的便是楼兰古道。据《大唐西域记》记载，玄奘是从“丝绸之路”南道返回敦煌，继而到达当时的都城长安。楼兰古道是“丝绸之路”南道的必经之道。在玄奘的年代，这条道路便已是一片荒芜，流沙滚滚，行人往来只能以路上的尸骸为标记。而今天，这片沙漠仍是充满神秘和传奇的“死亡之海”。在那个死寂的世界中，不知当年的旅行者经过怎样的艰辛跋涉，沿途留下那么多生命的印迹。

多年以后的今天，楼兰古道的风沙把我的面容刻成了永恒……

汉唐时期著名的丝路古道——楼兰道从人们的视野中已经消失千年。人们至今仍然不清楚，这条古道是何时消失的？它在历史上所起的作用是否真的那样重大？它所经过的楼兰国国都究竟何在？漫漫黄沙掩盖的楼兰道隐藏了太多的历史谜团。为了寻找这条神秘消失的丝路古道，我们考察组一行组成 14 辆车 50 余人的庞大队伍，从新疆库尔勒出发，沿孔雀河南行，踏上了艰苦的寻觅之旅……

楼兰遗址出土的木制文物，被丢弃在荒野中。

千年荒芜楼兰道

尽管被当地人称为“牛头”的丰田车有着非常精湛的沙漠越野性能，而且车里还开启了空调，但坐在里面，我还是感觉到一阵阵的眩晕。车子行驶在起伏剧烈的路面上，就像是大海航行中突遇狂风巨浪的一叶扁舟，一会儿被抛向波涛的顶峰，一会儿又被卷入浪花的谷底。宽大的越野轮胎急速卷起浮土，将其迎面砸向了前风挡玻璃，霎时眼前灰蒙蒙一片，什么都看不见了。在只有一车宽的道路两旁，是一个两米高的雅丹土台，车子仿佛是在狭窄的峡谷中穿行一样。这无疑是一段异常危险、艰苦的旅程。

这时，我们已经进入了被称为“18公里”的路段。过了这个路段，我们就可以抵达楼兰古城了。可是，就是这不长的18公里路程，竟然足足耗费了我们5个小时的时间。

傍晚，闷热干燥的空气似乎要将我们体内仅有的一点水分榨干。之前，我们刚成功穿越了令人生畏的无人区罗布泊湖心，接着，又一举突破了最为艰险的“18公里”路段的考验。这时，大家的神经已经绷到了极限。好在天黑后不久，我们顺利地抵达了楼兰城。

如果说当年的班超、玄奘、马可·波罗也走过这条艰苦的道路，你或许就会理解我们此行的目的。作为汉唐时期中原通向西域的著名丝路古道，楼兰道已被岁月尘封了1000多年，连同史诗般的往事一道，被掩埋在漫漫黄沙之下。我跟随中央电视台“玄奘之路”考察组，驱车千余公里，穿越罗布泊无人区，试图探寻这条西域古道的秘密……

消失千年的神秘古道，曾是繁华的丝路捷径

我站在楼兰古城的标志性建筑——三间房前面。这是没有风的季节，只有白晃晃的太阳直直地射在我的脸上，让我有些刺痛。我戴上墨镜，将太阳帽的帽檐尽可能压低，可仍然无法阻挡紫外线的侵袭。环顾四周，散乱的房梁堆积在地上，这些被风吹蚀了千年的木头干裂后的纹路竟然美丽无比。远处，零星的佛塔矗立在雅丹台地上，孤独地守望着古城的往日荣耀。

而在公元330年的春天，大漠的东北风却来得异常猛烈，裹挟起沙粒，击打在用红柳枝和泥土混合筑成的楼兰城墙上，发出“噼啪”的撞击声。楼兰城外，在把守楼兰道的烽燧里，一名穿着厚厚棉衣的军官缩着脖子，刚刚把要塞里的最后一点银两支付给贩运柴火的楼兰商人。像平时一样，当天文书就把这件事记在木简上，并在落款

写上当时的年号——建兴十八年。

到了公元1901年，瑞典人斯文·赫定在挖掘楼兰遗址时，无意中发现了这片木简。在随后的研究中，木简上的纪年让学者们困惑不已：中国历史上根本没有“建兴十八年”这个年号，西晋“建兴”年号只沿用了四年，即只到316年，而木简上的纪年却多出了14年。这究竟是为什么？

对于这一历史细节，学者们推测：在316年“建兴”年号废弃之前，由楼兰通往内地的“丝绸之路”——楼兰道被沙漠覆盖了。那些被隔绝在沙漠要塞里的可怜士兵，仍然沿用早已废弃的年号，并年复一年地盼望着接替他们的部队到来。

随后的岁月里，这条曾经把丝绸运到罗马、又把佛教典籍传到中原的文明交流之路，被湮没在了漫漫黄沙下。从此，这条沟通东西的丝路南道从中国的史籍中消失得无影无踪。

这条神秘的丝路古道当年承担着什么样的作用？从它上面往来经过的都是哪些人？谁来为这条交通线提供补给和保卫？它因何最终遭到废弃而被黄沙掩埋？多年来，这些疑问一直在困扰着学者们。

那是史诗般的伟大年代。西汉时期，雄心勃勃的汉武大帝不甘心西边匈奴的屡次骚扰，决心打通中原通往西域的交通动脉，遂几次遣兵出征，使匈奴遭受重创。不过，后者仍然保有相当实力，以蒲类海（巴里坤）地区为大本营，牢固地控制着天山北麓和南麓东部地区。如此一来，通往西域最便于通行的伊吾（哈密）路通道形同虚设。这样，处于匈奴势力边缘、距离敦煌最近、能沟通西域南北两道的楼兰地区便成为最后的无奈选择。

在地理学家眼里，楼兰所处的罗布泊洼地是中国最干旱的地区，干燥、高温、少雨、多风沙。春季风沙肆虐，夏季酷热难当，给通行造成极大的困难。在罗布泊地区附近还有大片以白龙堆为代表的盐壳、以龙城为代表的雅丹等特殊地貌，自然环境极为恶劣，往来极其不便。

但是，潜心研究西域历史的中国社科院学者巫新华认为，穿越罗布泊的线路也有不少便利之处。从自然环境看，罗布泊洼地与三陇沙之间是著名的阿奇克谷地，谷地东西长约150公里，南北宽20～30公里。谷地之东，越三陇沙低丘进入疏勒河谷便可抵达敦煌；谷地之西，西北沿孔雀河直通西域腹地，西南则通往塔克拉玛干南部最东端的绿洲若羌。这是一条连接内地与西域最边界的天然通道。再者，阿奇克谷地南北两面山麓的地下潜流渗入谷地，地下水位较高，有些地方有泉水出露，存在一定的水草条件，便于人们利用。过了罗布泊北岸以后，又有楼兰地区作为中继站。楼兰地区是塔里木盆地东端的十字路口，由此向北、西、南可以通向西域全境。从历史背景看，楼兰国弱，西汉也容易控制。另外，这里水源充足，便于屯垦戍守、保护交通线，故楼兰道具备成为主要交通干线的条件。

正因如此，为了开辟和保护这条丝路，汉朝可谓苦心经营，从敦煌西至盐泽修筑了众多障塞亭燧，并在重要地点建立了屯田据点。

楼兰遗址那些风化的木头，仿佛在向后人诉说着无尽的往事。

选择楼兰道，在当时来说，只能说是一种下下策

选择楼兰道，在当时来说，只能说是一种下下策。瑞典考古学家贝格曼认为，当那项横贯大陆的贸易开始时，匈奴封锁了沿天山东部更易通行的路线，于是中原人只好选择了一条更靠南的路线。为了使这片沙漠地区易于跨越，在楼兰东北方向分布着一些补给站，使得旅行者能够及时得到给养。只有当地的楼兰人才能够充当补给站的角色，他们同时也充任向导。不过，楼兰人明显地滥用了这一地位，并与匈奴一起抢劫过往的商队。这类事件在史书中已有记载，它们导致了汉朝采取极端手段对付楼兰人。

经过多年的努力，特别是在张骞通西域之后，这条交通线路上开始“使者相望于道”。当时的楼兰城一年中接待的往来使团商队，多的可达 2000 多人，少的也有五六百人。《汉书·西域传》曾这样记述：楼兰国“常主发导，负水担粮，送迎汉使”。楼兰国人在“丝绸之路”上常常要为东西来往的各国使团商队解决粮食和清水供应，而且还要为他们派出向导，提供牛、马、骆驼等运输工具，甚至还要派出士兵和百姓，为使者们守卫安全和提供劳役。可以毫不夸张地说，古楼兰在早期开辟的“丝绸之路”上占有举足轻重的地位，是“丝绸之路”上的一个重镇，正是由于它的存在才保证了这条交通线路的畅通。

商旅的往来促使楼兰繁荣起来，其中中原的丝绸更是在此大放异彩。西方商人来此购买丝绸，满城的丝绸生意红红火火，可谓“开城丝绸涌，闭市绢锦惊”。相传罗马大帝恺撒穿了一件中国丝绸袍到剧院看戏，引起全场人的轰动和羡慕。而罗马贵族少女经过亲身体验，认为只有穿戴中国的丝绸才能显示出自己的美丽。西方人能够享受到华丽的丝绸，自然离不开楼兰道作出的贡献。

不过，不知何时开始，这条曾经风光无限的丝路古道悄悄地退出了历史舞台，中国的史籍竟然对此毫无记载。于是，多年来，这条神秘的楼兰古道不断吸引着后人探寻的目光。

1914 年，英国探险家奥雷尔·斯坦因成功地探察了这条古道从古玉门关（位于敦煌西北）至楼兰的路段。经过实地考察，斯坦因认为，由于水和耕地的消失，古楼兰道在 4 世纪前半叶已经变得难以通行了。自从汉武帝为了向西扩展影响力而开通楼兰道之后，它已持续沿用了 450 年。但是，由于 1 世纪初开通了那条《魏略》里所说的“北新道”（通往天山东部，并且可能通往哈密附近），古楼兰道的重要性显然大不如前了。甚至早在它最终关闭之前，中原与西域的联系已经少多了，而且中原王朝对塔里木盆地的政治控制也开始受到干扰或者完全失控。

多次进行实地研究的巫新华认为，由于东汉直接进击东部天山北麓的匈奴，基本

控制了伊吾。随着伊吾路开通，楼兰道的作用开始降低。魏晋时期，曹魏将经楼兰道进入西域的路线称为“西域中道”，较前朝大为重视，并在楼兰城设置西域长史，屯田驻守，统管西域事务。继曹魏之后，西晋和前凉也在楼兰城设置西域长史机构，派驻大量军队，进行大规模屯田，以确保楼兰道畅通。376 年，前秦灭前凉前后，西域长史撤离楼兰城，屯田终止，楼兰城逐渐荒废。隋末关闭大碛路之后，楼兰道正式退出历史舞台。

事实果真如此？假如情况如上述分析的那样，我们仍然无法确定楼兰道最终被废弃的准确年代。况且，就算由于中原王朝的控制力减弱或气候的变化，民间往来的商旅会主动放弃这条便捷的通道吗？毕竟，历史已经证明这条道路的重大作用。

即便中原王朝的影响力减弱，古道的重要性也未降低。

在我们的车队抵达罗布泊湖心之前，一辆车又出现了抛锚。我们行走在古老的罗布泊湖盆上，脚下的道路是车辆经过不断压实之后的车辙，坑坑洼洼，颠簸难行。抬头远望，一马平川的盐碱地覆盖着一层厚厚的盐粒，一眼望不到边。由于在强烈阳光的曝晒下，地表的土质发硬，形成了爆裂的盐壳地，其外形酷似一片片的鱼鳞，所以又叫“鱼鳞地”。

可以想象，如果没有坚实的后勤保障，谁贸然进入这块无人区，迎接他的就只有死路一条。以此观之，我们确实很难想象古人是如何仅以牲畜为交通工具，穿越这一死亡地带的。

1914 年，斯坦因沿着楼兰古道来到楼兰时，其间也穿过了宽广的结着盐壳的海床。当看到坚硬、起皱的盐壳覆盖干涸的古罗布泊湖盆时，他惊叹不已。在著述里，他描写道，中国通往楼兰的古道就从此干海床穿过或绕过。郦道元对此的描述完全准确：“地广千里，皆为盐而刚坚也。行人所迳，畜产皆布毡卧之。掘发其下，有大盐，方如巨枕。以次相累，类雾起云浮，寡见星日。少禽，多鬼怪。”

在这种地貌条件下，我们几乎很难寻找到楼兰古道的真实走向。不过，借助于过去的文献记载，我们大致可以窥见楼兰道的一些本来面目。

对当年楼兰道的走向，有关史籍作了如下描述：从敦煌西面的玉门关、阳关越三陇沙，过阿奇克谷地和白龙堆，经土垠遗址（西汉居卢仓）或楼兰古城，沿孔雀河岸与西域中道相连，或经 LK 遗址前往鄯善国与西域南道相连的交通路线。整个西汉时期，由于匈奴一直游弋于天山地区，人们无法经过伊吾、车师（吐鲁番）前往天山南北麓地区，所以楼兰道始终是西汉通西域的唯一交通干线。

对此，《魏略》也有记载：“从玉门关西出，发都护井，回三陇沙北头，经居卢仓，从沙西井转西北，过龙堆，到故楼兰，转西诣龟兹，至葱岭，为中道。”斯坦因认为“中道”正是人们所说的楼兰道。因为它明确提到了楼兰遗址，几乎与发现于那里的文书属于同一时期，被称为“故楼兰”；它还详细描述了从“玉门”和“长城”最西延伸部分到楼兰遗址这条沙漠路线上的一些主要路段。

毫无疑问，楼兰古道的重要性受到当时中原王朝对西域控制力的直接影响。自东晋（317 ~ 419 年）至 7 世纪初唐朝建立，中原王朝在中亚地区的影响力逐渐衰退，这反映在中国正史中完全没有对连接中原与西域道路的记载。好在还有中原僧人玄奘前往印度取经这一伟大事件，在一定程度上填补了这段空白。

645 年冬天，这位中国最了不起的僧人从印度回国时，走过从米兰到敦煌的那条沙漠道路。遗憾的是，在玄奘的旅行记《大唐西域记》中，只记载到他抵达纳缚波（楼兰）境内。但是，从他的门徒慧立和彦琮为他写的传记中可以看到，玄奘事实上是在穿越了罗布泊至敦煌的沙漠之后才完成他最后的一段旅行。有趣的是，玄奘在和田收到了唐太宗回复他回国请求的信，这封信明白无误地指示敦煌行政长官引导他穿越满是流动沙丘的沙漠。

因此，一些考古专家如斯坦因等认为，这条连接敦煌与罗布泊地区的沙漠之路，在唐朝极有可能仍在使用。

这一观点也可以在米兰的吐蕃戍堡得到佐证。8 世纪末前后，当中原王朝的政治影响在塔里木盆地完全消失之后，敦煌至罗布泊地区道路的重要性并未降低。从后晋到北宋末年（936 ~ 1126 年），中国正史里还有和田使节朝见中原王朝的记载。这似乎证明，楼兰和敦煌之间的道路在唐朝之后很可能仍在使用，至少是在时断时续地使用。

当文献中再次出现楼兰古道的记载，已是一个半世纪之后的事了。1273 年前后，马可・波罗踏上古道后，对穿越沙漠旅行有如下描述：“凡行人渡此沙漠者，必息于此城一星期，以解人畜之渴。已而预备一月之粮秣，出此城后，进入沙漠。”

人们难以相信，长年在塔里木盆地过着游牧生活的猎人和牧民，也就是罗布泊人的祖先，会完全忘却这条穿越沙漠前往敦煌的近道。同样，这样一条道路也不会逃脱向往西域贸易的中原人的注意。从敦煌来的中原骆驼队冬天偶尔经过这条沙漠之路来到这里，用铁器等物品换取罗布泊地区盛产的各种干鱼。

但是，即使这种偶尔的交通行为到 19 世纪 60 年代初也已中断，这条古老的商路似乎已经走到生命的尽头，完全被人们遗忘了，只是从口头传说和史籍中才能找到它的影子。到了 1891 年前后，重新控制西域的清政府出于战略和商业原因的考虑，急于开发南部绿洲，打开最便利的通道，于是这条沙漠的古道才重新被人们重视起来。

此后的两年时间里，运气不佳的法国旅行家约瑟夫・马丁从敦煌出发，踏上了这条古代沙漠之路。随后在回国途中，他死在了马尔吉兰（今乌兹别克东部）。他是目前所知的继马可・波罗之后，第一位穿越罗布泊沙漠的欧洲人。

“庞贝城”里的文书，隐藏了多少旷世之谜？

那是一个热衷地理大发现的史诗般的年代，一群痴迷亚洲探宝的欧洲人不知疲倦地奔波在中国西域的腹地，试图获得足以引发世界震动的新宝藏。斯文·赫定、斯坦因、贝格曼、橘瑞超、兰登·华尔纳、勒柯克这些人犹如走马灯一样，将一件件价值连城的文物从西域运往世界各地。其中处于丝路古道上的楼兰城成为他们重点洗劫的地方。

对于大多数人来说，“楼兰”只是一个虚无缥缈的名词，遥远得不可触摸。即使站在楼兰古城遗址面前，我仍然无法捕捉这里发生的历史片段：1600 多年前的一天清晨，红彤彤的太阳才刚刚升上天际，楼兰城里一条古老的街巷已经开始变得熙熙攘攘。来自罗马的商人托蒂悠闲地逛起了临街的店铺。在这里，他吃惊地看到来自中原的丝绸、漆器、铜镜、瓷器等货物堆满了临街的路面，而来自长安、贵霜、安息、大宛、康居等国的使者、客商则耐心地挑选着自己中意的商品；同样，从西方运过来的玻璃、毛织品、香料等货品吸引了中原商人的注意力。大街上随处可见许多人牵着驮满货物的骆驼或马，招摇过市。

楼兰国是古代中国西域的一个小国，距今已有 2000 多年的历史。在《史记·大宛列传》中曾记载：“楼兰，姑师邑有城郭，临盐泽。”楼兰、姑师均是古代西域地区的两个小国，均有城市，临近盐泽，汉朝的“盐泽”即今天的罗布泊。

楼兰遗址墓葬里的壁画，仍然保留着艳丽的色彩。

在古代“丝绸之路”上，当时的楼兰显然是一座举足轻重的城镇，国中曾有 1 万多人，一度曾是东西方往来使节和商旅停留歇息的繁华之地。如果楼兰古道上没有了楼兰国的存在，来往的商旅过客不知要如何度过漫长的沙漠之旅。

令人迷惑不解的是，在活跃了几个世纪后，一个人口集中、来往商旅频繁的城镇竟在史书中消失不见了，其所在地区竟也沦为荒漠，成为行人的禁区。千百年来，楼兰国到哪里去了？

1901 年 3 月 3 日，在死亡禁区罗布泊荒原做测量的斯文・赫定偶然发现了一座高达八九米的土堆。等他意识到那个突兀的土堆不是千年强风“雕琢”成的雅丹，而是一尊印度犍陀罗风格的佛塔时，他惊诧不已。在佛塔附近，一块块梁柱零乱地散落在地面上，上面雕刻着极为精巧的涡卷纹的树叶，斯文・赫定突然感觉自己的血液凝固起来。这里就是被誉为“沙漠中的庞贝城”的楼兰城。从此，这座被人们遗忘了 1000 多年的古城终于重现于世。公元前 267 年，当楼兰古城沐浴在光荣和伟大的氛围中时，许多地区还陷在一片攻伐之中。

那些关于楼兰的往事，透过出土的各种文物在人们的印象中逐渐清晰起来，特别是大量文书的涌现，更令人激动不已。难怪德国中亚文字专家康拉德曾说，出土的楼兰文书是一种叙事的诗，是用世界历史的重大、狂暴、黑暗的背景描写的世情画。

对此，斯文・赫定简直敬佩得五体投地：“我想到我们瑞典国内北欧的古字石刻，没有一块像我在楼兰寻着的脆木板和纸片那样年代久远。”在斯文・赫定发现它们之前，这些纸片已经在荒漠里沉睡了 1600 多年。

事实上，中国是在公元前 105 年发明的造纸术，而楼兰的那些文字则是公元前 150 年至 220 年间所写，因此是现今最古老的纸张，也是最古老的纸上文字，比欧洲人最初所写的文字至少早 700 年。

就是这些文件和信札，在过去的某段时间里，与斯文・赫定的西域探险之旅发生了奇妙的联系。

从挖掘出的文书和物品中，斯文・赫定大致还原了楼兰当年的风貌：城中有官方的仓库，而且还有一家客店、一所医院、一个驿站、一座庙宇，偏僻的房屋和茅舍则为贫民所居住。在较好的房屋地面上铺着芦席，上面还有贵重的地毯。院子里放着盛水的大瓦缸。人们还使用画着波斯式狮头的碗碟和叙利亚（当时最邻近的能造玻璃的国家）出产的玻璃杯。

也就是说，楼兰国的城市建筑已初具规模，一些居民区的遗址规模很大，在这里发现的一批丝、毛织物，从其图案花纹的织造和色彩的艳丽华贵看，均为罕见的珍品。

这样一个繁荣的都市，究竟是否是楼兰的国都，目前还存在诸多疑义。新疆考古专家王炳华对此持肯定态度。

暴热的太阳依然有着可怕的杀伤力。王炳华带领我们一行，来到楼兰城遗址内的一处断层前。他指着暴露的断层面说："这里是一个西汉文化层，位于东汉魏晋层的下面。由于西汉时期楼兰迁都，要找到大型的西汉遗址不太可能，只能通过一些人类活动的踪迹来找到证据。这里的西汉文化层，有骆驼粪、动物骨头、烧炭、草料等，表明有人类活动。以此判断这里是西汉楼兰的国都在逻辑上是可行的。如果因为没有找到楼兰国都时期的文物，就否定楼兰国都的存在，是很牵强的。我认为，我们所在的楼兰遗址不仅是汉魏时期西域长史府的故址，也是楼兰王的都城。"

关于楼兰城是否为楼兰国都，在学术界一直存在较大分歧。

反对者最大的理由是：既然这里是西汉时期的楼兰国都，应该就有西汉时期的文化遗存，而现存的遗迹都是东汉魏晋时期的。这个矛盾如何解决？现在在东汉魏晋时期的遗迹下面发现的厚 80 厘米、长 3 米的文化层，无疑增强了楼兰城是楼兰国都的说服力。而贝格曼等人认为，楼兰王国的都城在公元前 77 年已自罗布泊沙漠北部地区

一座残存的烽燧，已在楼兰遗址守望了上千年。

迁至卡尔克里克（即现在的若羌）。那个旧都城很可能在更大意义上是一座要塞，而不是永久居住地。但是，从另一个角度来看，楼兰城也许在中原军队屯驻之前就是一个主要中心。他们的根据是《魏略》中的一段话。斯坦因则相信该国的都城自始至终都在塔里木盆地的南部。吉尔斯称米兰是楼兰王国的旧都，卡尔克里克则是新都。

现实又是怎样的呢？漫天飞卷的黄沙夹杂着朔风，年复一年，消磨着楼兰城的残垣断壁，连同古道也渐渐湮没在荒野中，似乎并不愿意向人们透露任何信息。

昔日屯田中心，伊循古城今何在？

瘦小的个子、黑黑的面庞、黄色的棒球帽、廉价的黑框墨镜，出现在我们面前的张玉国显得特别忧郁。他操心的是自己的生计。在米兰检查站工作 6 年、守卫着这座闻名天下的古城遗址，他却感觉像是生活在被人们遗忘的角落里。一个月的工资根本满足不了他一家 4 口的基本生活需求。

我们要去寻找伊循古城，找他做向导再合适不过了。一天给他 100 元的劳务费对他来说无异于雪中送炭。

为了守卫楼兰古道，保护这条伟大的贸易之路，抵御匈奴及其天山以北游牧部族的侵袭，汉朝在塔里木盆地进行屯兵，并设立了行政机构。

西汉昭帝元凤四年（公元前 77 年），汉朝派遣使节设计刺杀了亲匈奴的楼兰王，封亲汉的尉屠耆为楼兰王，楼兰迁都，并改国名为鄯善。尉屠耆向汉天子要求说：现在国中有一伊循城，那里气候宜人，土地肥美，请求汉朝派遣官吏士兵在此屯田积谷，这样我可以依赖其威势，以求长久执守王权。汉昭帝听了他的请求后，派遣司马 1 人，率领士兵 40 人到伊循，建立了屯田中心，后又将屯田司马改为伊循都尉。伊循即在今新疆若羌县的米兰地区。

正是屯田士卒的修渠筑坝，使米兰河水灌溉田地，才获得了农业的大丰收，史籍记载是“大田三年，积粟百万”。

现在，由于上游米兰镇的截流灌溉，米兰河早就断流了。只有一些洼地还有残留的积水，吸引成群的黄羊从阿尔金山下来饮水，四处乱窜的野兔子也不少见。

不过，由于风沙的掩盖，伊循古城的具体位置一直不为人所知。这也成了王炳华等考古学者的一块“心病”。在前几年的米兰考察中，他偶然发现了伊循古城的踪迹，但是由于当时天黑，只是留下了一个模糊的印象。这次，他决心联合众多学者一道，重新将这座神秘的屯田旧址找到。

我们沿着米兰河古道，呈一字形散开，分头寻找地面的遗迹信息。脚下是松软的沙石，每走一步都很艰难。这时风逐渐大了起来，细小的尘粒被扬了起来，吹打在脸上。在河谷的台地上，我们发现了很多陶片，以及一个冶炼遗址，当年的炼渣仍然清晰可见，甚至还有人的遗骸。随后，我们还找到了一个古代的窑址，地面有磨盘的碎片。由此断定，这里是古代人类活动比较集中的地方。那么，它究竟是不是伊循古城所在地呢?

由于这里屡遭洗劫，现在能找到的文物已经所剩无几。这对确定伊循古城的位置无疑难上加难，况且多年的风沙堆积，掩盖了地表上很多重要的证据。当年斯坦因雇了 50 峰骆驼，驮走了 200 箱文物。这是米兰历史上永远的伤痛。

汉文帝前元十一年（公元前 169 年），太子家令晁错针对如何改革汉朝的边防政策提出一个奏折，建议采取“屯垦实边”的政策。继晁错之后，汉武帝征和四年（公元前 89 年），又有搜粟都尉桑弘羊向武帝上奏。

桑弘羊在他的建议中明确地提出了“屯垦戍边”的思想，他的建议后来被大将军霍光所采纳。汉昭帝元凤四年（公元前 77 年），霍光派扜弥国太子赖丹为校尉，率领士兵来到轮台（今新疆轮台县境内）屯田。这是汉朝在古代新疆地区最早设置的屯田据点，在此地区曾驻有田卒数百人。屯田所收获的粮食，除供应驻地官兵食用外，还要供给汉朝出使国外的使节和商队。显然，汉朝所设置的屯田据点，不仅是单纯地为了守卫边疆，更主要的是为了维护“丝绸之路”的畅通和进一步开拓边疆。继轮台之后，汉朝又先后沿“丝绸之路”，在古车师地区、古龟兹地区和古莎车地区建立了屯田据点。

罗布泊古楼兰地区的屯田活动，从西汉开始一直延续到东汉和魏晋时期，时间长达五六个世纪，东汉和魏晋时期在此还设有西域长史府。

东汉延光二年（123 年）夏天，东汉王朝派班勇为西域长史，领 500 名士兵，先至柳中地区（今新疆吐鲁番克沁地区）。第二年正月，班勇即至楼兰城。由于班勇在楼兰的活动，鄯善国王也表示归属。

许多专家相信，中原王朝放弃在楼兰所建立的军事要塞，发生在公元 4 世纪的某个时期。从那时开始，由于缺少政府的保护，楼兰古道也逐渐消失不见了。而且古道的兴衰，与屯田活动有着必然的联系。但是，令人不解的是，为什么当中原王朝于 7 世纪中叶以前重新在塔里木盆地获得控制权时，没有尝试重开楼兰道? 事实上，敦煌和天山南麓沿线绿洲间最短的交通线，当然就是楼兰道。

而斯坦因认为，楼兰道的放弃，一定与足够的供水消失这个自然大变迁有关。由于供水的消失，从而使罗布泊沼泽和库鲁克塔格之间曾经的可居地，变成了现在那里所看到的由风蚀土、盐和沙构成的生机全无的荒野。

楼兰道的秘密，只能留待后人发现了。

贵州凯里市西江苗寨是一个典型的苗族聚居村寨，风雨桥是这座苗寨的标志性建筑。

大西南

在我国地势第二级阶梯上翩翩起舞

在我的记忆中，西南似乎是一个遥不可及的地理符号。那里是峰峦叠嶂、绝壁险谷的荒蛮之地，还是江河雄浑、兽奔虫鸣的隐秘之所，抑或是蛮夷世居、刀耕火种的世外桃源？

体验山地自驾

入夜时分，山城重庆早已灯火通明。冬天的夜晚总是来得这般迅速，还没等我睁眼细细打量，这座位于我国西南部、高低错落有致、极具个性的城市已渐渐隐没在一片暗夜之中。

我驾驶一辆四驱越野车，沿着重庆蜿蜒曲折的城市街道，一路忽高忽低地盘旋，宛如在一片密集的城市森林里穿梭，又如在迷宫般的建筑积木中探索跋涉。车流似水，灯火迷离，车内的我似乎与外面喧嚣的都市隔绝，只有发动机的轰鸣声不时提醒我的存在。

临近岁尾，重庆本就是西南有名的时尚之都，街道两旁已布满五彩的霓虹灯，这些绚丽的光影映照在越野车颇显粗犷的五幅直瀑式进气格栅上，与 LED 前大灯相互辉映。寒夜中，汽车的尾气管抛洒下一条条细长的烟雾。突然间，峰回路转，我已来到传说中的朝天门。

在我的记忆中，西南似乎是一个遥不可及的地理符号。那里是峰峦叠嶂、绝壁险谷的荒蛮之地，还是江河雄浑、兽奔虫鸣的隐秘之所，抑或是蛮夷世居、刀耕火种的世外桃源？搜肠刮肚之下，我的脑海中闪现出的与"西南"有关的字样，竟然是成立于全民族抗战期间的西南联大。不过，令人意外的是，这所位于昆明的大学，竟然大师云集，人才辈出，其中包括两位诺贝尔奖获得者——杨振宁、李政道。这无疑令人备感惊奇，所谓的蛮荒与文明，本没有一条截然不可逾越的鸿沟。

其实，西南吸引我的，还有这里的自然景观。人们一般所说的西南地区，是我国七大自然地理分区之一，包括重庆市、四川省、贵州省、云南省、西藏自治区共 5 个省、市、区。其中，四川盆地是该区人口最稠密、交通最便捷、经济最发达的区域。而西藏是西南海拔最高的地区，对于一般人而言，要想去西藏旅行，首先要克服一个现实问题——高山反应，这一道关卡就把很多人挡在去西藏旅行的门外了。特别是对于那些想自驾出行的人而言，要想驾车去西藏，是很有难度的。因此，我这里要说的自驾去大西南，并没有包括西藏在内。而且，由于时间和行程的安排，本次出行也没有将云南包含在内，不得不说是个遗憾。

好在还有四川（川西高原除外，毕竟海拔太高了）、重庆、贵州和湖南（是指湖南的湘西地区，也就是雪峰山以西区域），这些地区对于喜欢自驾的旅行者来说，其实是很舒适的——相比地处我国地势第三级阶梯的东部平原地区，这里属于地势第二级阶梯，海拔虽然比东部地区高，但高得又不太离谱，在 500~2000 米之间，低的地区，如成都平原，海拔不足 1000 米。如果从地貌单位分区的角度看，上述地区可分为四川盆地、鄂渝湘山区、贵州高原这三个大的地貌单元。除了四川盆地之外，基本都是在山区穿行，因此对于像我这样喜欢驾驭操纵感的自驾者而言，到大西南去“画个圈”，还是一件值得期待的事情。

四川盆地变得立体起来

那是12月的一天，我驾车从北京出发时，城市上空仍然笼罩着一层薄薄的轻雾。从大兴上G45大广高速，一路南下，到南六环换G4京港澳高速，然后在河北换G5京昆高速，穿过山西，从河津市向西跨越黄河进入陕西韩城。继续沿京昆高速一直向西南，经过西安，翻越秦岭，过汉中，就进入了有着“天府之国”美誉的四川盆地。

在贵州黔东南苗族侗族自治州，有河流的地方，也往往建有风雨桥。

之前一直跟随我们的雾霾，竟然也就此不见了踪影。

途经西南著名工业城市、有中国“西部硅谷”之称的绵阳，科学城十字路口的“原子之光”雕塑仍然巍然耸立，见证着当年中国原子弹科技的发展。像绵阳这样的一批“三线”工程落户的西南城市，曾为我国的国防事业作出了独特贡献。与四川其他城市一样，绵阳人热情开朗，生活也过得安逸舒适，没事时，就喜欢邀上三五朋友，聚在饭馆里，享受一顿美味的冒菜——一种又被称为麻辣香锅的四川美味。这次到绵阳，冒菜的麻辣鲜爽，很快将我进入四川盆地后积攒的湿冷之气一扫而空了。

从绵阳驱车 120 公里，伴随淅淅沥沥的小雨，我到了成都。这座头戴“亚洲首个国际美食之都、中国最佳旅游城市、中国最具幸福感城市”等众多光环的大都市，也是我心仪已久的地方。我随车流缓缓移动，蓦然回首，一条铺满金黄色银杏落叶的大道让我眼前一亮。北方的银杏早已被初冬的寒风扫落掉满枝的黄叶，而此时的成都竟然还有美丽的树叶“款待”远道而来的客人，怎能不令人惊喜交加呢？

苗族妇女服饰一般都会配上繁复的银器作为装饰。

四川盆地无疑是上天赐予巴蜀人的一块聚宝盆。在这里，物产丰富，气候温和，人们生活也无比惬意舒适，随处可见快乐飞扬。比如，对很多人来说相对陌生的遂宁市，便号称“中国观音文化之乡”。进入遂宁市的龙凤古镇，可以感受到这里美丽的自然生态景观和沉积千年的文化底蕴。这座古西汉妙庄王城，也被誉为“一座千年的兴宁古都、一段永恒的龙凤良缘、一个美丽的妙善传奇、一方吉祥的观音圣地”，给人带来一份自在闲适、安逸和谐。临街售卖的当地特色美食——观音素麻花、姜糖等，也给我留下了无穷的回味。

带着观音圣地的美好祝福，我在掌灯时分悄悄潜入重庆，出现了本文开篇的场景。随后，我来到重庆的一个地标码头——朝天门。朝天门位于嘉陵江与长江交汇处，是重庆最大的水路客运码头。据说南宋偏安临安（今杭州）后，时有钦差自长江经该码头传圣旨，所以才有了朝天门这个名字。在古代，朝天门可是“迎官接圣”的地方，上级有重要官员来重庆，或者皇帝有圣旨、诏谕到重庆，都要在朝天门码头靠岸，而地方官员则早就候在朝天门码头迎接了。

此时的朝天门，仿佛是卸妆的美妇，不施粉黛，素面朝天，没有了白天的喧嚣，只有几个闲散的游人在江边漫步，而白天忙碌的著名“棒棒军”，此刻也没了踪影。一些摆摊卖水果的小贩仍在坚持，期盼着顾客的垂青。江面上，一艘艘打扮得华丽耀眼的游船来回游曳穿梭，将一江寒冷的冬水映照得彩光粼粼。一只只孔明灯从远处现代化的重庆大剧院上腾空而起，忽明忽暗，越升越高，化作了天空中一颗颗闪亮的“繁星”。

离开重庆的第二天清晨，我突然想起那首朴素的《山城棒棒军》歌曲：“高高的朝天门，挂着棒棒的梦哦……日子在棒棒上梭，有盐有味有盐有味不寂寞……”

“美得令人心痛”的地方还有很多

出重庆，沿着 G75 高速，一路往南，到贵阳北，但去往凯里的 G60 高速的入口封闭了。封闭处，一男一女两位当地人在地上生了一堆火，原来他们是在这里一边烤火，一边“守株待兔”，等待着找不到去凯里的司机向他们求助。还没等我们开口，那位烤火的妇女就冲到我们车前开始了游说：“去凯里的高速封闭半年了，你们自己找路的话，至少要多绕 100 多公里，我们给你们带路，只要多走 20 多公里。”天下当然没有免费的午餐，于是我直截了当地问：“您开个价吧！”“50 块。”“成交！”

女人的搭档——烤火男子上了我们的车，而女人继续坐在火堆旁等候下一个主顾。果然，这位男子很有经验，告诉我们，所有的车只有上了贵阳市的东二环，车上的

贵州凯里市西江苗寨的歌舞表演，成为吸引旅游者的招牌项目。

GPS 才能正确地导出去凯里的路。但很多司机往往在此之前，会一味地跟随导航的方向走，结果就会出错。过了东二环，进入 G75 高速，然后再转入 G60，一路往东，终于在晚上 6 时赶到凯里西收费站。出了收费站，一抬头，就看见路旁的巨幅广告牌，上面写着三个大字——酸汤鱼，我知道，凯里市就要到了。

就像很多中国城市一样，凯里市也变得越来越现代化，街道上车水马龙，随处可见的高楼如雨后春笋般冒了出来。只有在离市区 35 公里远的西江千户苗寨，才让我找回了昔日苗寨的荣光与梦想。

一路上，山峰叠翠，梯田连着山寨，一幅炊烟袅袅、原野牧歌的美妙景象。遗憾的是，由于是在冬季，梯田已经干涸，见不到十里稻花飘香的美丽画面了。

看到公路旁一座苗寨的吊脚楼建筑鳞次栉比，气势恢宏，我忍不住从大路拐向小路，进入苗寨一探究竟。这条小路坑坑洼洼、布满石子，我将车内的越野模式多功能选择旋钮调到“碎石路面”，车子的行驶状况马上得到改观，很平稳地通过了这段崎岖的山路。

一直以来，西江苗寨人口众多，良田稀少。为了既不占用良田又能建造更多的房屋，苗族人发挥聪明才智，房屋依山而建，筑以木质吊脚楼，鳞次栉比，错落有方。底层用于存放生产工具、关养家禽与牲畜、储存肥料或用作厕所。第二层用作客厅、堂屋、卧室和厨房，堂屋外侧建有独特的“美人靠”，主要用于乘凉、刺绣和休息，成为苗族建筑的一大特色。第三层用于存放谷物、饲料等生产生活物资。

除了吊脚楼，风雨桥也是西江千户苗寨的重要建筑之一。出于改善村寨风水条件和方便居民生活的考虑，多数苗寨都建有风雨桥，以关风蓄气和挡风遮雨。由于以前风雨桥属全木式结构，容易被大水冲垮，现在修建的风雨桥大都采用水泥和木材的混合结构，使得桥的坚实性和抵御洪水能力大大增强。

西江千户苗寨由十余个依山而建的自然村寨相连成片，是目前中国乃至全世界最大的苗族聚居村寨。这里属于典型的河谷盆地，清澈见底的白水河穿寨而过。千百年来，苗族人在这里日出而作、日落而息，开辟出了大片梯田。

到了这里，还有一个重要环节不容错过，就是在大广场上欣赏苗族姑娘、小伙们的歌舞表演。华丽多姿的服饰、欢快激昂的歌舞、原生态的苗族古歌演唱，这是一场盛大的苗族狂欢派对，让我对这个古老的民族有了更进一步的认识。

离开西江千户苗寨时，不经意间，在村寨的路边，我发现立着一块石碑，上面书写着余秋雨到黔东南考察手记中的一句话，“以美丽回答一切”。他对这里的苗族女孩不吝赞美之词：“西江苗寨女孩子美得端正朗润，反而更接近中华文明的主流淑女形象。如果不是那套银饰叮当的民族服装，她们的容貌，似乎刚从长安梨园或扬州豪宅中走出。”

我们从西江千户苗寨所在的雷山县往北，通过一条正在修建的土路，驶上 G60 高

沈从文笔下的湖南湘西沅江，曾给很多人留下了美好的记忆。

速，一路向东。仍然是崇山峻岭，不停地从隧道钻进钻出，一路的美景也从没有停歇。过湖南怀化市，向北到吉首市，匆匆浏览著名的乾州古城和矮寨公路奇观，此时，湖南著名的一条河流——沅江，就在路旁与我们相伴。它犹如一条碧绿的丝带，缠绕在湘西的丘陵山壑之间，跟随我们一直来到沅陵和桃源。

在沈从文笔下，沅陵是“美得令人心痛”的地方。而桃源自不必多言，东晋诗人陶渊明的《桃花源记》早已让它声名远播。我们自沅水一路奔驰，待到桃花源景区，这块被誉为“仙源乐土”的胜地，确如“两岸青山如画，江中碧水如缎”的描述。只可惜冬季里不见了漫山遍野的艳丽桃花，只好留下最大的遗憾就此与桃花源别过。此后，我们一路向北，以 10 天穿越 10 个省市、行使 6000 公里的行程，结束了本次大西南的“画圈”之旅。

一道罕见的双彩虹，横跨在圆明园标志性的废墟——大水法遗址上空。

圆明园

被洗劫和散失的遗产

圆明园曾容纳了“物质世界所能创造的最精美、最罕有的东西”，集风景、建筑、艺术品、古籍等无价之宝于一身，却在英法联军的肆意掠夺焚毁后，惨遭灭顶之灾。典藏其间的大清帝国皇帝150年间搜罗的不计其数的无价珍宝、典籍和艺术品，命运多舛，至今仍凄然遗落海外……

当英法联军误打误撞地走进圆明园后，他们惊喜地发现了一个东方版的“一千零一夜”宝库，里面的奇珍异宝就此遭到他们大肆抢掠、焚毁。

1860 年 10 月 6 日，英法联军向圆明园挺进。晚上 7 时左右，当法军最先到达圆明园时，英军却由于迷路不知了去向。

法军眼前是一条铺着花岗岩石板、修整得十分漂亮的宽阔大道，穿过海淀村，直达圆明园。走过那座横跨运河的壮观大桥，来到了一条林荫大道。大道的一边，一个个园林和清朝大员的私人府邸庭院交相掩映，另一边，高大的柳树排列成行。

再往前，大路两旁各有一大片池塘。随队的阿尔芒医生称：“它们相当于凡尔赛宫的瑞士人水池的四倍；而林荫道通向圆明园大门，门前有个很大的广场，四周都是榆树和拒马。”

10 月 6 日晚，圆明园这座大清国皇帝的正式宫苑，几乎未遇抵抗就被法军占领了。

“中国奇观”

第二天一大早，法军首领蒙托邦就到圆明园去了。在这首次视察中，他们一行人参观了“华丽得难以用语言形容的一个连着一个的宫室”。惊叹不已的蒙托邦于 10 月 8 日给朗东元帅的信中说道：“在我们欧洲，没有任何东西能与这样的豪华相比拟。我无法用几句话向您描绘如此壮观的景象，尤其那么多的珍稀瑰宝使我眼花缭乱。”

蒙托邦始终处于惊叹之中，随后他在给陆军部大臣的信中写道：“难以计数的壮丽豪华建筑一座连着一座，绵延 16 公里之远，这就是人们常说的皇帝夏宫。园内有很多寺塔，里面供奉着各种各样金的、银的和铜的巨大神像。比如，仅一尊青铜大佛就高达 70 来法尺，而其余的一切也都如此。花园湖泊，星罗棋布；一座座白色大理石建筑物以琉璃瓦盖顶，五颜六色，熠熠生辉，里面有数世纪来堆藏着的各种奇珍异宝。”

对于夏宫这一“中国奇观”，海军上尉巴吕也有简要的描述：“按照东方君王的习惯，在皇帝居所附近，都要建有库房，以储藏丝绸、裘皮、粮食等用品，以及皇家卫队所需的各种物品；而这里的八旗禁卫军不下万人。它绝对地震撼人心！确切地说，法国所有的王室城堡都顶不上一个圆明园。”

保罗·瓦兰（杜潘）上校是蒙托邦任命的法方在战利品委员会的代表，让我们听听他的叙述：“巡视者穿过一个庭院，只见前面有一平行四边形的建筑物，他们沿着宽大的汉白玉阶梯拾级而上，进入一宽阔的大殿。大殿深处放着一个其大无比的乌木宝座，雕以镂空花图案，做工精细绝伦。登上宝座还要经过几个台阶，台阶两旁摆着一排景泰蓝香炉以及上了釉的巨大瓷坛，上边绘有各类飞禽走兽。左边整整一面墙挂着一幅大丝绸画，上面画的是皇家宫殿景观。在殿内四周的搁架上，摆放着数不尽的雕瓶、景泰蓝、彩釉瓶，所有的东西都大得出奇，精美绝伦；还有一卷卷的轴画，那是以中国人特有的细心、耐性和精密性绘制的，那是他们的秘诀。此外，还有一些书籍，留有许多皇帝的御笔亲题笔迹，用中国红雕漆装饰装订成册，盛在精工制作的书匣中。”

他在与这个宝殿毗邻的那些配殿里又发现了稀奇绝妙的东西：“到处都是装饰着宝石的金银器，嵌着密密麻麻的金银丝图案的刀剑，镶着绿松石和珍珠的金银托架，还有纯金的偶像，用天然珍珠串制成的花果、树木盆景，用各种最珍稀的材料混合绞制而成的小殿阁。真是洋洋大观，令人目不暇接，大饱眼福！”

他还谈到一件事：一名军官用蜡烛照明，发现了一个昏暗的殿堂：“当时他眼前突然出现一个极为精彩的场面！殿的左右两侧各立着一装饰绝妙的祭坛，祭坛上和旁边摆着精雕细刻、镶嵌着珍珠宝石的香炉、烛台和纯金制作的大花瓶。其中一个祭坛中央有一金质遗骸盒，镶嵌着绿松石，因年代久远而泛着绿锈。盒里装着一尊黑石偶像，头部是动物——狼或者狐狸——的脑袋。盒上写有汉、蒙、满、藏四种文字，说明那是一个大军事头领献给某个死去千年的皇帝之物。遗骸盒左右两边各有一个圣杯状的人头骨，莹莹烁烁地闪着宝石光……”这是皇帝个人的祭拜堂。

最后，他还提到，在一个著名的欧式宫殿，即乾隆年间由郎世宁和蒋友仁神父主持建造的西洋楼，仍隐约可见挂过的壁毯残迹：

“在这些宫殿中，有一个殿是按照路易十五时代风格建造的，好些房间饰满了巴黎戈布兰花毯厂生产的带有法国徽章的花毯；这些戈布兰花毯是 1767 年法国王室送给乾隆皇帝装饰欧式宫殿用的。墙上挂着亭亭玉立的法国宫廷美女全身像，下方还有她们的名字。但是，花毯和画作都已破损、撕裂，好像是被遗弃很久了。”

再远处，有一座很大的宝塔，塔上有许许多多小塔，宝塔内摆满了奢

圆明园流失的景泰蓝壶。（供图 / 刘鹏）

华的祭品。里面还存放着一件精美华丽的铠甲，头盔上镶有一颗像鸽蛋那么大的珍珠。曾经有那么一件铠甲送给了法国皇帝，但没有珍珠，在路上丢失了……

这个宝塔对面有个殿，已经改作库房。里面的丝绸布料和丝绒绸缎衣袍不计其数，衣袍上面均用金丝线挖花织制，且镶有五爪龙，那是皇帝的专有标志。然后是皇帝嫔妃的后宫，坐落在一个大湖的湖边。

明火执仗地抢掠

10 月 7 日中午时分，英军到达圆明园。很快，英法联军出现了一个棘手问题，就是怎么处理夏宫里的所有财宝？

作为法国方面的“殷勤之举”，蒙托邦执意要亲自为英国女王挑选一件礼物，于是看中了大清皇帝镶金绿宝石的“如意”（他们误以为是西方那样的“权杖”）。后来又发现另一支一模一样的，额尔金决定把它回赠给法国皇帝。

双方最高指挥官决定，战利品“也由两支军队”对半瓜分。为此，他们任命了一个混合委员会，由双方各出一位上校和两位军官来组成。法方三人是杜潘上校、福斯特和科尔斯上尉，英方由弗利上校负责。战利品委员会的任务是“挑选出最好的物品送给法国皇帝陛下和英国女王陛下”，同时把那些最珍贵的物品保管起来，以后由联军双方平分。这项工作一直持续到晚上。但据杜潘所说，许多贵重物品已经不翼而飞了。

巴吕回忆说：“第一批进入圆明园的人以为是到了一座博物馆，而不是什么居住场所。因为摆在架子上的那些东方玉器、金器、银器，还有漆器，不论是材料还是造型都是那么珍稀罕见，那简直就像欧洲的博物馆。出于一种习惯上的谨慎，大家首先是仔细观察。那些东西摆得那么井然有序，使你觉得只能看，不能动。还是有人经不住诱惑，就先动手了，魔法破除了。”

下令火烧圆明园的英国人额尔金。（供图/刘鹏）

20 岁的莫里斯·伊里松（后来的埃里松伯爵）对法国人和英国人的抢掠方式加以比较发现：法国人毫无章法，甚至是一种无政府状态；而英国人则是有组织有安排，有条不紊。

“法国人堂而皇之地抢，而且都是单个行动。英国人比较有条理，他们能很快明白应该怎么抢，而且干得很专业。他们都是整班行动，有些人还拿着口袋，都有士官指挥。有个难以置信，但又是千真万确的细节，就是那些士官都带着试金石。见鬼！他们是从哪儿弄到的试金石？”

欧洲人更多的是搜罗宝石和贵金属、金子和银子。军官们特别感兴趣的是有可能在巴黎和伦敦高价出手的“奇货”。而衣物、丝绸和皮货，还有各种首饰，对英军中的印度籍士兵最有吸引力。抢掠者对瓷器感兴趣的不多，因为那种东西易碎。有心垂顾稀世画卷的人就更少了。

埃里松以一个普通目击者的身份目睹了对圆明园宫殿的抢劫行动，他把此称为“印度大麻吸食者的幻梦”：

“面对那奇特的景象，我真是大开眼界，忘都忘不了。人头攒动，肤色不一，类型各异；那是世界人种的大杂烩，他们一窝蜂地向大堆大堆的金银财宝扑去；他们用世界上各种语言喊叫着。”他描写那些士兵，“一些人埋头在皇后那一个个上了红漆的首饰匣里翻找；另一些人几乎淹没在丝绸和锦缎堆里；有些人胸前挂满大珍珠串，把那些红宝石、蓝宝石、珍珠、水晶石往衣袋、内衣、军帽里满揣满掖。还有些人抱着座钟、挂钟往外走；工程兵带着斧头，他们为了把镶嵌在家具上的宝石取出来，就挥斧把家具劈开。还有那么一个人，看见一个漂亮的路易十五时代的座钟，因为表盘上的时间数字是水晶石的，他以为那是钻石，就把那表盘敲了下来拿走。时不时有人呼叫：‘救火！’人们慌忙赶过去，东西掉得满地都是，火舌吞噬着宫殿的豪华内壁，大家用丝绸、绸缎床垫和皮货压熄火焰，那真是一场印度大麻吸食者的幻梦”。

夜幕降临时，埃里松回到营房。他遇见一些士兵，个个都满载着战利品，从银质锅到天体望远镜，还有六分仪，五花八门，其实他们肯定带不走这些东西。

埃里松还把士兵分成两类：精明的（少数）和大小孩（大多数）。第一类人主要是偷偷地拿走首饰、现金、古钱币、糖果盒、鼻烟盒、成套的金质餐具、珍珠项链。其他那些人则被英国人慷慨地扔给他们的、欧洲产的诸如挂钟和自动机械物件之类东西所吸引。

很多年以后，埃里松带着他的孙女到凡尔赛的大特里阿农庭园散步，他非常无意地把一堆小枯树枝点燃，这时，突然过来一个怒气冲冲的看护人。

埃里松注意到那人戴着一枚“远征中国勋章”，他就是那个没运气的炮手迪博斯克拉尔。这个老实人还记得与蒙托邦在一起的情景。他说后悔当时把自己的钱财扔掉了。他的一个炮兵战友从中国弄回来价值 30 万法郎的宝石和珍珠，那人现在在歇尔省有一座很大的庄园……

第二天，10 月 8 日，抢掠又开始了，而且变本加厉，大概持续了 48 小时。

作为西洋楼景区的一部分，大水法遗址已成为圆明园遗址的一个地标。

大破坏

乔治·凯鲁莱是葛罗男爵领导的使馆外交官，他因职务的关系而不能去搞这种大捞特捞的事，对此他遗憾不已。他在北京安顿下来，就跑到法军军营去拜访他的朋友，观看他们抢来的珍宝："他们个个都是一副诡秘的样子，跟我们讲他们在中国的'阿拉丁神宫'搞到了相当于十几万法郎的东西。张口闭口就是几百万、金条、绿宝石、珍珠、景泰蓝、玉器。那些当兵的为眼下抢来的东西而发愁，巴不得把它们都卖掉，卖给我们这些没法去发财的人。而我们呢，只能花钱去买军队不屑要的那些东西。"

10 月 8 日下午，大洗劫还在继续，阿尔芒·吕西向他父亲这样描述当时文物遭破坏的场面："我找到皇家的家具库房，我们的士兵正在那里抢东西，那场面很特别，令人遗憾又感到滑稽可笑。东西几乎完全被砸碎，这是士兵们奇怪的乐趣之一，他们在挑选东西时表现出极为荒唐的癖好。有几个很漂亮的景泰蓝，我给护了下来。但是如何处置呢？我还看见一些非常精致的瓷器被摔得粉碎；还有些很古老的漆器、碎纹瓷、象牙制品、玉器，被砸得碎片满地；有些人拿彩釉花瓶当球耍。看了真叫人难受，为那些东西感到惋惜！再远处是一座丝绸库房，我回去给你看看从地上拾起来的四块货样。齐脚踝深的制作精美、用金线挖花织制的绸缎堆了满满三个大院子，奇光异彩，华美绚丽，令人难忘。然而，有人用每米值五个多金路易的锦缎当包袱布用，把他们抢来的小玩意儿包起来！"

对那"别具一格的"景象，保罗·瓦兰多有描写："法军

圆明园流失的金塔。（供图 / 刘鹏）

宿营地出现人们所能想象的最奇特最热闹的景象。帐里帐外堆满各式各样的珍稀物品……后来，气恼时，就把那些带不走的东西砸碎、撕烂或者弄脏。各处都是些豪华家具、丝绸，以及皇帝嫔妃们的那些以金丝线绣的裙袍，再就是眼巴巴看着这些东西带不走而挂在脸上的一副可怜而又可鄙相。至于银子，多得几乎不屑一顾，因为那东西分量太重。拿价值480法郎的一块金条去换几瓶烧酒或者苦艾酒，这样做的士兵不止一个两个。”

10月9日，法军撤离海淀村和圆明园。保罗·瓦兰为这次撤兵感到惋惜：“如果推迟撤军，法军就可以把那一大批不得不放弃的珍贵的青铜器和其他艺术品装在军车上运走，结果却让英军和一些中国盗匪占了便宜……”

掠夺的赃物到底有多少，阿尔芒·吕西提供了一个概念。他发现“军队特别有眼力”。“我们没有带车子来，但是三百多辆车装的全是战利品”。所有的士兵除了规定的背包，还都背有沉重的包袱。有些士兵甚至强迫可怜的农民来为他们背东西，“然后用手牵着这些‘运输工具’身后的附属物（中国人后脑勺上的长辫子）”！

撤退时，贝齐亚上尉再次回望圆明园：“10月9日，我们终于撤离了劫掠现场，身后留下一片废墟和大火，战争中这悲惨的一幕无论如何是遮掩不了的，它使军队失去了尊严，使一些人失去了荣誉！”

圆明园流失的漆盒。（供图/刘鹏）

火烧圆明园

10月18日至19日，这两天是圆明园被火焚烧的日子，也是继7日和8日这座皇家宫苑惨遭洗劫、破坏之后，又一个应该用黑色石碑加以标记的日子。

英军到处张贴布告，宣布格兰特将军下令捣毁圆明园，以报复英国俘虏所受的虐待。

这一天秋高气爽，万里无云，约翰·米启尔将军率领英军第一师的第六十来复枪团和第十五旁遮普团，连同骑兵旅共约3500人，向圆明园进发。

约翰·米启尔允许士兵们把所有能搬得动的东西全部搬走，据为己有。于是，在遭焚毁之前，圆明园又经历了一次新的更大规模的洗劫。英国人下手了，军官们有组织地掠取大而笨重的物件。后勤军需的搬运车全部被征用了，还向北京及附近的居民租用了很多大车。随后的几天里，北京通往通州的大路上，到处可见装载得满满当当的大车，浩浩荡荡，络绎不绝。邓恩上尉毫不讳言地说：“对圆明园和附近官员府邸的第二次抢劫，比第一次更有收获。”

工兵上尉查尔斯・戈登几天前参加了对圆明园的洗劫，现在又返回来纵火：“很难想象被我们烧毁的地方有多么雄伟壮观。把它们付之一炬，会让你的心流血。实际上，宫殿面积之广大，行动时间之紧迫，使我们无法从容地进行抢劫。无数的金器，都被当成黄铜烧毁了。对于一支军队来说，这真是道德败坏之举。所有人都抢疯了。”

戈登上尉给他的母亲和姐妹寄去了在圆明园抢来的玉器、花瓶、景泰蓝。他的兄弟收到了一只盘子。他在查塔姆岛的部队团部收到一只“雕刻得精美绝伦”的宝座，至今还陈列在该市的皇家工兵博物馆里。参战的英军各团都带回了各式各样的战利品，

海晏堂遗址，此建筑群的精华——十二生肖铜雕以水报时而闻名世界。

其中很多至今仍展示在他们的军官餐厅里。

领事兼翻译郇和也在现场，他用了八十页的篇幅描写圆明园的大火：“夜色温柔，而在圆明园里，屋顶接二连三地坍塌下来，压倒了燃烧中仍然挺立的墙壁，吐出大团大团的浓烟……圆明园立刻呈现出一派混乱和劫后的荒凉，但宫中仍有大量可以抢走的东西，既然抢劫已经得到允许，大批无所事事的士兵把抢掠的范围扩大到每一个隐蔽的角落……第十五旁遮普团就这样得到了一大笔金子，一个军官据为己有的金子竟然相当于九千磅之巨。”

埃里松哀叹道：“宫殿毁了，还有那些寺院、珍宝馆、藏书楼，特别是那些宏伟的藏书楼，被烧得片纸不存。那些珍贵的稿本，就像当年亚历山大城一样，只剩下黑色的灰烬，随风散落在初雪之上。”

法国军队离开圆明园的当天，清政府当局即命人重新占领了圆明园，试图尽最大可能收回被偷走的物品。清廷敦促凡持有从圆明园流出的物品者，在一个月之内上缴

归公，周围的村庄里都张贴了警示和布告。凡拥有园内物品的人，一经发现即被严惩。惊恐万分的小偷们急忙把偷来的东西藏匿起来。有些小偷甚至因为藏有圆明园内有价值的东西而被砍头。至 1860 年底，只有少数几件文物被追回来。

其实，在大火过后，圆明园并没有完全成为废墟。正如樊国梁神父所说的，园内还有一些精美完好的遗存："有些建筑损害程度很小，树木、花瓮、石桥、栏杆、大理石仍点缀着各个花园。从此以后，一切都消失了，要么被看守卖掉，要么被人们偷走。他们砸碎大理石雕塑，取走其中起连接作用的铁件，伐倒树木用来烧火取暖，卖掉了砖石以及琉璃瓦，总之，几乎所有的东西都不见了。"

几年后，西方列强在北京建立了常驻机构，这些物品中有相当一部分又重新现身。圆明园内流出的精美玉器、象牙制品、宝石及其他各种宝贝，被兜售给欧洲的收藏爱好者，似乎没有一日间断过。

如今，中国正在努力收回她散失的遗产，并要求西方国家归还在历次殖民地战争和"远征"过程中抢掠的国家文物。然而，一份由世界上 18 个博物馆（包括大英博物馆和卢浮宫）共同发表的声明，拒绝了许多国家（包括希腊、埃及、中国）多次提出的关于归还其艺术和文化财产的要求。

据估计，散落在世界上 47 个国家 200 多个博物馆中的中国古代文物至少有 100 万件，其中包括不计其数的圆明园珍宝……

（文章改编自法国作家伯纳 · 布立赛所著的《1860：圆明园大劫难》）

链接：圆明园十二生肖兽首铜像的拍卖史

在圆明园十二生肖兽首铜像中，目前已经回归的有七件：牛首、猴首、虎首、猪首、鼠首、兔首、马首。2000 年 4 月底和 5 月初佳士得和苏富比在香港的春季拍卖会上，牛首、猴首和虎首铜像现身。最终中国保利集团公司参拍，以 774.5 万港币拍得牛首、818.5 万港币竞得猴首，而虎首则以 1544.475 万港币成交（价格均包含拍卖公司佣金）。

2007 年 9 月初，苏富比发布消息称，将以"八国联军——圆明园遗物"专拍之名拍卖马首铜像。消息传出，各界哗然。中华抢救流失海外文物专项基金率先发表声明"坚决反对公开拍卖马首铜像"，并提出应以公益方式实现马首回归。关键时刻，港澳爱国企业家、国宝工程顾问何鸿燊博士于 9 月 20 日在拍卖会举行之前以 6910 万港币购得马首铜像，并宣布将其捐赠给国家。

2003 年初，中华抢救流失海外文物专项基金在美国寻访到猪首铜像的下落。经过努力争取，美国收藏家同意将猪首铜像转让给该专项基金。2003 年 9 月，何鸿燊向该专项基金捐款人民币 600 余万元将猪首铜像购回。

2009 年 2 月 23 日至 25 日，佳士得拍卖行在巴黎举办“伊夫·圣洛朗与皮埃尔·贝尔热珍藏”专场拍卖会，圆明园鼠首和兔首铜像分别以 1400 万欧元落槌，加上佣金等费用，每件兽首 1570 万欧元。但买主蔡铭超表示这个款不能付。

2013 年 4 月 26 日，法国 PPR 集团董事长弗朗索瓦—亨利·皮诺将鼠首、兔首捐赠给中国。圆明园十二件生肖兽首铜像的另外五件龙首、蛇首、羊首、鸡首、狗首铜像，则一直不知所踪。

链接：圆明园珍宝究竟有多少？

圆明园究竟有多少文物？这个问题至今众说纷纭。据推断，圆明园当年的文物数量不会少于 150 万件。

圆明园园林建筑达 20 万平方米，比故宫的全部建筑面积还多 4 万余平方米。这些建筑内按一般陈设和库房存储计算文物数量的话，也应不少于故宫内陈设的文物数量。而据推算，溥仪退位时，故宫实存文物至少应在 150 万件左右。

道光年间内务府曾有一份奏折，详尽载明道光十五年奉旨清查宫内及圆明园库贮物件情况：一两重银锞共存 569390 个，其中宫内存 290505 个，圆明园存 280694 个；各式如意 1621 款，其中宫内存 1194 款，圆明园存 450 款；玉砚、笔洗等 501 件，其中宫内存 142 件，圆明园存 337 件；头等瓷炉、瓶、罐等共 773 件，其中宫内存 337 件，圆明园存 291 件……圆明园的收藏情况，由此也略能窥见一斑。

圆明园中几乎所有殿堂楼阁里都摆放着各种各样的瓷器、牙雕、玉雕、珐琅瓶等珍宝，以及大量精美的西洋钟表、灯具和其他用具，每一件都价值连城。

圆明园内收藏的文物、字画极其丰富，经过多年的搜求、献纳，中国历代名家的书画精品大多汇聚到了皇家之手。其中，圆明园所收藏的书画，除了少量悬挂在各殿堂供日常清玩以外，大部分稀世珍品都存放在长春园淳化轩的味腴书屋以及长春园鉴园的万源阁内。

圆明园又是一座大型的皇家图书馆，园内藏有许多弥足珍贵的图书资料。圆明园最大的藏书楼是仿宁波范氏天一阁修建的文源阁，内藏《四库全书》《四库全书总目提要》和《古今图书集成》等丛书和类书，是中国古代思想文化遗产的总汇。万源阁是圆明园第二大藏书楼，楼分上下两层，藏有历代极其名贵的图书和字画。

另外，圆明园内还藏有难以计数的佛事用品。因为历代清帝笃信佛教，又极重孝道，圆明园内的宗教建筑成为大观。圆明园里的每一座宗教建筑都是一个“聚宝盆”，小件的金银器皿不算，以含经堂梵香楼为例，仅此一处就有金塔、银塔、铜塔、琉璃塔、珐琅塔和紫檀木塔各一座，这六座佛塔均为十三层，通高六尺六寸，其中金塔一件就用了八二色黄金一百一十五公斤之多。

殷商

废墟下的帝国

殷墟曾是“中国历史上最早的一个长期稳定的都城，是青铜器时代中期东方的一个极其独特的世界性城市”。然而，它如何变成一片废墟，直到3000年后才被世人发现，并名列20世纪中国100项考古大发现之榜首？这其中又有着怎样曲折离奇的故事？

殷墟遗址出土的青铜器文物。

2005年9月的一个清晨，一群由运输车、警车、工作车组成的9辆编队车，悄然驶离位于天安门广场东侧的国家博物馆，经过天安门城楼前，沿着长安街向西，然后转向驶入京珠高速公路（今京港澳高速公路），一直向南……

这些神秘的车辆究竟担负着什么任务呢？人们只是看到警车内荷枪实弹的特警战士严肃紧张的表情，而这次任务除了几个核心人员外，绝大部分参与者都毫不知情。

下午2时，车队越过河北与河南交界处后，进入安阳市区，在守候多时的公安车导引下，一路绿灯快速穿行。街道两旁迎风飘扬的是殷墟“申遗”（即申报世界文化遗产）的旗帜，广场上则演绎着“天命玄鸟，降而生商”的大型诗乐舞《商颂》。

下午3时19分，运输车终于安然停稳在殷墟宫殿宗庙遗址内，所有人都长出了一口气。随着搬运人员将货物小心翼翼地卸下车，人们才知道，原来运输车里装载的竟然是国之重宝——司母戊大方鼎（现称后母戊大方鼎）。

司母戊大方鼎入住耗资2800万元的殷墟博物馆，开始了为期三个月的“司母戊大方鼎故里展”。

这是国家博物馆为支持安阳殷墟“申遗”而破天荒地出借镇馆之宝。倘若在此期间国宝丢失或毁坏，安阳政府就要支付1.5亿美元的赔偿金。

文物有价，文明无价。自从1939年在安阳出土并震惊世界以来，司母戊大方鼎重返故里，为人们讲述着光辉灿烂的殷商文化。

凭吊殷墟

“千载凄风大白旗，消沉王气草离离。行山独锁殷墟色，淇水空传卫武诗。象箸不陈林肉冷，牛酣何处酒池夷？更怜牧野兴周后，也系东方嫠女思！”就像这首《过殷墟有感》的作者明代诗人龚懋贤一样，凭吊、抒怀殷墟，正是许多文人墨客之所好。就连郭沫若来到殷墟，也发出了“洹水安阳名不虚，三千年前是帝都”及“中原文化殷创始，观此胜于读古书”的感慨。

踏着前人的足迹，我也来到了殷墟博物馆。首先映入眼帘的是独具一格的苑门，它是根据甲骨文象形字“门”的形状和殷商纹饰设计的。门框上浮雕着龙、虎、饕餮、夔和蝉等殷商花纹，显得古朴庄重。苑内殿宇高耸，廊庑环绕；柱网结构，朱墨雕彩；仿殷石雕，栩栩如生；花木扶疏，松柏苍翠。苑东北的洹水河水流潺潺，与苑内景色相映成趣。

1987年，在殷商王朝宫殿遗址上兴建的殷墟博物馆，仿建了大殿（即殷墟甲骨

殷墟墓葬坑。殷墟出土了大量以甲骨文、青铜器为代表的文物。

文展厅）、阁楼、妇好亭堂等三座殷代宫殿式建筑，直观展示了殷墟宫殿宗庙遗址的环境风貌和历史文化内涵。

据说，从 1928 年殷墟正式发掘至今，考古学家基本上探明了殷都遗址的布局。洹河南岸今小屯村一带的宫殿区是古都城的中心。殷墟规模巨大、范围广阔，南北长约 6 公里，东西宽约 5 公里，总面积约 2400 公顷。这座神秘而宏大的古老都城，布有宫殿宗庙区、王陵区以及大量族邑聚落、家族墓地群、甲骨窖穴、铸铜设施、制玉作坊、制骨作坊等众多遗迹，展现出这座殷商王都的宏大气派。

在这里，我有幸目睹了“茅茨土阶”“四阿重屋”式宫殿的风采，还看到了世界上最早的图书馆——H127 甲骨文窖穴中的神秘记载，以及青铜器、玉石器、殷代马车等稀世展品，并与司母戊大方鼎进行了“亲密接触”。看着这些似曾相识的面孔，以如此亲切生动的形象出现在眼前，使我恍惚间穿越一条通向 3000 多年前殷商的时空隧道，走进了古老殷商文化的深处……

强大的帝国如何变成一片废墟？

自成汤灭夏建立商王朝以后，商朝经历了 300 多年的风风雨雨、内外纷争、治乱交替，最明显的表现是三番五次迁都。后来，王位传到第 20 位国王盘庚的手中。

怀有雄图大略的盘庚即位后，为扭转自商王中丁以来连续九世的政治混乱局面，摆脱前任商王党羽的牵制和影响，使国富民强，便决定选择一个有利于社会经济发展的地址为新都。

但是，盘庚的决定遭到了以古贤为代表的一批不情愿迁都的奴隶主贵族大臣的强烈反对。关键时刻，盘庚毫不退让，一方面采取软硬兼施的办法说服贵族中的反对派，另一方面又派出得力的亲信大臣，到各处寻找适宜建立王都的新址。

几个月后，盘庚迁都北蒙，并下令将古贤等一批传播流言蜚语的元老重臣监禁起来。

此后，盘庚指挥臣民在北蒙垦荒种植，筑起了新的宫室宗庙，开始营建铸铜、制骨、制陶等小规模的手工坊。同时，整顿吏治，进行改革，国势逐渐由衰落转向强盛。正如《史记》所载，从此“百姓由宁，殷道复兴，诸侯来朝”。由于古时北蒙之地又曰“殷”，后来人们就将盘庚迁都后的商朝称作殷朝或者殷商。

到了商朝最后一位国王帝辛，史称纣王，却是中国古代历史上有名的暴君。纣王挥

殷墟出土的车马坑。

霍无度，残酷暴虐，很快就引起四方诸侯的极力反对。殷纣王为商朝的灭亡掘好了坟墓。

在讨伐纣王的诸侯国中，势力最强、影响最大的要属周国。公元前 11 世纪，周武王率领大军，一路上所向披靡，渡过黄河，到达朝歌附近的牧野（今河南汲县），一场大战一触即发。仓促之中，纣王组织被关押的奴隶、囚犯及战俘，发给武器，一夜之间竟也组织了一支多达数万人的军队。

两军在牧野相遇，一场厮杀就要开始。紧要关头，恨透了纣王的商军前排的囚徒、奴隶和战俘，突然掉转矛头，朝后排冲去。商军队伍顿时大乱，土崩瓦解。最后，纣王点了一把火，结束了自己的一生。商朝的统治至此结束。

周武王灭商之后，曾封殷纣之子武庚在殷墟，“以续殷祀”。后因武庚叛乱被周公镇压，殷遗民也被迁走。自此，殷地就日渐荒芜，夷为一片废墟，故后人称之为“殷墟”。

唤醒沉睡千年的帝国

著名地理学家谭其骧指出——殷墟是“中国历史上最早的一个长期稳定的都城”。殷王朝的建都规划、建筑材料和建筑风格对后世中国建筑学的形成产生了重要的影响。已发现的宫殿夯土层最厚者达三米，此为地基，地基之上的台基还要高出地面一米左右。“高大的宫殿，必用深厚的基址，是很符合建筑学上力学原理的。”

已故殷商文化专家李济也说：“从地下遗存中我们可以认识到，殷商时代已经构建了中华大帝国的版图，安阳成了一个国际性的文化中心，成了青铜器时代中期东方的一个极其独特的世界性城市。”

公元前 11 世纪，周武王伐纣灭商后，商代这座繁华的都城，连同辉煌的文明，一起被掩藏在地下，静静地沉睡了 3000 多年。

从此，中华文明史在这里发生了断痕，以至于史学家司马迁在《史记》中记述公元前 1095 年 ~ 公元前 841 年间的 255 年历史时，只得简赅记载。这在一定程度上成为外国史学界怀疑中国悠久文明的一个重大原因。

然而，这样一个历史上重要的帝国是如何在沉睡了 3000 多年之后被唤醒的呢?

这不能不提到殷墟甲骨文的发现，它不仅为司马迁的记述增添了实证，而且弥补了中国史前文化的历史断痕。甲骨文的发现又引发了对殷墟的发掘。1928 年，中央研究院历史语言研究所开始对殷墟的发掘工作。自 1928 年 10 月至 1937 年 6 月，研究所在安阳共组织 15 次发掘，成果辉煌，重要发现不胜枚举。先后主持发掘工作的有李济、董作宾、郭宝钧、梁思永和石璋如等。

殷墟出土的甲骨坑。

殷墟发掘初期，主要是寻找甲骨文，通过多次发掘，在小屯村、侯家庄等地共发掘到刻字甲骨 24900 多片。这些通过科学发掘的甲骨文都有明确的出土地点，有较清楚的地层关系和共存关系。尤其是 1936 年在小屯村北地（即现殷墟博物馆内）发现的 H127 甲骨坑，此坑出土刻字甲骨 17000 多片，绝大多数是卜甲，均为殷王武丁时代，卜辞内容丰富，对甲骨学和商史的研究提供了多方面的重要资料。

1931 年逐步认识并发掘了殷代的夯土建筑基址，即殷墟宫殿宗庙基址，共 53 座。随后又根据高楼庄后岗的地层叠压关系，判明了仰韶文化、龙山文化和殷商文化的年代先后序列；在后岗还发掘出一座有两条墓道的商代大墓，提供了寻找商代王陵的线索。接着在侯家庄西北岗发掘了三次，终于发现了王陵区，出土了大量的随葬器物，其中有青铜牛鼎、鹿鼎，是极少见的大型重器。雕刻成人和各种动物形象的大理石圆雕、牙雕、仪仗漆器等更令人瞩目。

中华人民共和国成立前的15次殷墟发掘工作，不仅获得了大量殷商遗址、遗迹和遗物，而且出土了大批甲骨文，为研究古代历史提供了可考的殷墟考古资料。尤其值得称颂的是，殷墟的发掘工作完全由中国学者自己进行，因而是中国近代考古学诞生的标志。

1937 年，由于日本发动全面侵华战争，殷墟的发掘工作被迫中止。从 1938 年起，日本侵略者先后还组织“调查团”和“研究班”，到安阳殷墟进行盗掘，大量掠夺中国文物，殷墟遗址遭到破坏。

1976 年发掘的妇好墓，“对于研究殷代的历史，尤其是武丁时期的政治、经济、手工业、文化艺术、方国、礼制以及铜器断代、殷墟布局等问题，都有重要价值”。

随后，对王陵区进行了大规模钻探，发现祭祀坑 700 余座、象坑一座、墓葬 10 余座，并找到了 1934 ~ 1935 年所发掘的大墓的坑位，“发现了传出司母戊大方鼎的大墓”。

2003 年，最大规模的殷墟考古发掘行动在殷墟西区进行。殷墟西区遗址是殷墟都城遗址的一部分，位于整个殷墟遗址的西部偏北。从 20 世纪 50 年代以来，考古工作者对此地进行了多次发掘，曾发掘到制作青铜兵器的铸铜作坊、大量的铸造铜礼器的陶范、大量的墓葬及数座车马坑。

多年的考古发掘表明，殷商文明具有承前启后的意义，就是它为当时正在形成中的华夏文明奠定了基础。正如中国考古学家夏鼐在《中国文明的起源》一书中指出：“商代殷墟文化实在是一个灿烂的文明，具有都市、文字和青铜器三个要素。”

司母戊历险记

司母戊大方鼎于 2005 年回到安阳，刚一露面，就引起了安阳各界的轰动。当年挖掘、保护司母戊大方鼎的吴培文更是心潮澎湃。

1928 年 10 月，当时的民国政府对安阳殷墟考古科学发掘正式开始，派驻了中央研究院考古队，考古队由考古学家梁思永（梁启超之子）负责。至 1937 年相继发现了大量的文物，还发现了许多重要遗址。

当年 7 月，日军发动七七事变，中央研究院考古队被迫撤离。1937 年 11 月 4 日，安阳沦陷，日军占领了刚刚建好的安阳机场。而机场距殷墟仅有两公里，殷墟的地下文物处于十分危险的境地。

1939 年 2 月 23 日（农历正月初五），吴培文与家人到坟上祭祖，看到坟地被盗墓贼损坏，就动手挖土修坟。在挖土时，吴培文的一位叔伯哥哥吴希增发现了不寻常的土色土质。3 月 15 日晚，吴希增在挖到地下约 13 米深时，探铲突然碰到了坚硬的东西，提上来，铲刃有些卷钝，并带有绿锈，凭经验判断，地下有东西。3 月 17 日清晨，他们终于挖出大鼎的一只腿，挖到后来，由于太大无法取出，只好填埋成原样。

设在武官村的安阳县第十区区公所所长知道此事后，马上派一个排的兵力持枪在周围布哨。夜幕中，吴家的亲朋好友 42 人挖了十多米深，司母戊大方鼎才呈现出全貌。

复建的殷墟遗址建筑。

刚挖出的大鼎侧身而卧，却不见其中的一只鼎耳。大家点上蜡烛再四处深挖，仍寻不见，众人认为此宝被盗挖过。然后，大家用大绳拴住一只鼎腿和一只鼎耳，坑上面的人利用辘轳作滑轮奋力向上拉，下面的人一边用撬杠撬，一边垫土，大鼎一寸一寸地上升。眼看大鼎就要被拉上来，一根绳猛然间断了，大鼎跌在垫高的土坑里，所幸没伤着人。此时天快亮了，为防止日本人发现，大伙儿只好将大鼎重新掩埋好，并留人严密看守。当天吴家还从城里买来鸡蛋粗的一盘大麻绳，准备天黑后再干。

3 月 18 日，夜空繁星闪闪，一群庄稼汉在吴培文的指挥下，终于将大鼎从坑中搬出，在地下沉睡了 3000 多年的司母戊大方鼎重返人间。他们从村里牵来三匹骡子套上大车，将大鼎装车拉进吴家，侧身放入先前挖好的坑中，又用杂草、旧土掩埋垒成粪堆状伪装起来。

但是，吴家挖出宝物的消息很快被日军知道了，他们踹开吴培文家的门，在屋里翻箱倒柜地搜了个遍，可就是未注意藏宝的粪堆，最后空手返回。

为防止日本鬼子把大鼎弄走，大家决定把大鼎卖掉。吴家找到北京赫赫有名的大古董商肖寅卿，他要求分割成十块八块的，割好装箱。在 20 万大洋的诱惑下，大家在夜深人静时开始分割大鼎。但不论是锯还是砸，费了九牛二虎之力，也只是将鼎耳砸掉了，整个鼎没有丝毫破损。经过这么一折腾，吴培文等人横下一条心要把大鼎保护起来。

大鼎已经暴露，不能埋在院子里了，必须转移。吴培文先让一个哥哥把震掉的鼎耳搬到他家藏好，随后牵出西屋马棚里的三匹骡子，扒掉牲口粪，挖了一个深坑，把大鼎埋进去伪装好。

七八天后的一个中午，日军再次开进武官村。突然，从西北刮来一阵狂风，只听村里传来哨声，日本鬼子收兵了。但吴培文家院中的粪堆已被挖开，大鼎埋在马棚地下也不保险。当晚吴家兄弟从马棚地下挖出大鼎，转移到专门给牲口放草料杂物的东屋，挖了更深的坑，放进大鼎后，用土填埋夯实，然后将草料杂物填满一屋。

为对付日本人的搜查，吴培文又花 20 块大洋从古玩商那里买了一只青铜器赝品，藏到自家的炕洞里。不久后，日本兵再次包围武官村，直扑吴家后院，扒开吴培文的睡炕，搜走了那只赝品。

日军是否以为那次摸到的就是真宝？至今谁也说不清。但狡诈的汉奸太了解吴培文，仍死死盯住吴培文的行迹。为摆脱日军的纠缠并保证大鼎的安全，吴培文召集自家兄弟对护鼎保密作了安排，然后踏上了避难之途，直到抗战胜利后才回到安阳。

1946 年 6 月，当时安阳县政府一位陈参议打探到大鼎的下落，逼吴培文等人上交大鼎。这样，在吴家东屋地下埋藏了 8 年的大鼎终见天日。

同年 10 月，时值蒋介石六十大寿在即，驻扎在新乡县的国民党第三十一集团军司令王仲廉得知安阳发现大鼎后，派人武装押运将大鼎用火车送往南京，欲作为贺寿礼物献蒋。但不知何故，蒋未予接受，仅指示将大鼎拨交南京中央博物院筹备处保存。

1949 年，国民党逃往台湾时，曾有意将大鼎运往台湾。终因解放军行动迅猛而大鼎又过于笨重，宝鼎终于留在了大陆。

中华人民共和国成立后，国家对大鼎的历史地位、科学价值及文化内涵给予了很高评价。大鼎腹中“甲骨铭文”的破译，是经郭沫若亲自现场考证，确认为“司母戊”三字，从此大鼎有了自己的正式名字——司母戊大方鼎。

1959 年，中国革命历史博物馆建成后，司母戊大方鼎被调拨到北京参展。此后，历经磨难的司母戊大方鼎成为该馆的镇馆之宝，其图案还被制为该馆馆徽。

陪葬巾帼英雄的稀世珍品

就像屡遭磨难的司母戊大方鼎一样，在殷墟妇好墓出土的众多贵重殉葬物，为人们最终解开一段商代的历史起到了至关重要的作用。

妇好究竟何许人也？中国历史上曾出现过不少文武双全、英勇善战的女将军，但有文字记载、历史最早、地位最高的巾帼将军当推商代的妇好。

武丁即商王之位后，文治武功，国威大振，周围的诸侯方国进贡的美女有 60 多个，但他法定的妻子只有3个，妇好就是其中之一。妇好不仅长得清秀端庄，美丽动人，而且性情豪爽，武艺高强，又精通兵法，能够领兵打仗。她曾多次协助武丁平定四方，还为商王主持过不少重要的祭典，为武丁建功立业创下了汗马功劳，因此深受武丁喜爱。可是，由于妇好经常在外东征西战，操劳过度，病魔过早地侵入了她的身体，最终英年早逝。为了纪念妇好的丰功伟绩和表达对她的厚爱，武丁破例在宫殿区附近给她修筑了一座“王室墓”，并在墓上兴建享堂（母辛宗），以便祭祀，还在墓中陪葬了许多珍贵器物。

3000多年后，巧合的是，主持妇好墓发掘的也是一位女性，她就是著名的考古学家郑振香。那时，席卷全国的“文化大革命”还未结束，但是妇好墓的发掘已经提上日程。妇好墓位于当时小屯村的西北方，原是一片高出周围农田的岗地，1976年春季发掘开始，重点是发掘建筑基址。

5月16日，天气晴朗，大家的心情也不错。工人们开始在边缘探孔，几个孔不同深度地都碰到类似石头的硬东西，打不下去。此时在场人的情绪有些紧张，大家似乎有某种预感。正当人们推动拧杆下探时，突然探杆下陷了约70厘米，把杆下探的工人何保国紧握探杆，使尽全身的力气向下推，探杆又下沉约50厘米，出现了硬底。这时谁也没有出声，只是小心翼翼地慢慢往上拔铲。探铲提上来了，满铲都是鲜红的漆皮。气氛顿时活跃起来，大家异口同声地说，是墓葬！眼光敏锐的何振荣发现铲内有件东西，一把抓过来，跑到水渠边洗净，细看原来是一件玉坠。此时，人们还没有意识到，一座辉煌无比的墓葬就要呈现在世人面前。

自5月17日开始，考古队集中力量发掘此墓葬。当时，对面积仅有20多平方米的一座竖穴墓，大家并未抱过高的希望。但出人意料的是，在挖掘墓的填土中就不断出现遗物。遗物是分层埋入的，可分为6层，最先发现的是1件残陶爵。随后，在墓穴东北部出现了一件大理岩的石臼，出土时底朝上，翻过来一看，臼孔内满染朱砂，色泽鲜艳。这件臼的发现极大地提高了大家的积极性，其后相继出土数层文化遗物。

清理完第6层时已接近水面，仍不断发现遗物，其中最重要的是刻有“司辛”二字的石牛，靠近墓壁还有殉人骨架和狗骨架。由于不断有新的发现，工地气氛十分活跃。

清理完这层遗物已临近水面，至此水面以上的发掘告一段落。

6 月 7 日早上，先抽去坑内积水，然后工人分组轮流下水操作。午后 1 时，棺内的玉器及小型铜器已基本取出。恰在这时出水量少了，于是大家抓住时机，清理墓室周围陈放的大型铜器。下午 3 时，遗物全部取出。

当所有器物全部起出并做整理后，大家被这座其貌不扬的墓葬震惊了。妇好墓虽然墓室不大，但是保存完好，随葬品极为丰富，共出土不同质料的随葬品 1928 件，有青铜器、玉器、宝石器、象牙器、骨器、蚌器等，最能体现殷墟文化发展水平的是青铜器和玉器。青铜器共 468 件，以礼器和武器为主。礼器类别较全，有炊器、食器、酒器、水器等，多成对或成组，其中妇好铭文的鸮尊、盉、小方鼎各一对，司母辛铭文的有大方鼎、四足觥各一对。另外，有铭文的铜礼器 190 件，其中铸“妇好”铭文的共 109 件，占有铭文铜器的半数以上，且多是大型重器和造型新颖别致的器物。比如，鸮尊、圈足觥造型美观，花纹繁缛；三联甗、偶方彝可说是首次问世。三联甗是灶形器，与甑配套使用，可以同时蒸出三大甑相同或不同的食品，又可移动位置，使用方便，是炊具的创新。汽柱甑形器实为汽锅，在昆明用汽锅蒸鸡，是一道美食，而同样的炊器在 3000 多年前就已出现，足以说明殷人对食品的刻意求精。

玉器则类别较多，有琮、璧、璜等礼器，作仪仗的戈、钺、矛等，另有工具和装饰品。玉礼器对研究礼制极为重要，《周礼·大宗伯》曾说：“苍璧礼天，黄琮礼地。”这

殷墟宫殿区为世界文明古国中最著名的“古典城邦”之一。

虽是反映周朝的观念，但用玉石器进行祭礼在新石器时代即已出现，而以良渚最为系统。

墓内所出的铜礼器、武器以及大量玉石器等，是研究商代礼制的重要资料。大型青铜礼器、武器和大量的玉器、象牙器也显示了商王朝的兴旺和手工业的发展水平。

甲骨——中国最早的百科全书

清朝后期的一个秋季，奔涌的洹河岸边，一个村民在自己的花生地里开始收获果实，随着鲜嫩花生的拽出，一些刻有文字状的碎骨片竟然也被带了出来。

这个地方就是安阳的小屯村，当地农民在耕地时，经常挖出一些古老的龟甲和兽骨，其中有的甲骨上还刻有古字。但当时的农民不认识这些文字，他们把挖掘出来的甲骨或用作肥料，或填塞枯井；后来又磨成粉末，做治疗破伤的“刀尖药”；也有的作为“龙骨”，成批地卖给中药铺。据说，当时安阳的药铺一般不收购有字的“龙骨”，因此小屯农民常把甲骨上的字刮掉才卖。商人又把收购的“龙骨”转卖到北京药店，北京药店所收购的“龙骨”仍有没完全刮掉字的甲骨片。

清光绪二十五年（1899 年），一直默默无闻的“龙骨”终于遇到了知音。北京翰林院的王懿荣是一个对古文字造诣颇深的著名金石学家，他从买来的中药“龙骨”上偶然发现依稀有像中国古文字的符号，意识到“龙骨”上契刻的是最古老的文字。于是，他又到药店，挑选了一批文字比较清楚的“龙骨”买回家。经过认真研究，他认为“龙骨”上所刻的是商代文字。自此，殷墟甲骨文才从“龙骨”变成了珍贵的古代文化研究资料，避免了这一古代文物继续被大量人为毁灭的厄运。这个无意中的发现，成就了一个考古奇迹。

商代后期，殷王朝的统治者将占卜之事刻（或写）在龟甲或兽骨上的文字，就是甲骨文。甲骨文中最多的是卜辞，但也有非卜辞的记事文。用甲骨占卜，是中国古代流行过的习俗，它是用龟甲或兽骨（主要是牛的肩胛骨）加以烧灼，观察所形成裂痕的形状，以此判断吉凶。所用的龟甲、兽骨多数是殷人有意识地储藏在宫殿的窖穴里，因历史的变迁，被埋藏在遗址中，发掘出来就是考古学上所说的甲骨。

根据现有考古资料，甲骨占卜在新石器时代晚期已经出现，商代王室盛行，商亡以后延续未绝，在某些少数民族中保存至今。但新石器时代晚期的甲骨上未发现文字，而殷商时代的甲骨上常刻有文字，绝大多数都与占卜有关，称为卜辞。卜辞的内容非常丰富，在不同程度上反映了社会的各方面，因而具有重要的史料价值。随着商代的灭亡，甲骨文与殷王都遗址一样，也被埋入地下，不为后世所知。

甲骨文的发现把中国有文字可考的历史向前推进了数百年，使湮灭了 3000 多年的商代晚期文明重现了璀璨绚丽的光彩。

甲骨学的研究目前已成为一门世界性的学问。著名历史学家周谷城说："更有意义的是，甲骨文奠定了中国汉字的基础，几经变化，形成了今天的汉字，汉字对中华民族的形成起了极大的凝聚作用。"

从 1899 年至今，殷墟发现甲骨约 15 万片，甲骨文单字 4500 多个，已认识的近 2000 字，公认的仅 1000 余字。甲骨文是世界上四种最著名的古文字之一，它与埃及的象形文字、巴比伦的楔形文字、古印度文字，都是人类文化宝库中的瑰宝，对人类文化的积累、传播和发展，对于汉字的研究和发展，对补史和证史都起到了巨大作用。

随着殷墟 H127 甲骨堆积坑的发现，人们进一步揭开了甲骨文蕴含的丰富内容。1936 年，该甲骨文遗址在小屯村北地 G 区发现。由于不易被撬动，人们便用一大木箱套上，将整坑的甲骨堆积层运至南京，在室内仔细剥离达半年之久。坑内共有甲骨 17096 片，以龟甲居多，牛骨只有 8 片。完整或大部分完整的大龟甲 300 多版，是甲骨文出土以来的一次特大发现，中外学者称道其为"中国最早的甲骨文档案库"。1996 年 8 月，它被第 62 届国际图联大会的专家认定为"世界上最早的图书馆"。甲骨卜辞中的内容极其丰富，涉及殷代的政治、军事、农业、天象、历法、生育、田猎、贡纳和祭祀等内容。有学者称其为中国最早的"百科全书"。

殷墟博物苑（现为殷墟博物馆）遗址大门，装饰上有许多殷商文化元素。

第四篇

容颜

呼伦贝尔市成吉思汗广场的冰雕，远处是成吉思汗雕像。

呼伦贝尔游牧人

剽悍的草原武士

如果要了解草原民族的尚武精神，也许没有比呼伦贝尔更合适的地方了，因为这里生活着一个在历史上曾立下过赫赫战功的鄂温克族。鄂温克族，是一个为守卫中国边疆和国家统一立下过汗马功劳的民族，血液里流淌着剽悍、勇敢、忠诚和智慧的基因。他们的许多族人，如今仍跨着一匹匹骏马，驰骋在呼伦贝尔大草原深处的鄂温克旗。

冰雪那达慕

飞机刚停稳，我就听见机舱里响起了一阵穿衣服的“窸窣”嘈杂声。再看周围，每个人都开始动手将厚帽子、手套、围巾往身上招呼，当然厚厚的羽绒服或棉服是必不可少的行头。此时，飞机已经到达了内蒙古呼伦贝尔的海拉尔机场。此时，室外气温已达零下 30℃。

呼伦贝尔市是中国面积最大的一个地级市，也是“世界上土地管辖面积最大的地区级城市”。它东邻黑龙江省，西、北与蒙古国、俄罗斯接壤，地处中俄蒙三国的交界地带，与俄罗斯、蒙古国有 1723 公里的边境线。境内的呼伦贝尔草原是世界四大草原之一，被称为世界上最美的草原。但到了冬季，这里则成了不折不扣的“大冰窖”，往昔美丽的草原被皑皑白雪覆盖，零下三四十摄氏度的酷寒令人顿生畏惧。

我也不敢含糊，除了全套的冲锋衣，外加一件厚厚的羽绒服，脚蹬高帮登山鞋。这套装备也是我之前攀登海拔 5000 多米的珠峰大本营的标准装备。不过后来我才知道：登山鞋登山还凑合，但要抵御呼伦贝尔零下 30℃的寒冷，实在是差得太多。穿上这套行头，走起路来摇摇晃晃，显得特别臃肿。“我们这是要上月球吧？”我和同伴互相打量对方，还不忘拿自己开涮。

机场的地面上积满了白雪，没风，但寒冷就像一张大网，将人死死裹住。才一分钟，露在外面的脸部皮肤，开始像被刀割一样地疼痛起来，这种痛感很快通过皮肤传导到肌肉。好在没走几分钟的路程，我很快钻进了一辆开着暖气的车里。

这里是名副其实的冰雪世界，在低温下，一切都被冰封起来。马路上的积雪早已被冻得瓷实，要是外地司机来了，没准早就吓得扔掉车子步行了，但本地人开起车来游刃有余，让我惊叹不已。

尽管冬天冷得能冻掉人的鼻子，但自从清雍正十年（1732 年）迁徙到呼伦贝尔大草原之后，鄂温克族，这个原本被称为“住在大山林中的人们”，放下猎枪，在这里过起了自由自在的游牧生活。夏季，他们四处放牧；冬季，他们也没闲着，忙于练习骑射本领。这次，我有幸来到呼伦贝尔市鄂温克旗，一睹鄂温克族冬季那达慕大会的风采，更加体会到这个剽悍民族延续千年的武士精神的风采。

上午 9 时，当我乘坐大巴赶到鄂温克旗赛马场时，目光所及，全是鄂温克族、蒙古族、达斡尔族等同胞们，各自牵着马、骆驼，在空地上准备今天的那达慕大会开幕式。

我用围巾将脸部裹得严严实实，但是呼出的热气很快将围巾弄湿，并且一会儿工夫，脸部的围巾就冻成了冰霜。有意思的是，很多人的嘴唇、胡子、眉毛都结了冰霜，虽然看起来很酷，但是寒冷的滋味只有身临其境才能体会到。我虽然戴了一副登山手

骆驼拉雪橇，是冬季呼伦贝尔地区出行的一种交通工具。

套，但是手也很快就冻得生疼。更不用提我那倒霉的登山鞋了，虽然看着很厚实，但是时间一长，脚就开始变得冰凉。

再看当地的牧民，他们所穿的民族服装不仅美观，而且很实用，长长的大袍子既挡风又保暖，厚厚的翻毛帽子看起来就很暖和。由于这次那达慕大会聚集了众多鄂温克族、蒙古族、达斡尔族等牧民，因此，对我来说，这次盛会也是民族服装集中展示的舞台。

鄂温克族是古老的森林民族，又是跨中国和俄罗斯的跨国界民族，在漫长的历史长河中，形成了三大部落，即索伦、通古斯、使鹿。由于地域、环境的特殊性，不同部落的鄂温克人形成了独具特色的民族服装服饰。总的来说，鄂温克人的传统服装以皮制为多，如狍皮、鹿皮、羊皮等。妇女的衣袍以布制为主，在农区衣袍要镶边衬里；而敖鲁古雅鄂温克族妇女、陈巴尔虎旗鄂温克族妇女则喜穿连衣裙。

而最骁勇善战的索伦部落，他们的服装服饰分为四季服饰。男女服饰的区别在于男装颜色以素净、淡雅为主，领子和周边是云卷花，象征大自然；女装颜色以艳丽为主，领子周边和袖口也带云卷花图案，年纪大者一般不扎腰带。无论男女，冬季穿的是由皮毛制作的服装，春秋是棉服或带内衬的服装，夏季以绸缎制作、单层布料的服装为主。

冬天时，索伦鄂温克人戴的帽子是用各种动物皮子制作而成，有尖顶、圆顶等不同样式；春秋和夏季时，就戴用呢子料和薄毡子做成的帽子。爱美的妇女还喜欢佩戴由银和珍珠制作的头饰和挂饰。

在过去，因社会地位、等级和礼节，鄂温克族服饰样式也有区分。比如，男装，普通百姓的袍子左右开叉，而官员的袍子前后左右四面都开叉。鄂温克人把白色视为孝服，连内衣也一定要用有色线和扣缝制，以示忌讳。布里亚特蒙古族的穿戴与鄂温克族有所不同。达斡尔族服饰则受蒙古族和满族的影响。

欣赏完令人眼花缭乱的民族服饰，近60分钟的开幕式大型文体实景演出开始了。以民族歌曲联唱、民族服饰队伴民间舞表演、那达慕传统草原三项及现代集体马术表演、冬泳表演和集体舞表演等多种形式，展示了一场具有浓郁民族特色的文化盛宴。

当我看到一群只穿泳裤的冬泳爱好者跑进场内时，我的脑子有点蒙：这可是零下30℃的室外啊！看着他们挥舞着双手向观众致意，然后一头扎进结冰的泳池里，我想，这就是草原民族与生俱来的豪情和勇气吧！

雪地博克、雪地布龙、雪地速度赛马、雪地赛骆驼、雪地颠马、马拉雪橇、骆驼拉雪橇、雪地米日干车……接下来的那达慕比赛，都是雪地上的项目。而对于生活在北方寒冷地区的游牧民族来说，适应冰雪世界是他们祖祖辈辈与生俱来的本领。

也许，对于我们这些来自南方的汉人来说，无法理解在零下30℃的严寒里搞那达慕活动，是不是真的"闲"得没事干了？"那达慕"是蒙古语，"慕"是蒙语的译音，意为"娱乐、游戏"，以表示丰收的喜悦之情。夏季时，草肥马壮，气候宜人，活动一下筋骨自然很有必要。但是在天寒地冻的冬季玩赛马？我心里早已不寒而栗。但是，一位名叫其其格的美女牧民说出了牧民的心声："这就是我们的生活，我们平时就喜欢在雪里面玩。举办冬季那达慕，就是一次大聚会，大家在一起玩乐，高兴得跟过节似的！"

这里的冬季寒冷而漫长，每年的10月初就开始入冬了，而大雪纷飞、银装素裹的日子要一直持续到来年的5月。一年中的大半年时间要与冰雪打交道，如果不学会在冰雪中如何更好地生存，那么，这个民族也终将无法在这块广袤的草原上繁衍生息下去。好在这里的牧民是天生的草原主人，他们利用冬天的严寒，锻造出了独特的民族性格：顽强、勤奋、忍耐、智慧……就如蒙古马一样，严酷的环境让它具备了其他马种所不具备的超强耐力。

况且，如今这里的冰雪资源也成了吸引外地游客的招牌。鄂温克旗就利用此次冬季那达慕活动，向外界推出了"银色鄂温克"这一独特的冬季冰雪文化旅游资源。

“战神”海兰察

在赛场边，我遇见了一位名叫扎布的布里亚特蒙古族小伙子，他长得虎头虎脑，圆圆的脸庞，高高的颧骨，典型的蒙古族特征。头上戴的是虎皮帽子，袍子是羊皮的，靴子是牛皮的，都是自己做的。他告诉我，他练习博克有 3 年了，这次参加的是雪地博克比赛，进入了前 16 名，怀里抱着的是大会刚发的奖品——不锈钢锅。看他乐呵呵的样子，这个铁锅奖品还是给他带来了很多欢乐。

扎布家有 4000 多亩草地牧场，养了 2 头骆驼、40 头奶牛，奶牛产的奶每年可以挣 10 万多元。他有一个孩子，现在在鄂温克旗里读幼儿园，由爷爷带着。将来孩子读小学，也会到旗里上。像他这样的牧民——孩子到县城里上学的情况，在牧区已经很普遍。孩子从小在城里长大，也不会骑马。随着牧区现代化的发展，越来越多牧民的下一代走进城市，与牧区的距离也越来越遥远。我不知道，这些远离草原的牧民后

清代时鄂温克族出了一位叫海兰察的民族英雄，为保卫祖国的疆域立下赫赫战功。

在冬天零下三四十摄氏度的严寒下，天空出现了“幻日”这种奇特的大气光学现象。

代，他们的血液中还能保留多少祖先勇武善战的基因？

扎布告诉我，他的祖辈是从俄罗斯迁移过来的，现在住在南屯（鄂温克）。大家在草原上盖了房子，成了定居的牧民，没有了过去的游牧。

早在17世纪初叶时，地域辽阔、边境线漫长的呼伦贝尔，竟然还没有军队驻守。雍正年间，当时的黑龙江将军卓尔海为了加强中俄边境呼伦贝尔段的防务，筹措派兵进驻呼伦贝尔。他前期派遣达巴哈、波尔本察（鄂温克人），挑选3000精兵（其中1600多名是鄂温克索伦兵），于雍正十年（1732年）春末夏初，越过大兴安岭，最终来到伊敏河与海拉尔河汇合处安营扎寨。1734年，索伦八旗官兵在伊敏河流入海拉尔河河口附近修筑城池，这就是当时最早的呼伦贝尔城。从此以后，鄂温克族的索

伦部在呼伦贝尔草原逐渐繁衍生息。如今的呼伦贝尔已经发展成为一个繁华的现代化都市，而当年修筑的副都统衙门，在被毁掉后也再次修复，成为这个草原大都市历史的见证。索伦是鄂温克支系部落的自称，早在明清时期，索伦一度成为中国境内鄂温克诸部的代称。这个剽悍善战的民族不仅为守卫中国东北边疆作出了卓越贡献，而且还诞生了一大批能征善战的著名将领和士兵。其中最著名的代表就是有着“战神”称号的一代名将海兰察。

海兰察出生于索伦左翼鄂温克牧人家庭，辽阔的大草原锻炼了他，从小就勇猛过人。清乾隆二十年（1755年），年近20岁的海兰察还只是一名普通的马甲（士兵），跟随大军去新疆平定准噶尔叛乱。初出茅庐的他竟然只身一人活捉敌方重要将领巴雅尔，从而声名鹊起，从马甲升为侍卫。随后，平定大小金川割据势力、平定台湾叛乱、击退尼泊尔廓尔喀人入侵西藏，海兰察38年戎马生涯，南征北战，为中国的统一事业立下赫赫战功，因此朝廷4次在紫光阁为其绘制肖像。时至今日，鄂温克人仍然对海兰察景仰有加。在鄂温克旗博物馆前的广场上，就有海兰察横刀立马的雕像。人们在他身上看到了鄂温克民族的精神：忠诚、果敢、智慧。

据说，如今在呼伦湖、贝尔湖南边，还有海兰察当年训练士兵的地方，名叫“海兰察练兵场”。而他的后裔也代代相传，一直散居在鄂温克旗的巴彦嵯岗苏木、巴彦托海镇、陈巴尔虎旗鄂温克苏木和阿荣旗等地。如果你在这些地区，看到某位牧民手握套马杆、骑着骏马，飞奔在草原上，没准就是海兰察的后代了。

当然，关于海兰察的神奇传说，更是在鄂温克、达斡尔、蒙古、满、汉等民族中传扬至今。他到底神到什么程度？我们不妨看看他的荣誉榜：他被乾隆皇帝4次画像于紫光阁功臣榜上，多次赐“勇士”“杰出英雄”“武壮士”“超勇公”等称号。乾隆皇帝还嫌不够，亲赐御宴嘉奖他，席间见到海兰察的战伤竟有上百处，步履艰难，特赐文官大轿给他坐。这种武官享受文官大轿“待遇”的案例，在中国历代王朝中仅此一例。

海兰察的荣誉是他拿命搏出来的，上百处的伤口让皇帝也震惊了，足以说明问题。但如果说海兰察只是一介武夫，那绝对是对他的低估和侮辱。他天才的军事指挥才能，才是他的看家本领。也正因为此，乾隆皇帝每当遇到最棘手、最关键的难题时，才将他麾下的索伦铁骑派出去。因为他知道，别人搞不定的事情，海兰察一定行。

清乾隆五十六年（1791年），当廓尔喀（尼泊尔）军入侵西藏，将整个后藏搞得鸡犬不宁、人心惶惶，逼得达赖和班禅准备放弃西藏的最危急关头，海兰察麾下的索伦铁骑又一次宝剑出鞘了。

海兰察先从京师长途奔袭，12天即赶到西宁，然后在西宁与将军福康安会合后，又从西宁直奔西藏。历来进藏都是绝险之途，雪山、峡谷，高海拔的缺氧、变化无常的气候，就算在今天也被人视为畏途。但呼伦贝尔的严寒早已将海兰察锻炼得铁骨铮

牧民在冒着零下 30 多摄氏度的严寒驱赶马群。

铮，他轻松地越过雪山、峡谷，两次闯过暴风雪，一路急行军，提前到达拉萨。

随后，海兰察开始发威，先前不可一世的廓尔喀军在海兰察面前竟然不堪一击，一路溃逃出西藏边境。海兰察也不是善茬儿，乘胜追击，进入廓尔喀境内对敌军一路迎头痛击。后来到达东觉山时受阻，因为这里前有大河，后有险峰，易守难攻。

就在众人无计可施时，海兰察想出妙计，他对将军福康安说："给我 500 人，8 天口粮，8 天后，您尽管在此架桥，准能破敌。"夜色下，海兰察带领 500 名索伦精兵，向河流上游出发，在河流源头处越过这条河，绕到敌人后方埋伏。

8 日到，就在山下的众将士以为海兰察只是在吹牛时，突然听到敌后山上炮火齐发，敌营杀声震天。福康安大呼："海将军真乃神人也！"清军就此一举歼敌无数，并连续深入敌境 700 里，距离廓尔喀国首都阳布（今加德满都）仅 100 里。廓尔喀国王吓得迅速认罪乞和。到此，反击廓尔喀入侵的战争取得全面胜利，海兰察也创造了"六战六捷"的惊人战绩。

仅从此战例，即可看出，海兰察的兵法运用已达炉火纯青的境界，他深谙"兵乃诡也""兵贵神速"，每战必出奇兵，要么偷袭，要么迂回，要么穿插，将草原人的智慧发挥得淋漓尽致。

再强的敌人也没有能力在战场上击倒海兰察。不过，近 40 年的战争生涯以及多处的伤病，终于击垮了这位"战神"。乾隆五十八年（1793 年），海兰察在家中病逝。乾隆皇帝在痛惜之余，特赐他进入昭忠祠。本来，昭忠祠是战死沙场的烈士才能有资格进去的，而海兰察是病死在家，乾隆皇帝却"念其在军奋勉，尝受多伤，加恩入祀"。这在历代王朝丧葬制度中也算开了先河。

后来的每年正月，当地官员和鄂温克人都会去广慧寺、光远寺和他后人的家中，祭奠这位国家功臣和民族英雄。

鄂温克牧民

我乘坐的大巴车艰难地行驶在茫茫的雪原上，周围一望无际，没有任何参照物。如果不熟悉路况，在冬季的大草原上将寸步难行。大巴从柏油路转入小道，路上的积雪一下子厚了许多，车轮卷起的积雪被风扬了起来，激起了一路飞舞的雪花。

我们来到鄂温克旗下面的一个乡镇——锡尼河苏木。一字排开的四个蒙古包里，炉子烧得很旺，桌子上摆满了当地的美食——油炸果子、蛋糕、野果酱、西米丹（一种当地的奶油）、酸白菜、酥油茶、大列巴，当然还有一道必不可少的大菜——手把肉。

鄂温克族服饰的特点是宽松、斜大襟、束长腰带，过去只以兽皮制衣，后来开始采用布料制衣。

寒冷的天气下，大家顾不得客套，开始大吃。我先喝了两碗热乎乎的酥油茶，然后拿起一把小时候削铅笔用的那种小刀，切下一块块羊肉大嚼起来。我一边吃肉，一边品尝着独特的大列巴面包，再喝下一大碗浓浓的羊肉汤，感觉身体开始暖和，寒气已经被排出体外。这时，我才能理解，为何游牧民族要这样大块吃肉，大碗喝茶了。

在牧区，鄂温克族以乳、肉、面为主食。奶茶，一日三餐必备，炒面也可以做面茶。他们的奶制品种类丰富，如酸奶、稀奶油、奶油、奶干（阿日奇）、熟奶皮（乌儒木）等。

羊肉和牛肉是鄂温克人的主要肉食，也有其他动物肉，食用方法最著名的就是做成手把肉、肉干等，粥里也常常有肉。

面食则包括面包、油炸果子、大列巴、烙发面饼和面条等。

在寒冷的冬季，以上饮食，尽可能地为鄂温克人提供了充足的能量。而酥油茶又能帮助他们化解肉食的油腻，增加适量的维生素。除此之外，酒也是鄂温克族待客必备之物，这里的酒包括白酒和每家自酿的野果酒。

在辉苏木的乌兰宝力格嘎查（嘎查即是村），我来到达布希拉图的家中。他家还保留了一个过去建的蒙古包，这还是他当年结婚时的新房。如今的草原上，牧民们大都住上了砖瓦房，过起了定居生活。

鄂温克人的老房子叫“撮罗子”，呈圆锥形，底部直径约 4 米，锥尖高约 3 米。由于搭造简捷，进山狩猎的鄂温克人仍在使用。

据当地人介绍，老早以前，辉河一带的鄂温克人还有过“奥布海纠”“俄儒格纠”这两种住房，实际也类似蒙古包。后来还出现过土房。

如今，多数鄂温克人以住蒙古包为主，很多牧民、猎民都习惯了定居点的生活，建起了砖瓦房，生活习惯也在不断变化。即使是蒙古包，冬季在床下还能搭起热炕，颇能保暖。

在牧区随便转转，我们能感受到鄂温克族人的勤劳、勇敢、纯朴、爽快、诚实。在鄂温克族猎人和牧人中，不知道什么叫偷窃。猎人和牧民在森林和草原上设有仓库，存放食品、衣物、工具等，从不上锁，如果有人途中断粮、缺衣，可以到任何一个仓库去取。

牧区里，几乎家家户户都养马。即使是在大雪茫茫的冬季，你也不用担心马没有草吃。每家的院子里都堆着高高的草料，精心喂养着自己心爱的马儿。即使现在汽车开始普及了，但是马对草原上的牧民来说，却早已超越了交通工具的作用，而成为牧民的一种象征了。

距今 1000 多年前，古代北方游牧部落的祖先就将马文化传播到鄂温克人部落。从那时起，鄂温克人开始了驯养马、与马为伴的历史。而“战神”海兰察的索伦铁骑，跑遍了大半个中国，靠的就是草原马。他们的所有战斗，从来就离不开马。在冷兵器时代，马就是他们的“装甲车”“飞机”，没有人能抵挡骑兵的闪电冲击。

在草原上，一个好骑手没有一匹快马，就不算一个好骑手。这就好比，一个好汉如果不是一个好摔跤手，就不能叫好汉一样。一年一度的那达慕大会和敖包会，既是牧民狂欢的盛会，也是牧民切磋骑射、摔跤技艺的比武大会。大会中获胜的小伙子，也是众多姑娘心目中的白马王子。

我又来到了锡尼河西苏木的好力宝嘎查，遇见了达西尼玛。他是布里亚特蒙古人，有 4 个孩子，2 个儿子，2 个女儿，大女儿和大儿子已经结婚，小女儿大学毕业后，回到家帮助父母照顾家里的牲畜和旅游生意，小儿子还在读大学。

现在，牧区的很多年轻人在大学毕业后，如果没有更好的工作机会，也更愿意回到家乡从事祖辈的畜牧业。达西尼玛的家里养着 60 多头奶牛、200 多只羊、50 多头骆驼、50 多匹马，这些加起来，足以让他成了百万富翁。有一年 6 月，由于收成很好，他特意在自家搞了一次特别的“家庭那达慕”，邀请周围的邻居牧民来参加赛马、赛骆驼、套马等比赛，为此还吸引来了很多外地的摄影爱好者前来。此外，他家还开发了家庭牧户游，吸引外来的游客到他家来旅游、住宿。

跟其他牧民定居点的房屋一样，他家的房前屋后也有风力发电、太阳能热水器等设备，能源清洁而又环保。

达西尼玛的小孙子趁着双休日，也回到了草原上，他长得虎头虎脑，身体很壮实，但平时他一点也不像游牧民族的后代，而是一个穿着T恤、牛仔裤的都市小男孩。现在他在鄂温克旗里上幼儿园的大班，由奶奶负责照顾，奶奶和他就在旗里租了一间房居住。只有到周末时，他才能返回到草原上父母的家里。家里还有一把他爷爷给他做的木头弓箭，没事时，他就喜欢拿起这把弓，眯着眼睛，对着窗外的牛羊做瞄准动作，那模样又依稀有了一些他祖辈叱咤驰骋的英勇气势。

牧民的后裔，至今仍没有忘记祖先骑射的传统。

我们现在看到的唐山市建筑，是在 1976 年大地震后重建的。（摄影 / 成贵民）

亲历者们讲述你不知道的

唐山大地震

这是一场人类的空前浩劫，24 万多个生命与一座工业城市瞬间灰飞烟灭，人员伤亡数字高居 20 世纪世界地震灾害之首。1976 年 7 月 28 日，这一天注定将烙印在中国人记忆的最深处。27 年后的今天，我们走进那场灾难幸存者的生活，触摸那一幕幕鲜活的情感煎熬与命运挣扎的画面，为你讲述——

一个夏日炎炎的午后，我走在唐山最宽阔的那条大街上，闷热的气温就像几十年前的那个季节。街道两旁多为几层高的灰色小楼，这里没有大都市的喧嚣，行人步履悠闲，天空风轻云淡，一切井然有序。

在唐山人眼里，抗震纪念碑有着非同寻常的含义。这座占地 5.4 公顷的地震纪念建筑的最上部犹如伸向苍穹的四只巨手，正向茫茫宇宙诉说着什么。如今，它的周围成了市民休闲活动的场所。

每到傍晚，人们三五成群地聚集于此，或打扑克，或下象棋，或踢毽子，或放风筝……轻松的表情荡漾在每个人的脸上。一位年轻父亲带着女儿站在台阶上，指着纪念碑基座的浮雕给她讲述着过去的故事；一对对恋人偎依在纪念碑四周的石级上，说着缠绵的悄悄话；一个男孩在爷爷的指点下，跳起了欢快的舞蹈；纪念碑基座的斜坡上，一群调皮的孩子光着脚丫，正从上往下打滑溜，感受着轻盈的乐趣。

置身其中，我有些怀疑眼前场景的真实性。这就是当年为纪念地震遇难者而建造的纪念碑吗？这些当年地震的亲历者和他们的后代，对于那段残酷历史到底留存了多少记忆？我对这些都不得而知，因为眼前的一切并没有给我留下明确的征兆。于是，我决定到南湖公园去寻找答案。

过去，南湖公园还是填埋地震遇难者尸体的大坑，现在已是满园林木葱郁，湖水清清，是人们锻炼休闲的大公园。面色红润、头发乌黑的退休老师刘先生，每天清晨都来这里晨练。他甚至能像年轻人一样，用手吊在健身器材的横杠上，一口气攀爬十几米远的距离。如果不是亲耳听到，我绝对想象不到，他在那场地震中失去了所有亲人。

杜永宽须发俱白却精神矍铄，每天依然坐着陈旧的轮椅来南湖公园四处走走。公园里的业余评剧演出刚进入高潮，他听得渐渐入了迷，不由得跟着哼了起来。他的左腿小腿一半被截断，右腿只剩下根部。他告诉我，他有幸躲过了那场地震灾难，但是后来的一次事故却让他失去了双腿。

在湖边，一头浓密卷发的李明与妻子打着阳伞，在岸边耐心地等待着鱼儿进网。他有些得意地对我说，他在自制的小网罩里放了肉骨头，将它沉到湖里，一会儿小鱼就会钻进去。他准备用这些小鱼作食物，喂自己家里养的观赏鱼。让我感叹的是，作为唐山 3817 名地震截瘫者中的一员，他只能在轮椅上度过自己的余生。

流连于此，我似乎寻找到了那份久违的记忆。在温馨或某个被人遗忘的角落里，我不经意间看到了地震亲历者们幸福生活的轨迹。那么，没有经历过地震的年轻一代唐山人又是一种什么样的生活状态呢？我将观察的目光放在了夜幕下的唐山市。因为作为一个城市代表的年轻人，夜晚为他们提供了进一步释放激情的空间。

当夜幕降临后，唐山市的主要街道华灯初放，为城市披上了一层旖旎的色彩。每到此时，新动力迪厅就成了年轻人狂欢的海洋。作为唐山很火爆的迪厅，它受到了时尚青年一族的宠爱。随着干冰释放的烟雾弥漫四周，伴着强劲的电子音乐与有力的鼓点节奏，人们争相涌进中央舞池。“在这里，你可以看到唐山最时尚前卫的服饰。不过，如果你想亲自感受地震留下的痕迹，就最好去南厂看看。”新动力迪厅年轻的副总经理王目星告诉我。

南厂就是唐山机车车辆厂，它因完好地保存了地震废墟而声名远扬。在当地人的指引下，我费力地打开锈迹斑斑的铁锁，迈进了现在很少人光顾的这座废墟。眼前一片荒草萋萋，你很难将它与过去是热火朝天的铸钢车间联系在一起。这里的四周静得可怕，只有一些蝉鸣不时从远处的树梢飘下来。我小心翼翼拨开两米多高的杂草灌木，缓缓前行，生怕惊动了 11 名沉睡在这里的遇难者灵魂。

坐在这片废墟上，我发现，无论从何种角度，都很难从外表捕捉到这座城市的精神。但我确信，当地人能从惨烈的地震打击中迅速恢复过来，某种特殊气质一定藏在城市的隐秘地带。于是，我决定首先追寻灾难幸存者的思绪，回到 1976 年 7 月 28 日凌晨 3 时 42 分那惊心动魄的时刻……

至今唐山市还保留了一些 1976 年大地震时的废墟。（摄影 / 成贵民）

李玉林——第一个向党中央报告灾情的人

李玉林家住在抗震纪念碑旁边，每天早晨一开窗户，高大耸立的纪念碑就跃入眼帘。家人与同事的灵魂长眠在那里，令他多少感到一些安慰。

李玉林，一头灰白短发根根直立，国字脸上方的双眼炯炯有神。这个当年开滦煤矿的工会副主席，因开车直奔北京向党中央汇报唐山灾情，而在百姓中颇具知名度。现在回想起当初的疏忽，让他仍觉懊悔不已……

地震头天晚上，值班回来的我吃完了饭，拿了板凳出来，与大伙儿坐在楼下纳凉，那天天气特别闷热。正在这时，我忽然感觉脑袋一晃悠，便大喊一声："有地震！"当时已快凌晨1时。其实这是小震，是大震的前兆。大家以为我说胡话，哈哈一乐："尽造谣，哪有什么地震！"

凌晨1时多，大家相继回家睡觉。地震时，妻子比我先醒，使劲推我："玉林，地震啦！"我一睁眼看到，窗外的光线特别强烈，绿色的窗帘变成了白色。我穿着短裤，从火炕上一骨碌爬起来。此时外面的声音特别大，仿佛山崩地裂，万炮齐鸣。我光着脚将木门踹开，带着3个孩子冲了出去。

由于惦记井下几万名工人的安危，我急忙赶往矿区。这时我越跑越害怕，四周静得任何声音都听不到，虫子、鸟儿一瞬间消失得无影无踪，仿佛世界就剩下我一个人。这时，我心中忽然闪过一个念头：将唐山地震的消息告诉党中央毛主席。

当我跑到离父母家直线距离只有200米的地方时，我没有犹豫，仍然直奔工厂。我家包括父母、兄弟、姐妹、儿子共伤亡了14人。

到了矿里，地震的惨状令我心碎。有人建议我赶紧给河北省委打电话求援。我说："省委能调动千军万马？现在必须找党中央毛主席！"我从厂里往外跑，在大门口碰到返回的救护车。我告诉司机崔志亮："赶快掉头，我们要上北京！"

我们一行4人上了路，沿途一些重伤的人要截我们的车。我知道，车只要停下来，就绝对走不了，因为周围都是受伤亟待救援的人。我没有犹豫，命令司机继续前行。人们以为我们见死不救要逃跑，气愤地捡起砖头朝车砸过来。

这时，四周房屋都已倒塌，情况很危急，而前方生死未明。我流着泪对另外三人说："我们都是共产党员，不管去北京的路上出现什么情况，只要谁活着，都必须尽快告诉党中央毛主席，让中央采取措施！"大家此时都有悲壮的感觉。我是汽车兵出身，是唐山的"活地图"，这为我们行车起了很大的帮助。由于线路遭破坏，我们打电话报告党中央的想法无法实现。

我们从建国门进北京时已到上午8时，天下起了大雨。北京也发生了地震，大家聚在马路边，顶着脸盆避雨。经执勤战士指引，我们一路风驰电掣地赶往中南海北门。紫光阁的会议室里，很多中央领导都在，包括李先念、陈锡联、纪登奎、吴德和陈永贵等。毛主席听说唐山来了人，也要去听。但他身体欠佳，我们终未能见到他。

领导们看到衣衫不整的我们，全部起身，与我们热烈拥抱，大家激动地喊："毛主席万岁！中国共产党万岁！"我向首长们提了三点建议：第一，党中央派军队，越多越好；第二，全国所有的煤矿救护队都派往唐山；第三，全国往唐山派医疗队。下午3时，我们从北京开始往回赶。

我记得，当时最早进入唐山的军队是7月28日上午11时从蓟县赶过来的坦克1师；东北的第十六军、第三十九军和第四十军正在坝上演习，离得稍远，但第二天都到了；随后还有第三十八军、第二十四军、炮5师以及海军陆战队，共有13万~14万人。

面对楼房，解放军由于没有机械化设备，只能徒手进行搬运，许多战士的指甲盖被掀掉了。如果当时我向中央领导建议给唐山调配500台吊车，那得多救活多少人啊！（事

滦河是唐山市境内的一条重要河流，最后注入渤海。（摄影/闻风军）

情过去了这么多年，一说起吊车，李玉林仍愧疚不已，声音变得哽咽）

活下来的人就在路边搭个棚子，铺上凉席，简单地睡下。

后来，大家从废墟中清理出一个发电机，如果安上电灯，对于生活在恐惧和黑暗中的幸存者来说，无异于看到了光明的希望。我立即骑自行车去找电工，但没找到。

地震后缺水，大家就喝游泳池、澡堂、大坑和公园湖里的水，也没拉肚子。这与地震后的预防措施有直接关系。天空不时有运输飞机撒药，药撒过后地上是一片黑压压的苍蝇，大家用树枝扫起来，然后挖个坑埋了。后来大家发现，晚上睡觉时没有蚊子了。

地震后实行的是配给制，食品和药物全是由飞机直接空投给大家。开始运来的是馒头、大饼，但是运到后就长毛了，后来就运压缩饼干、点心。

李玉林的身体有些发福，左手小指头在地震中被砸伤，现在还不能伸直。他现在住的是开滦煤矿的房子，是不到 70 平方米的两居室，花了 1 万多元买下来，被老伴收拾得干干净净。现在孩子都已成家立业，儿孙满堂。闲暇时，他喜欢到门口的大钊公园溜达，打打羽毛球。有时他也玩玩扑克。“但是我一辈子都没玩过带钱的牌。逢年过节时，孩子们一直想赢我点钱，我都没给他们机会。”李玉林笑着说，声音仍然洪亮如昔。

100 多年开采形成的采煤沉降区，经过改造后建成了美丽的南湖公园。（摄影 / 成贵民 ）

常青——用相机记录唐山变迁的人

13岁工作，15岁当兵，20岁摄影，参加过抗美援朝战争，经历了唐山大地震，常青老人指着拔地而起的新建筑，平静地对我说："摄影是我生命的一部分，我要用相机记录唐山地震后的变化。"如今，那部老相机还常伴他左右。他身材瘦小，戴一副宽边眼镜，岁月的刻痕无情地爬上了面庞。因为过去常在暗房冲洗照片，他的视力已大幅下降。在他的影像世界里，地震过程、孤儿成长以及城市变化，都成了历史瞬间的凝固。

我算命大，抗美援朝没死，掉了一块骨头；地震又幸存下来，侥幸活了这么多年。

地震时，我住的三层楼从顶一直塌到底。这栋楼死了10口人，我那间屋子就死了4口人。地震时，大家的表情很特别，几乎没有哭的。这让人很意外。然而，地震中每个家庭或多或少都有人员伤亡，一打听，大家的情况都是一样糟糕。谁愿意在此时将大家的悲痛情绪引发出来呢？到9月9日毛主席去世时，人们的生活开始安定下来，正在盖简易房，准备过冬。唐山文化宫有个露天剧场，可容纳1万多人，主席的追悼会就在那里举行。当时，大家都穿着破烂衣服，每张脸晒得黢黑憔悴，就像从地狱里出来的一样。这时，家事与国事交织在一起，人们脆弱的感情如决堤的江水，喷涌而出。大家哭声震天，我本来要去拍照片，但一看那场景，手中的相机快门再也按不下去，跟着大家痛痛快快地哭了一场。

地震后，我更多的是跟踪拍摄孤儿成长与城市建设成果。我从小参军，党养育了我多年。对于4000多名地震孤儿，如果没有共产党，他们都将流落街头。我为什么对唐山建筑感兴趣？因为它们下面埋着遇难者的遗体。在我看来，这些建筑是有灵魂的。那时，人们在失去亲人的悲痛下，继续工作，搭建简易房。光是简易房，我就住了十几年。

30岁以下的人，对地震的感情就淡多了，认为那是过去的事情。年轻人应该知道地震的事情，以此激发自己的爱国热情。经过地震，如果没有社会主义，没有共产党，就不会有欣欣向荣的新唐山。

外孙女是家里的宝贝，读初中一年级时，就要家里给她买部手机。老伴儿疼她，就答应她只要好好学习就给买，她满口答应。一部手机花了2700多元，一个月下来，手机话费竟有200多元，这可是全家一个月的生活费呢。有时常青也跟她聊聊地震的事，可她并不感兴趣。常青不爱打牌、喝酒、串门，后半生都花在了摄影上。退休前，他在唐山市展览馆工作，那时拍摄是任务；现在退休了，就用自己的退休工资来支持摄影。"由于职业习惯，我对历史资料很重视，留着它们以后会有用。"经历过灾难的常青心里装着唐山发生的每一个变化。

蔡建宏——幸运的地震孤儿

长得帅气的蔡建宏，地震时才6岁就失去了父母。以后每年的清明节和7月28日，他都要到街头的十字路口烧纸钱，祭奠亲人。有时他很想父母，特别是当他与妻子闹离婚的时候。要是父母在，他至少可以找人商量。

一直关注孤儿成长的常青说：“孤儿离婚率特别高。因为孤儿没有家庭管，很多比较任性，一般听不进别人的意见。”蔡建宏也正处在这个“坎”上。不过，他虽然不幸地成为孤儿，但社会救助仍让他的成长之路少走了不少弯路。

地震时我太小，不记事。事后听人说，当时房屋瞬间倒塌，爸扑在我和弟弟身上，倒下的房梁直接砸在他身上。我醒来后，以为是坦克将房屋压坏了。我和弟弟是被街坊扒出来的。后来，我在废墟里摸出手电筒，一照，发现妈已经死了，爸不知在哪里。爸是焦化厂的调度，妈是会计。印象中，爸对我和弟弟很宠爱。

后来，一个兵营将我弟弟要了过去，是为了照顾孤儿。而我来到了河北邢台育红院。那时我很爱唱歌、跳舞。我印象最深的是每年暑假盼着回唐山。回唐山的前一天晚上，我都睡不着觉。当时回唐山的孤儿都是包厢，浩浩荡荡的。焦化厂的车就在火车站接我们。当时焦化厂属化工局，一下车，就听见出站口有人喊：“化工局的到这儿来集合！”我们就背着书包跑过去。焦化厂专门抽出一个大师傅给我们做饭，托儿所有女工来看护我们。到了开学时，再坐火车赶回学校。1984年，孤儿们纷纷离校返回唐山。

不过，我希望能留在邢台，因为那里给我留下了终生难忘的印象。育红院的老师挑的是邢台最好的，不仅家庭出身好，还有同情心。后来，我还经常回邢台看望老师。有一年我赶过去时发现，育红院变成了居民小区，只留下前面的两间平房。我的心里很失落。

长大后，我就回了父母的原单位——焦化厂。单位照顾我们兄弟4个，给我们各分了一套房子，而我为此事还跟单位吵了架。因为我发愁的是房费如何出？谁也不会做饭，我还没结婚，只想接着住集体宿舍，到点就拿着饭盒到食堂打饭。后来，当我见到那些由于事故造成的孤儿，我也更加理解人们过去对我的帮助。

蔡建宏一直在焦化厂工作。后来，单位效益慢慢下滑，在转给个人承包后反倒有了好转。现在他月薪近千元，与妻子收入相当，对此他已很知足。

“如果没有地震，我肯定比现在过得好。我初中毕业后一门心思地盼着参加工作。要是我父母在，好好管管我，我也能考上大学。”说到这里，蔡建宏的眼眶里有泪花在闪动。

周焯华——重新站立的幸存者

周焯华看上去红光满面，精神焕发，不像五十多岁的人。没人会想到，在那场地震中，他的3根锁骨、5根腰椎骨折断，腰以下部位没有了知觉。幸运的是，一年后他站起来了。

身体康复后，周焯华回到了原来的唐山市肉类联合加工厂，干过党支部书记、分厂厂长等职务，52岁时办了“内退”。退休后，他又到河北理工学院来发挥“余热”做保卫工作，闲暇时喜欢与学生聊天。在2003年初的“非典”疫情中，他就讲一些过去的经历，鼓励大家勇敢面对。其实直到现在，他仍不愿回忆地震时的悲惨情形。

唐山有3000多位截瘫人，我幸运地站了起来。经历这场磨难，老婆、孩子都没有了，我能走向工作岗位，就要好好工作，对得起党和国家，对得起亲人解放军。

地震前那个晚上，我在外边玩到28日凌晨2时才睡觉。刚睡得迷迷糊糊，地震就发生了，我第一反应是我们与苏联打仗，苏联把原子弹、导弹给咱使上了。当时大家的战备观念很强。我睡的是火炕，睁眼一看，房顶没了，原来是地震一晃的时候，房顶已脱裂，墙还未倒。外边着火了，天空烧起来，红的、白的、黄的颜色夹杂在一起。我一下子坐了起来，忽然天塌地陷，炕倒了，我掉进了炕洞。我被埋在废墟里，弟弟过来将我从废墟里扒出来。我已疼得死去活来，发着高烧，弟弟与军医将我抬到部队的敞篷车上，拉我到火车站。火车站已成废墟，死尸遍地。军医说：“现在只有飞机场才能救人了！”于是，我被送到机场，沈阳空军的一架飞机正停在那儿。我家离机场很近，小时候我总到机场去玩。我被送上飞往沈阳的飞机。

3个月后，我有了知觉。通过针灸，做功能保健、按摩，腿也一点点恢复。我决心什么苦什么痛都能受，只要我能走回去。人只有经过大灾难之后，才有这样的感受。1977年春节从沈阳回来时，我是自己走着上的车。到了8月，我才算完全康复。这时离地震整整过了一年。1978年6月，我第二次结婚。震后盖上简易房，把房子抹上泥，刷上白灰，我弄点木料，做了橱柜、立柜和桌椅，这就算是像样的新房了。儿子大学毕业后，在唐山钢铁公司工作。这么多年来，小地震也发生过。儿子就会问：“爸爸，这是地震吗？”他的心里没有什么恐惧感。我们这些过来人，留下的阴影始终抹不掉。只要一有地震，心就像条件反射似的揪起来一块，关心又是哪儿发生了地震，厉害不厉害，房子倒了吗，伤亡多大……

现在，周焯华很珍惜自己的两条腿，每天跑步成了必修课：他还学了几年国际标准舞，以增加腿的活动量。他还喜好文学，写过唐山史志、地方文化志。一些学生拿写的东西向他请教，他乐为人师，时常指点一二。

苏幼坡——身兼多职的地震研究者

由于还在放暑假，河北理工学院显得很静谧。不过，校园已被一片工地包围，炙热的阳光肆无忌惮地照射在尘土飞扬的地面上。原来是学校趁放假时抓紧时间进行设施建设。

我走进苏幼坡宽大的办公室，他身兼河北理工学院（现华北理工大学）土建系主任、河北省地震工程研究中心主任等多职，还是几家公司的“领头羊”。采访中，我们的谈话不时被他手机的铃声打断。当说到那场地震时，谈吐儒雅的他忽然变得沉重起来，点燃一支烟深吸了一口，眼神里有了不常见的忧郁。显然，能够在那场突如其来的灾难中幸免于难，他的心情很复杂。

地震时，20岁的我在唐山古冶区当工人。记得1975年发生海城地震时，大家对地震比较恐慌。为了防震，大家在家里立一个啤酒瓶子，如果发生地震，瓶子就会晃动。由于恐慌，工人害怕下井作业，厂里专门请来大学生做思想工作。这人告诉大家，唐山

唐山港曹妃甸港区煤码头。曹妃甸是京津冀地区的一个重要深水港口。（摄影/赵勇）

绝不会发生6级以上地震，让大家安心工作。所以，唐山地震发生前，大家紧绷的弦已经松了下来。海城地震后，当时有关部门夸大了地震预报能力，于是大家深信可以预报地震，并掀起一股预报地震的热潮。当时都是土法上马，通过动物反常、井水发浑等因素判断地震。我们厂里有几口深井，专门有几个人观察水井的地下水位变化。

事实上，到目前我们也只能进行中长期的预报。比如，预报1年或10年之内，何时何地发生地震，这是可能的；如果谁说具体什么时刻发生地震，那准是骗人。

唐山原是一个矿业城市，随着开滦煤矿的建立而发展起来。唐山人特别能战斗，这是煤炭工人的文化。煤炭文化造成唐山人团队精神很强，豪爽热情，地震时互帮互助也表现了这一点。现在，这种影响还存在。

过去，由于条件限制，煤炭工人下井作业危险很大，冒顶、瓦斯爆炸时有发生。今天活着，明天可能就死了，大家不会想得长远。或许这种思想已经潜移默化地根植在唐山人的骨子里，而地震更加重了这种思想。地震让很多人失去了所有，人们发现，就算再怎么奋斗，一场灾难可能会让一切化为乌有。因此，地震对人是一种考验。经过地震，大部分人会看得更远，有一少部分人则对未来失去了信心。

苏幼坡总想为预防地震做点什么，于是选择了抗震方面的科学研究和教学工作。震后二十多年，他成功完成了从工人、学生、学者到商人的角色转变，无疑是个幸运儿。他的理想是实现“产学研一体化”的完美结合，并为此开始了不倦的追求：“产学研三方面可形成一个紧密的平台，十几年来我一直在做这件事。河北理工学院是唐山最好的大学，我们有很多人才，应该为唐山的建设服务。”

杨燕燕——不服输的体校教练

作为北京石景山体校田径教练组的组长，身材苗条、行动敏捷的杨燕燕说话中透出女性少有的豪爽。她于地震后离开唐山，到现在很多年过去了，但家乡始终是萦绕心头的牵挂。何况那里还有长眠故土的父母以及相依为命的哥哥。

地震时，我16岁，还在外地体校训练，没在唐山。我家住在唐山百货大楼的后面，是一座叫“工农兵楼”的三层楼。地震前，父亲是唐山陶瓷工业学校校长，母亲是《唐山劳动报》总编。母亲的手脚一直患有类风湿性关节炎，单位本来安排她外出疗养，但她没去，结果赶上了地震。地震中，我父母、姨妈都遇难。后来，父母、姨妈的骨灰盒葬在唐山冀东烈士陵园。每次回唐山，我就带上鲜花去烈士陵园看望他们。

当年父母的收入还不错，但他们特别节俭。母亲的衣服还打补丁，我老穿大我 8 岁的哥哥剩下的衣服。母亲对人很热情，经常送衣物给别人。地震后，很多人到我家还钱，说：“这些钱是你们父母生前借给我们的，我们必须还给你们。”

由于父母突然去世，我一下接受不了。后来，在哥哥的照顾下，我才慢慢恢复了平静。唐山体校于 1976 年 8 月恢复训练。1977 年 2 月因为成绩优异，我被调到了石家庄的河北体工大队。我喜欢争强好胜，虽然自身条件不好，但我很用功。1978 年，我开始参加成年比赛，破了不少全国纪录。在我眼里，唐山人的性格就是我的性格：热情、真诚、直爽，做事认真，不服输。要不然，唐山不会这么快恢复过来。

1982 年，我考上北京体育学院（今北京体育大学），4 年后毕业到石景山体校。1987 年底，我开始干田径教练。我喜欢这项工作，因为它很有挑战性。在体校，我从小

唐山地震遗址纪念公园。（供图 / 邱衍庆）

学三年级开始带学生，一直带到高三。一个孩子交到我手里，慢慢地成长为北京市冠军，再到参加全国比赛，这让我心里很满足。

我与学生感情很深，大家毕业后，他们经常来看我。他们说，在这里受到做人的教育比其他地方都大。这些都不是金钱所能衡量的。

现在杨燕燕在北京买了房，还拥有两辆轿车。“可以说比上不足比下有余吧。”这是她对自己现状的评价。

杨燕燕有一个读初中的女儿。对于女儿的将来，她像天下所有慈母一样，心中有了蓝图：“首先她要考上本校高中，然后上北大或清华，不是北大、清华，坚决不上。”国外的亲戚曾要女儿出国留学，但女儿对出国没兴趣，反倒很痴迷于环保。杨燕燕知道，孩子毕竟大了，未来之路还需她自己来走。

内蒙古军区骑兵某部，号称“天下骑兵第一营”。（摄影/邱衍庆）

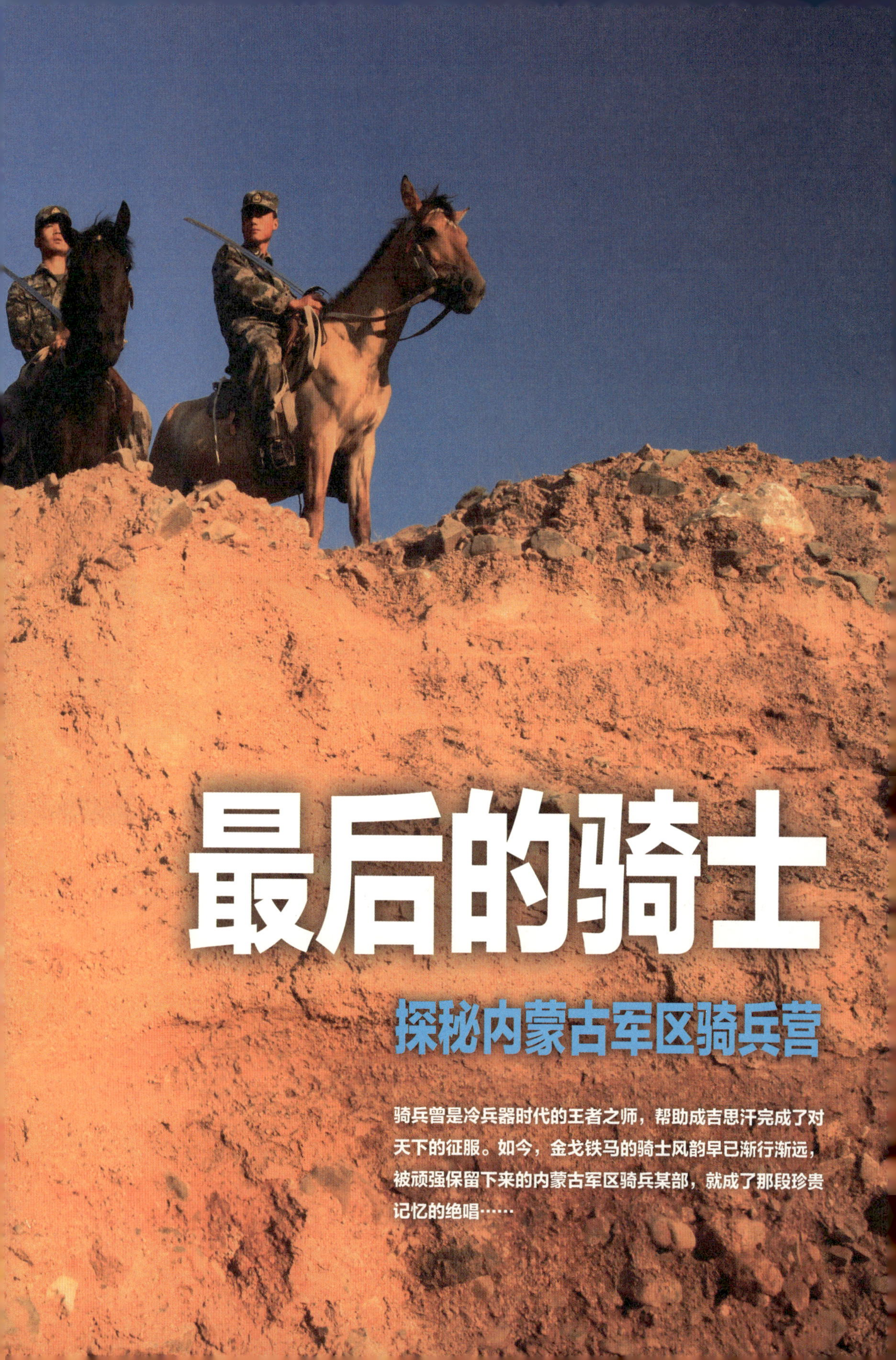

最后的骑士

探秘内蒙古军区骑兵营

骑兵曾是冷兵器时代的王者之师，帮助成吉思汗完成了对天下的征服。如今，金戈铁马的骑士风韵早已渐行渐远，被顽强保留下来的内蒙古军区骑兵某部，就成了那段珍贵记忆的绝唱……

生活篇

“马勤务”的养马经

与一连和三连的马厩外观一样，二连的马厩也是一排红砖平房，马厩的食槽里铺了厚厚一层干草，还散落着一些掰碎的西瓜。食槽边，摆着几块圆盘一样供马舔食的厚盐块。此时，已近上午 10 时，盛夏的太阳早已从不远处的阴山东侧升得老高，开始将山下的大片戈壁晒得发烫，也将内蒙古军区骑兵某部二连马厩墙壁上的大标语照得更加明亮：爱护无言战友、寸草三刀、把草把料……

不一会儿，从外面散步回来的军马们，急不可耐地冲进马厩大院，直奔食槽而来找吃的。马蹄扬起一股尘烟，将寂静的马厩搅得喧闹起来。这时，二连的“马勤务”张柏鸣开始忙活开了，他动作敏捷地给每匹马套上一个笼头，拴在马桩上，这是为防止马吃饱后，到处乱跑去别的地方偷嘴吃。

在骑兵营里，“马勤务”就是那些负责照料马的战士，由营里的战士们轮流担任，一月一换。每一匹马都要“定人定槽定位”，就是说马都有固定的主人、食槽和位置。

我没想到的是，第一次走进内蒙古军区骑兵某部，首先感受到的却是人马和谐相处的温馨画面，与我想象中的剑拔弩张、金戈铁马相去甚远。营区就在内蒙古乌拉特中旗境内的阴山脚下。站在营区，一抬头，就能看见营区后面起伏的阴山，它像一道天然的屏障，护卫着这个由人和马组成的特殊部队。

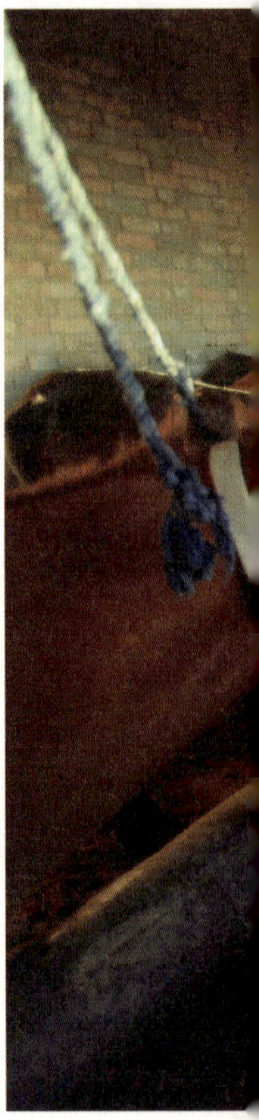

这支号称“天下骑兵第一营”的部队，营房都是红砖灰瓦的老式平房，大部分建筑是 20 世纪 60 年代末到 70 年代初建的。营房的外墙壁上粉刷着很多标语，时代特色很明显。这些营房分驻着骑兵营的三个连，每个连都有自己的宿舍、食堂和俱乐部。

营房两侧路边种植着高大笔直的杨树，杨树旁边是修剪得整整齐齐的灌木丛。3 名战士拿着长笤帚，正弯腰在灌木丛里清扫垃圾。今天是星期六，本来是休息的时间，但战士们都在外面搞卫生，为的是迎接马上就要到来的“八一”建军节，而且明天还是老兵重返军营联欢的日子。此刻，营长周俊平也在会议室里忙碌着，跟前任老营长交流，商量如何布置这次重要的交流活动。

营房前后都圈出来小块的菜地，几名战士正在菜地里挖一条小水渠，用来引水浇灌蔬菜。另一片空地里，一片黄色的向日葵长得正旺。在一连一排排长李建亮的带领下，4 名战士在给这些生机勃勃的向日葵除草。

中国人民解放军骑兵曾拥有 7 个建制师、数十万匹战马。到了 20 世纪 80 年代中期，在“百万大裁军”中，骑兵作为一个兵种被取消了，全军仅象征性地保留了两个骑兵营，驻守在中国的北疆，成为一个时代的记忆。

“马勤务”在给马儿们喂食草料。（摄影/邱衍庆）

“你看，那匹马长得最精神，体格强壮，它一站，别的马都得躲着它。它叫‘狮子头’，被誉为‘猛男’，有十多岁，养了六七年都没人敢骑它，因为没人能征服它。你看，它的发型多好看啊！”张柏鸣笑着告诉我，脸上荡漾着孩子般的笑容。

他说的“狮子头”是一匹枣红色的骏马，鬃毛耷拉在耳朵和眼睛之间，修剪得整整齐齐，就像美女额前的一排漂亮刘海。它脖子后面的一排鬃毛，好像经过烫发一样，耷拉在脖子下方，如一缕缕卷曲的披肩长发，让我想起了舞台上某摇滚歌星的狂放发型。当然，这些发型都是“马勤务”的杰作了。

张柏鸣是个健壮结实的小伙子，戴着近视眼镜，显得很斯文，皮肤早就晒成了古铜色。他来部队两年了，老家在河北唐山。他来部队之前，从小在城市长大，没有接触过马，更别说伺候马了。这群军马有四五十匹，每匹马的臀部都有数字和字母组合的编号。它们进军营时只有四五岁，一般到十一二岁就退役。马匹来自赤峰的红山军马场。尽管全军只有两个骑兵营，但中国仍保留着甘肃山丹、内蒙古红山两个军马场。

以前，部队想引进一批香港赛马会的退役马，但被上级否定了，目前几乎都是清一色的蒙古马，因为这种马耐粗饲，生命力极强，能够在艰苦恶劣的条件下生存。

虽然不再像它们的前辈那样在前线冲锋陷阵了，但是如今这些军马依然享受着很高的礼遇。它们的待遇并不比主人低，口粮标准和士兵伙食标准相差无几。而军马的医疗保健费标准甚至比士兵还高。如果马的肠胃不舒服，还有“吗丁啉”来给它们提供胃动力呢。

我看到马厩外面的马桩上拴着两匹马，就问小张是怎么回事。小张说，它们病了，都是肠子打结。“马不好伺候。你要说它娇气吧，也挺娇气的。生了病，就得遛它。比如，肠子打结、肠痉挛啊，你就得不停地遛它，让它不停地出汗、喝水，然后拉出粪便来就好了。”我又问：“马的肠子为什么会打结？”小张解释说，因为马厩里喂的是干草，而在外面草地上吃的是新鲜的青草。这样，当一匹马吃进不同的干草和湿草，如果它

内蒙古军区骑兵某部正在进行科目训练。（摄影／邱衍庆）

适应能力差的话，就有可能造成肠子打结。“怎么能看出肠子打结了呢？”“它不喝水，发蔫，喜欢老卧着，也能吃草，可拉不出粪便来。你看这匹生病的黑马，毛带白色斑点，它叫‘懒驴’，特别懒，可是跑起来飞快，是连里跑得最快的马。”小张说。

可以看得出来，饲喂军马是个烦琐而辛苦的工作。每天上午 10 时、下午 4 时、凌晨 3 时，军马开三顿饭，讲究定时、定量、定槽。俗话说“马无夜草不肥”，凌晨 3 时这餐对军马意义重大。“马勤务”下半夜就得起来打着手电筒喂马，要是赶在寒风凛冽的冬天，对“马勤务”来说就是一个更严峻的考验了。

军马冲锋打仗风风火火，可用起餐来极为讲究，需要细嚼慢咽：早槽 2.5 个小时，午槽 2 个小时，晚槽 3 个小时，而且喂马时人不能离槽。讲究的是“把草把料”，少给勤添。同时，食不厌精，一寸长的草料要切三刀，所以又叫“寸草三刀”。不过，现在的草很软，不像原来那么粗糙，就不用“寸草三刀”了。豆类、麸皮、谷物、干草、食盐之类的精粗饲料，也是一顿不能少的。不过，光从外表看，不少军马看起来仍显得很瘦。这与我在某些旅游区看到的那些养尊处优、肥头大耳的马相比，差别很大。“军马都是公马，没有母马，都是骗过的。”小张告诉我。

小张几乎认识部队里所有的马，指着一匹匹马说着它们的名字：“‘小霸王’和‘迎中’是这里的‘狠角色’。特别是‘迎中’，跑得可快了，但脾气大。你如果挨近它的屁股，它会往死里踢你，蹄子踢起来还挺高，连人带马都踢。那匹白色的马叫‘白加黑’，枣红色的马叫‘萨达姆’。这是‘大驴’，又叫‘动画片’，因为它长得像动画片里的马。还有那匹白色的马，叫‘八号’，是二连最老的马，体力好，骑多远都不流汗……至于这些名字的来历，因为大家叫得顺口，就传了下来。这些马在一起也打架，打架时，人必须得把它们分开。”

对像小张这样骑兵营里所有的士兵来说，他们的日常工作和生活就是围绕军马展开的，饲喂军马、调教军马、完成训练科目等也是他们每天都需要做的功课。正因如此，士兵和马的感情很深，他们称马为“无言的战友”，而当老兵要离开部队的时候，他的马甚至也会流下眼泪来。

目前，骑兵部队的保留，更多是一种象征和纪念意义。（摄影 / 邱衍庆）

训练篇

新骑士的斩劈术

朝阳从阴山的山头缓缓升起，斜射在骑兵营里的操场上，将平整的沙土地映照得晶莹剔透，也将每一位骑手黝黑的脸庞和胯下的战马刻画得更加神采飞扬。骑手们将手中的军刀倒立，斜放在自己的肩膀上，散发出阵阵寒光。胯下骏马迈着矫健的步伐，踏在细软的沙地上奔驰起来，身后扬起一股轻烟。

棕红色的牛皮鞍具，柔软的高腰马靴，被马靴磨得发亮的马镫，开刃或没开刃的军刀，统一的新式迷彩服，一匹匹枣红色、黑色、棕色的战马，这一切都汇聚成一股激动人心的洪流，吸引了我的全部注意力。我知道，骑手们马上就要开始正式的骑兵军事操练了。

在战场上，两军对垒，胜败事关生死，靠的是平时的勤学苦练。在已经拥有隐形战机和巡航导弹的时代，这支最后的骑兵每天仍然操练着传统的骑兵科目：马上斩劈、乘马射击、卧马、镫里藏身、乘马越障、野外骑乘、骑兵阅兵式……

马上斩劈可谓骑兵最经典的技术，也是骑兵相比步兵的主要优势之一。由于骑兵处于比地面更高的位置，并且是在运动之中，军刀顺势劈斩下去，近距离的杀伤力极大。

操场上，150 米的距离内竖着高低不同的 7 个人体目标，低的离地 40 厘米，模拟俯卧的敌兵；高的 170 厘米，仿佛站立的敌兵。一阵急促的马蹄声由远而近，一位骑手策马疾驰而来，军刀出鞘，越过头顶，接近目标时，骑手身体右倾，右臂飞速挥刀砍下，“人头”瞬间滚落于地。接着骑手忽劈忽刺，高低目标接连落地。

后来，我才知道，骑兵的斩劈功夫，最初是骑在墙头上练出来的。这是因为，新兵臂力不足、骑术欠精，如果直接上马练习挥刀，难免闪失，甚至会伤及自己和马匹。后来，骑兵们经过摸索，创造性地发明了斩劈训练三部曲：先平地、再骑墙、最后上马。骑兵营营房后面的围墙低矮宽阔，犹如马背，表面的水泥早已被磨得光滑，这是一代代骑兵骑墙挥刀的结果。而且，新兵只用没有开过刃的军刀，以防技术不精伤到自己，待技术熟练以后才能开刃。

与自己心爱的坐骑一样，军刀在骑手心目中也是一种特殊的象征。现役的 65 式军刀刃长 96 厘米，精钢打造，刀身镀铬。挥舞这把重 1.85 公斤的军刀，需要良好的臂力，所以只有那些资深骑兵的军刀才会开刃，新兵的军刀是不开刃的。但借着军马的冲击惯性，即便不开刃的军刀仍然可以轻易地斩落敌人的头颅。可以说，一把小小的军刀，其实浓缩了骑兵的精神和传统。

65 式军刀是 1965 年由南京一家军工厂生产的。在抗日战争和解放战争时期，解放

一位骑兵战士在进行“立马”的训练。（摄影 / 邱衍庆）

军骑兵大部分沿用缴获侵华日军骑兵的军刀。也许用得太顺手，中华人民共和国成立后我军唯一的制式骑兵军刀就是在借鉴战利品的基础上设计的。

但是，骑兵营的大部分官兵相信，他们手里的军刀是抗日名将彭雪枫设计的。1941年新四军第四师组建骑兵团时，战术、技术效法苏联红军骑兵，被称为“红色哥萨克”。但自幼习武、精通刀术的师长彭雪枫却没有采用苏军的高加索式军刀，而是博采众长，亲自设计了一种军刀，它的刀身颀长，刀背轻薄，锋利异常。骑兵们爱不释手，称之为“雪枫刀”。在1942年洪泽湖沙山集一战中，骑兵团仅用9分钟，就将300多名日军砍倒大半，80多名日军因恐惧而投降。

乘马射击也是骑兵远距离杀敌的基本技术。军刀入鞘后，骑手在疾驰中放开马缰，轻舒猿臂，取下身后的自动步枪，双腿裹紧马腹，从马镫上挺身直立据枪，在风驰电掣中对准一字排开的靶标扣动扳机，“嗒嗒嗒”一阵清脆的枪声过后，靶标弹痕累累。据说，军马奔驰的速度在200米内可以超过汽车，而骑手仅靠双腿夹裹马腹进行立姿射击，稍有闪失就会从马上跌落。由此可见，乘马射击的操作难度极大。

此外，训练的科目还有一项马背绝技：镫里藏身。战士将身体悬挂在马的一侧，从另一侧看，只见一匹奔跑的骏马，不见人身。有的项目需要骑手和马匹同时具备极大的勇气，如钻火圈的训练，人马合一，连续跨越三个熊熊燃烧的火圈。马不仅不能畏惧火，还要同时起跳跨越过膝高的障碍；跨越壕沟，战士牵马先过，带马熟悉几次后，再骑在马背上一跃而过。

最后的训练科目是骑兵仪仗。全营骑兵集合在一起，数百名骑手随着营副教导员张国恒的一声口令，拔刀出鞘，举过头顶，停顿片刻，收至胸前，然后下挥30度，停留于右下方。这是骑兵的最高礼节——撇刀礼，给人以雄壮、肃穆的感觉。据说，中国人民解放军三军仪仗队指挥员的撇刀礼，就来源于这个骑兵礼节。

一套完整的训练科目下来，让我对骑兵的战斗力刮目相看。更让我觉得不可思议的是，这个兵种的奇特之处就在于，一套战术的完成完全有赖于人与马的绝妙配合。试想一下，在生死存亡的战场上，如果一位骑兵的坐骑突然闹情绪，不配合主人的指令，那么后果就可想而知了。因为离开了坐骑，骑兵的威力就会丧失殆尽。

随后，张国恒副教导员的一番话，让我对骑兵和马有了更深的认识：“这些骑兵对自己的战马呵护有加，有的战士将舍不得吃的馒头留给战马，有的战士用自己的沐浴露、洗发水给战马洗澡……有一次，一匹马生病了，战士在马厩整整守了三天三夜，给它喂水、喂药。三天后，马的病好了，战士却累倒了，那匹马流着眼泪舔舐着战士的脸庞。”正是因为日积月累培养出来的深厚感情，才会最终产生“人马合一”的效果，让骑兵们在战场上纵横无敌。

正是人与马的完美配合，才成就了历史上绵延数千年的骑兵传奇。不过，传奇，终

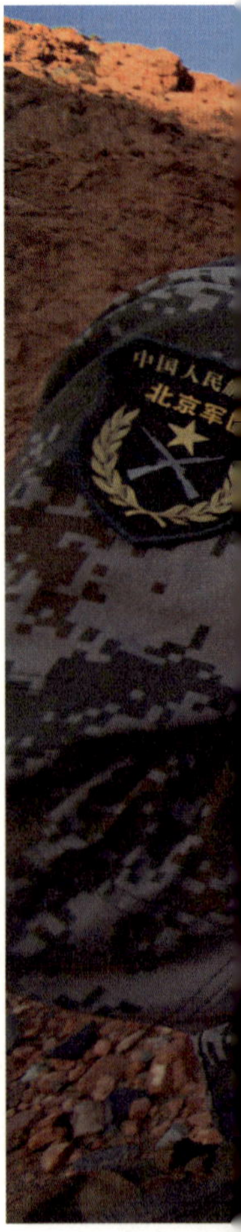

有谢幕的一天，到了热兵器时代，纵横天下的骑兵开始遇到了强力阻击。第二次世界大战中，波兰骑兵对决纳粹德国坦克的悲壮场面，直至今日仍令后人感到极大的震撼。

1939 年 9 月，德国的坦克兵团完成了对波兰“波莫瑞”集团军的合围。被围的波军显然低估了坦克的性能，以为坦克的装甲只是用来吓唬人的。于是，波兰骑兵蜂拥而上，用手中的军刀向德军的坦克发起猛攻。

德军见状大吃一惊，但很快清醒过来，毫不留情地用坦克炮和机枪向波军扫射，用履带碾压波军。

波兰骑士想象中的战场决斗成了一场实力悬殊的屠杀。英勇的波兰骑兵前仆后继，用顽强抵抗的精神捍卫了骑士的荣誉，也让骑兵的落幕显得更为悲情和凄美……

休息中的骑兵营战士与共同完成巡逻任务的“小伙伴”。（摄影 / 邱衍庆）

一位当地人骑着摩托外出挖掘肉苁蓉。（摄影 / 吴若峰）

大漠药材种植人

突破生命极限的奥秘

阿拉善荒漠是中国沙尘暴的发源地之一，因为严酷的环境几乎成为生命的禁区。然而，却有一群奇特的沙生植物——肉苁蓉、锁阳、苦豆子等，不仅以顽强的生命力恣意绽放于大漠深处，而且还“修炼”出一身的药物价值，被誉为名副其实的大漠“黄金”。

发现："沙漠人参"酷似萝卜

"你们还是别进去找了，里面的梭梭林太多，要是迷了路就出不来了。"当听说我们要进 50 万亩梭梭林里寻找肉苁蓉时，长着圆圆脸的格日勒大妈冲我们摆摆手。她是典型的蒙古族人，身材不高但很壮实，头系一块绿色方巾，穿一件粗布碎花棉袄，突出的颧骨上有一块明显的红色，那是沙漠里日照和风沙的"杰作"。

她家就住在内蒙古阿拉善盟左旗的敖伦布拉格镇，这里是过去的老镇所在地，早已经人去屋空，只留下几座破败的土坯平房。不过，由于这里靠近梭梭林，有羊喜欢吃的白刺等沙生植物，所以，格日勒就把家迁到了沉寂多年的老镇平房里，在这里放养着 400 多只羊。尽管气温比往年明显要偏低，但是阿拉善的荒漠已经显示出了生机。大片的梭梭林开始抽芽长叶，地面的白刺、爪爪等植物也迅速返青，沙冬青甚至还开出了艳丽的黄色花朵。就在我四处打量荒漠的绿色时，突然感觉有一把细细的毛刷子在摩擦我的脸庞。正觉诧异，只见远处的梭梭林已被裹在一片黄色的烟雾里。紧接着，

在荒漠里，骆驼与梭梭林形成了一种互利共生的良性循环系统。（摄影 / 吴若峰）

我的耳畔响起了风裹挟细碎沙粒呼啸而去的沙沙声，原来是起沙尘了，一时心情有些低落：这种天气进梭梭林找肉苁蓉，太疯狂了吧？

格日勒大妈把我们让进屋子避避风沙，并倒上了一杯热茶，还拿出一种当地小吃——起蛋子，用羊油炸的面食。我一转身，发现屋子的墙角堆了很多奇怪的根状植物，它外表披着一层鱼鳞状的东西，呈长棍状，乳白色，猛一看像萝卜。我问她："你们家还种了这么多萝卜呀？"大妈笑了："这可不是萝卜，是好东西啊！就是你们要找的肉苁蓉呀！"

我这才恍然大悟。敢情这号称"沙漠人参"的肉苁蓉外表跟萝卜还真有几分相似。格日勒平时以放羊为生，赶上每年 5 月至 7 月肉苁蓉收获的季节，她也会做做肉苁蓉收购生意。她家的院子有一个大磅秤，附近牧民将采来的肉苁蓉拿过来过秤卖给她。她再转卖给左旗城里的肉苁蓉专卖店。我问她一年能赚多少钱，她笑而不答。

喝完格日勒泡的热乎乎的红茶，外面的风沙似乎像潮水一样慢慢地消退了。我们告别格日勒，顺着她指的那条沙漠小道，驱车进入了宛如浩瀚海洋一般的 50 万亩梭梭林。梭梭是阿拉善沙漠中一种常见的植物，有"荒漠植被之王"的美誉，它不仅可以涵养水源，阻止荒漠化，还能为骆驼提供食物，为当地牧民提供柴火。而我们要寻找的肉苁蓉就寄生在梭梭的根部。

为了能早点一睹肉苁蓉在野外生长的状况，我们朝着梭梭林全速前进。20 多分钟后，我们已经进入了梭梭林。这些梭梭枝干呈灰白色，枝条很细，远看就像是一个个披头散发的人头矗立在沙漠中，有一点诡异骇人。由于气温较低，周围的梭梭还比较矮小，约有 1 米高。就在我们朝梭梭林腹地行进时，我们的车却突然出了问题。

遇险：寻找肉苁蓉一无所获

因为前一天下了雨，沙路有点湿滑，同行的一辆两驱越野车突然陷进了一个沙坑。一开始，司机猛踩油门想冲出去，却发现车轮只是在原地打转，越陷越深，隐约还闻见了一股焦煳味。大家只好下车，拿来铁锨将沙土铲到轮胎后面，却发现并不管用。最后，大家一起使劲，才把陷进沙地的车推了出来。刚进入梭梭林，就遇上这样的麻烦，是我们没有想到的，这让我们寻找肉苁蓉的进程从一开始就不顺利。

继续行驶了大约 40 分钟后，我们到达一处比较密集的梭梭林。这些梭梭接近两米高，排列起来有点像八卦阵。面对这么多的梭梭，我们一时不知道该如何下手。

于是，我们决定去碰碰运气。我们拿起铁锹，在附近最大的一棵梭梭根部，连挖了几个坑，都没有发现肉苁蓉的影子。我们又挖了好几棵，仍然一无所获。这让我很疑惑，肉苁蓉为何如此难找?

我们很失望，还想再尝试多挖几棵，当地向导却提醒我们，“天色已晚，必须立即返回，否则，在梭梭林里迷路是很可怕的事情”。要知道，50万亩的梭梭林一望无际，四周没有任何标志，一旦迷路，弄不好还会有生命危险。跟来时充满期待的兴奋心情相比，我们返回时的情绪已低落到极点。此时天色暗了下来，行驶了1个多小时后，最让人担心的事情还是发生了。

梭梭林里偶尔也能见到牧民的房屋，那是土坯房，一般都带有供发电的太阳能面板，屋顶还有利用风能发电的风扇。对于牧民来说，这些足够家里电视机、冰箱等电器的用电了，既环保，又经济。一开始，我们就把这些土坯房当成路标，结果返回的时候才发现，这些路标很不靠谱。因为牧民的土坯房外观几乎一模一样，连屋前的羊圈、骆驼圈都差不多，我们无法分辨它们的差异。就这样，我们在茫茫的梭梭林里迷路了。

挖肉苁蓉，已成为阿拉善当地人的一大收入来源。

此时风越刮越大，渐渐起了沙尘，更加扰乱了我们的视线，大家的心情也越来越紧张。更糟糕的是，我们的手机也没有了信号。

“就算走不出去，好在梭梭林里有骆驼，我们抓住一只烤来吃，也能撑一撑吧。”我开始盘算怎么逮骆驼了。“虽然有骆驼，但是不一定抓得住，因为骆驼怕人，跑得比人快多了。也许还没抓住骆驼，我们就累死了。”向导兜头将一盆冷水泼了过来。刹那间，一种死亡的恐惧向大家袭来。在50万亩的梭梭林里，即便在大白天也不好分辨方向，更何况现在天色已晚，肆虐的沙尘更是雪上加霜。如果再找不到正确的道路，沙尘再发展为沙尘暴，后果将不堪设想。车灯的光柱在梭梭林里左冲右突，一棵棵梭梭被甩在我们车后。不知道过了多久，看看周围的环境，我们好像仍然在原地打转。此时我突然想起了在沙漠里迷路者经常会碰见的现象——“鬼打墙”，就是走来走去，仍然没有离开原地。难道我们也不能幸免？

就在我们晕头转向之时，七彩神山挽救了困境中的我们。因为我们猛然一抬头，看到了哈鲁乃山——当地人管它叫七彩神山。它指示的位置就是我们前进的方向。七彩神山本来是一个很好的路标，可是慌乱下的我们竟然没有想到用它来做路标。

终于走出了这片浩瀚的梭梭林，此时天色已经黑了，连起伏的七彩神山也渐渐被夜色吞没。在梭梭林搜寻整整一天，我们仍然无缘找到寄生在梭梭根部的神秘植物肉苁蓉。

巧遇：**挖肉苁蓉也能挣大钱**

下过一场难得的雨后，我们踩着有点湿滑的碎石子，行走在“天路”上。这条路的两旁是陡峭的悬崖，若一不小心掉下去，就要粉身碎骨了。路是通向上面的七彩神山，一座传说中会变色的山。这时，我们碰见了一个骑摩托的当地牧民李军章。

他停下车，冲我们憨厚地笑着。我一眼就看见了他摩托车后座两旁的帆布袋子，袋子里塞满了白色的“萝卜”——肉苁蓉。我伸手摸了摸其中一根粗壮的，它长四五十厘米，跟人的胳膊粗细相当，外表的皮看起来很像鱼的鳞片，而且有一种油滑的感觉，上面还沾了一些细沙。我凑近一闻，有一股生红薯的味道。

“今天收获不少呀！能卖不少钱吧？”我问李军章。“还可以。能卖个三四百元钱。”李军章说。他的家就在上面的哈鲁乃山上，养了300多头山羊。由于这两天下雨，闲来无事，他就下山到梭梭林里挖肉苁蓉。

每年的5月至7月正是肉苁蓉收获的季节。算起来，一年下来他靠挖肉苁蓉也能挣1万多元钱。

对当地牧民来说，养羊、养骆驼、挖肉苁蓉，是最主要的几项收入来源。一般一户牧民都养有几百头羊，有山羊、绵羊，也有一些牧民养骆驼、马和驴。赶上每年的5月至7月，他们也会去沙漠里挖肉苁蓉、锁阳卖钱。但是，现在野生的肉苁蓉越来越少了。“我们经常跑上大半天，一根肉苁蓉也挖不着。”李军章告诉我。其实，当地牧民知道“竭泽而渔”的危害，因此，他们在挖肉苁蓉时，都不会破坏它的根部，这样，过几年从同样的位置还会再长出肉苁蓉来。

作为一种名贵中草药，肉苁蓉只在西北沙漠中生长，数量极其稀少，因此价格昂贵，有的野生肉苁蓉可以卖到上万元的市场价格。

当年的李时珍将肉苁蓉收录于《本草纲目》中，并提到：“肉苁蓉，强阴，益精气……壮阳，日御过倍，同羊肉煮粥食之。”现代人认为，肉苁蓉具有抗疲劳、抗衰老的作用，可以养阴壮阳，补肾益气。

而在科学家钱学森的回忆录里，肉苁蓉则被西部开荒的战士当成“萝卜”吃。那是三年自然灾害时期，每个人的定粮是一个月仅22斤，根本不够吃。小战士看到牧民挖肉苁蓉，以为能当菜吃，结果吃了以后，满面红光，鼻子流血。

今天，外表酷似萝卜的肉苁蓉已成为人们的一种重要滋补品，也是沙漠牧民收入的重要来源之一。可是，我们寻寻觅觅，一直无缘见到这种“沙漠人参”在梭梭根部嫁接的英姿，直到我们碰见了乌日。

神奇：“千年等一回”的不死种子

乌日就住在梭梭林的深处，我们路过他家门口时，他正在院子里翻晒挖来的肉苁蓉。“这肉苁蓉要放在太阳底下晾晒，直至晒黑变干，否则就容易烂掉。”他告诉我。虽然他看起来身高体胖，但说话的嗓门却很细。他现在与弟弟住在一起，哥儿俩至今还都没成家。他俩平时养羊放骆驼，没事时就以挖肉苁蓉作为副业收入。

听说乌日从小就开始挖肉苁蓉，我知道他一定是个中高手，于是请他带领我们去寻找肉苁蓉，他痛快地答应了。我们骑上他的骆驼，跟随他往梭梭林深处走去。

乌日说，挖肉苁蓉并不难，难的是肉苁蓉从一粒种子长成植物。如果用一个词来形容，那就叫“千年等一回”，因为它们能在大漠里长出来太不容易了。为什么这么说呢？它开花结果后，种子就随风撒在沙地里，如果正好赶上有梭梭树的根部从那儿经过，而且正好根部离地表很浅，那么肉苁蓉的种子就有可能慢慢地落在梭梭根部，最后一结合，才有可能长出肉苁蓉来。如果没有梭梭根部经过，那么肉苁蓉的种子就只能一直等待合适的机会。

就是在这样漫天黄沙、夏季温度高达七八十摄氏度的严酷环境里，肉苁蓉的种子竟然可以忍受多年的风吹日晒而不死。一旦遇到梭梭根部，它立刻就会疯狂地扎入里面生长起来。很显然，虽然梭梭很多，但并不是所有的梭梭根部都能寄生出肉苁蓉来。

肉苁蓉寄生在沙漠植物梭梭的根部，从中吸取养分，有“沙漠人参”的美誉。（摄影 / 吴若峰）

只有在非常巧合的情况下，随风飘散的种子恰巧落在梭梭的根部，才有可能长出来。这也是为什么我们不能随便在一棵梭梭树下挖出肉苁蓉来。

骑骆驼走了近半个小时后，乌日带我们来到一片茂密的梭梭中间。他先是绕着几棵梭梭转了好几圈，挖也没挖就告诉我们这里肯定没有肉苁蓉。就在我们纳闷的时候，他突然在一棵梭梭前停了下来，仔细看了一会儿，说这里有肉苁蓉。这让我们有些吃惊。我们认为很难找到的肉苁蓉，难道仅仅凭借肉眼就能看出来吗？

见我们不相信，乌日拿出铲子，开始动手挖了起来。只见他的动作很是小心翼翼，先用铲子，后来干脆只用两只手往外刨沙子。十几分钟后，坑里露出了一个细细尖尖的东西，我们兴奋地凑近一看，果然就是外表像萝卜的肉苁蓉。它长度约 60 厘米，最下面隐约可见是直接长在梭梭上的根部。

终于找到非常罕见的野生肉苁蓉，兴奋之余，也让我们有些疑惑：为什么乌日能如此轻松地找到肉苁蓉？

最后还是乌日告诉了我们其中的诀窍：首先要看梭梭树下的沙子，是否稍微有突起的地方，而且突起的边上是否有很细的裂纹。如果有，说明这里很可能有肉苁蓉。因为肉苁蓉从地下冒出来时会顶着地表的沙子，造成一些突起和裂纹。不过，这种突起和裂纹如果不仔细看，根本就看不出来。

乌日将这棵肉苁蓉取了出来，它被沙子包裹着，透出一股新鲜劲儿，形状有点像一把“圆月弯刀”，中间大，两头小，细细的鳞片油光发亮。乌日小心地捧着它，就像是捧着新生儿。

低调：另一种“明星植物”的不凡表现

与肉苁蓉一起被称为沙漠“绝代双骄”的锁阳，相比肉苁蓉来说，就要低调得多。

我们遇见锁阳纯属偶然。那天，我们在阿拉善峡谷里跋涉，正逢骄阳似火的当口，大家踩在峡谷里松软的沙子上，走得格外费力。这个峡谷就在哈鲁乃山里，既有丹霞地貌又有雅丹地貌的特征，蔚为壮观。

就在即将走出峡谷的时候，在峡谷一侧峭壁的脚下，我们突然发现了两棵暗红色的棍状物。走近一看，竟然是钻出沙子表面的锁阳。

这是两棵长得很壮实的锁阳，露出地面的部分很像细细的纺锤。一群黑色的甲壳虫状昆虫趴在上面，仿佛要吸取它们的精华。

锁阳一般跟白刺长在一起，寄生在白刺的根部。但在峡谷里，四周都是光秃秃的岩石，没有看到白刺，这棵锁阳是怎么长出来的呢？我们在这棵锁阳的周围仔细搜寻，最后才找到了答案：原来这里本来有一棵白刺，只是它的枝叶不知为何都已消失，而根部仍然深埋在沙里，并成为这棵锁阳的寄生地。白刺的适应性极强，耐旱、喜盐碱、抗寒抗风、耐高温、耐瘠薄，是荒漠地区及荒漠平原的典型植物。因此它可以固沙，还是羊喜欢吃的食物。

关于锁阳，先秦就有文字记载，汉代开始入药，能补肾阳，益精血，润肠通便。最新医学研究发现：锁阳能够促进人体细胞再生和新陈代谢，增强免疫调节能力，具有明显的防癌、抗病毒和延缓衰老作用。

李时珍也将其收录于《本草纲目》：“锁阳，益精血，大补阴气，润燥治痿，功同苁蓉。”功能被李时珍视为等同于肉苁蓉的锁阳，市场价格却比肉苁蓉低去甚远。所以，当地牧民对采摘它的积极性远不如肉苁蓉高。正因如此，锁阳反倒在当地随处可见。它的花钻出地面后，也成为羊喜欢啃食的食物。

与肉苁蓉、锁阳的名声在外相比，另一种沙生植物苦豆子的名气就要小得多，它是一种连牛羊都不会啃食的植物，因为它们的味道实在太苦了。但是，苦豆子绝对也称得上是沙漠里的“明星植物”。

在中国西部原子弹做爆炸试验的地方寸草不生，但唯有苦豆子能够存活下来，成为生命的奇迹。苦豆子属中旱生植物，根系发达，抗旱耐盐碱，生命力顽强，是极好的固沙先锋植物，在沙质荒漠化地区，对维护生态平衡、防治土地沙漠化、减少水土流失有着其他植物难以替代的作用。

苦豆子具有极强的抗旱耐盐碱的能力，对防治土地沙漠化具有重要的作用。（摄影 / 吴若峰）

清东陵守陵人

断饷后，成了“掘墓人”

守陵人本是清东陵最忠实的护卫者，但由于时局动荡，民国政府承诺的薪俸竟至枯竭。于是，一部分守陵人开始了监守自盗。它就像堤坝的第一道缺口，最终引发全面“溃坝”，导致了清东陵毁灭性的开端。

雪后的清东陵。这座中国现存规模最宏大、体系最完整的帝王陵墓，曾遭受了严重盗掘。（摄影/高景生）

从守陵人监守自盗开始，到 1928 年孙殿英率部疯狂盗掘慈禧陵和乾隆陵，作为中国现存规模最大、体系最完整的古帝陵建筑，清东陵频遭盗匪蹂躏，帝后墓中陪葬的众多稀世珍宝被抢掠一空，至今下落不明。那么，守陵人为何沦为清东陵的“掘墓人”？孙殿英又如何密谋策划，得到慈禧陵藏宝图并顺利打开神秘地宫？他们踏进地宫后究竟发生了什么离奇的事情？

“我姥爷在他们家族里排行第三，在清东陵当过四品官，‘文化大革命’时我把他传给我们家族的顶戴花翎给烧了。”张晓东说话时，两道浓眉上下跳跃，双眼炯炯有神地盯着我。对于他浓重的老北京口音和极快的语速，身为南方人的我虽然在北京待了十几年，但仍然听不太清楚。因此，我一边紧张地手拿笔和本子记录，一边小心翼翼地竖着耳朵仔细听，生怕错过每一个字。

“我最心疼的是他留给我们家的那些瓷器，‘文化大革命’时也都砸了，如果留到现在可就值钱了。”张晓东一边叹了口气，一边擦着额头上的汗珠。他身材高大肥胖，因此很容易出汗。5 月初的河北遵化还是春暖花开的季节，天气并不炎热。我们坐在张晓东开办的工厂的会议室里，身穿短袖的我感觉到一丝寒意。工厂是一个大院子，有几个大车间。办公室是一排红砖砌的平房，一辆黑色别克君威轿车——那是张晓东的座驾——就停在简朴的厂子大门口。

张晓东是清东陵守陵人的后代，祖辈都是满族人。他有两个儿子，大儿子当了医生，小儿子在清东陵文物管理处工作，算是继承了祖业，仍然看护着祖先的陵寝。1983 年，头脑灵活的他在本地开了一家生产矿山检测设备的厂子——河北遵化东陵盛业设备仪器厂。这是一家民营企业，有 30 多个员工，曾获过国务院的奖励，现在可是当地的纳税大户，年纳税 30 万元。

站在厂子里，抬头就可以看到，不远处连绵起伏的群山怀抱中，著名的清东陵建筑群落依山脚排开，落日的余晖为它们镀上了一层闪亮的金黄色。

“我对姥爷最有感情了，他最喜欢我。当年光绪皇帝到清东陵来祭祖时，姥爷曾给光绪皇帝磕过头。皇上来时，特别平易近人，问了姥爷家里人情况，给了不少‘利赏’，还给姥爷赐过一块匾，上书‘麟阁同辉’四个大字，可惜后来也在‘文化大革命’时毁了。”说起家族过去的这些荣耀史，张晓东表情平静，仿佛是在诉说别人家的历史。

张晓东的四姥爷也花钱在清东陵捐了一个官，是赐四品官，被称为“定陵钥匙”，具体工作是看守定陵地窖子的钥匙，地窖子里埋着皇帝放的金银珠宝。后来光绪皇帝来时，发现地窖子里的金银珠宝没了，龙颜大怒，清东陵办事处就把四姥爷抓了起来。最后，案子没有破，四姥爷被定了死罪。后来，四姥爷通过花钱贿赂朝廷官员，总算免了死罪，但丢失的财宝必须要按照价值如数补上。四姥爷倾家荡产也不够补偿，只能通过将银锭包金的办法才对付过去。

从高空俯瞰清东陵，可以看到整座陵墓建筑群的大致面貌。（摄影/高景生）

清东陵雪景。这里埋葬着清朝的 5 位皇帝、15 位皇后。（摄影 / 高景生）

自从清王朝灭亡之后，像这类地窖子里金银珠宝丢失的事情就变得司空见惯了，而且根本无人过问。不过，这还得从守陵人断饷的事情说起。

守陵人俗称“铁杆庄稼”，凡被派来守陵的，绝大多数都成了生活有保障、祖辈相传的守陵世家。他们生活优越，花钱有俸禄，吃饭领俸米，居住有公房。此外，清代的守陵人社会地位也很高。清东陵位于遵化县（今遵化市）内，掌管全县大权的知县和守陵人相比，其地位也是微不足道的。遵化知县为七品，而守陵人在七品以上的官员就有 423 名，其中五品以上的官员有 273 名。很多守陵人既不种地，也不做买卖，不懂节俭，攀比摆阔，因此尽管靠吃皇饷过日子，但很多家庭并不富裕。1924 年，直系将领冯玉祥发动兵变，把溥仪逼出故宫，从此守陵人就断了粮饷。于是，一部分守陵人开始监守自盗，砍伐松柏树，偷盗地面文物。当年清东陵这一片全是郁郁葱葱的原始森林，后来这里被辟为清东陵，又种了很多松柏树。但清朝灭亡后，几百万棵古树逐渐被砍伐一空。这种偷伐树木的活儿被称为“砍板活”。据说当地有一棵大柏树，要 7 个人才能合抱，被当地人用大锯足足锯了半个月才锯倒。

1960 年时，一些守陵人后代还在靠卖古玩过日子。“他们到地摊上很便宜就卖了，!

那可都是些真古董啊！”张晓东瞪圆了眼睛看着我说。每当忆及此事，他都对过去的那些守陵人恨铁不成钢，心情沉重。守陵人的监守自盗，就像堤坝的第一道缺口，最终引发全面“溃坝”，导致了清东陵毁灭性的开端。

“我问过村里的老人，我们当地著名的土匪马福田是村里马家人，他们家也是守陵人后代，兄弟共 9 人。后来，马福田到天津蓟县当了‘胡子’（土匪）。1928 年，孙殿英驻扎马伸桥，在当地剿匪。马福田找到孙殿英，把孙殿英引到清东陵来盗墓。”对于张晓东的这一说法，我不禁有些疑惑。因为一般的说法是，孙殿英借剿灭马福田之机，进入清东陵，最后把马福田匪帮赶跑，自己盗掘了宝藏最多的慈禧定东陵和乾隆裕陵。张晓东从村里老人听到的则是，马福田与孙殿英合谋盗墓。究竟孰是孰非呢？

当时孙殿英的部队已改编为国民革命军，但他只是被招安的军阀部队，部队的粮饷仍需要他自己筹集。因此孙殿英就密谋盗掘清东陵，以地下珍宝换取部队粮饷。最终，孙殿英能够成功盗掘东陵，有一个重要原因，即他通过一位早年曾侍奉过慈禧、跟李莲英关系非同一般的何姓太监，搞到了东陵地宫的藏宝图。

“孙殿英盗墓时，你们村里人都看到什么了？”我问张晓东。“当时，清东陵大门洞开，我们村的很多人都拿着火把和工具进入陵区趁火打劫。孙殿英盗墓后，把慈禧的尸体扔到陵墓外面，尸体光着身子，惨不忍睹。村里一个叫沈子珍的人拿了衣服，把慈禧的尸体遮盖起来。大约 40 天后，清皇室人员在重新安葬时听说了此事，就对沈子珍进行了表彰，并给了他很多赏赐。多年后，我就此事亲自询问沈子珍，他说确

1902 年重建中的清东陵慈禧陵隆恩殿外景。（供图 / 岳南）

有其事。当时孙殿英盗墓时，沈子珍去看过热闹。听村里老人说，当地人都听到了炸药巨大的爆炸声。在重新安葬慈禧尸体时，皇室又找了不少珠宝捶碎，放到棺木里。将珠宝捶碎，也是为了防盗。”说到这里，张晓东端起一杯热茶，“咕咚”一声喝下，汗水很快顺着脖子流了下来。

令我意外的是，当年康熙景陵的被盗还牵涉到国共双方的政治较量。“景陵也被当地人盗过，据说陵墓里有暗器——火。那是 1945 年日本人投降之后，当地一时形成了权力真空。景陵被盗之后，在社会上轰动很大。由于当时清东陵在共产党的管辖范围之内，于是蒋介石借此机会向共产党发难。共产党立即组织追查盗墓贼，捕杀了 6 人。盗墓贼之一的张敬忠逃到北平，结果被军统诱捕。1945 年至 1946 年，东陵还有很多陵墓被盗过。”盗墓的话题一旦聊起来，气氛就逐渐变得凝重。我的身体似乎也感觉凉意渐浓，遂起身告辞。

告别张晓东，我驱车赶往清东陵，途经附近的村庄，这些村庄的大多数村民都是守陵人的后代。从外表看，这里的村庄与河北其他地区的农村并无多大差别。除了京腔京韵的口音流传下来外，村民们或种地，或做买卖，当年满族人提笼架鸟、不事耕作的传统早已荡然无存。

路过村子的一个路口，我停下车，向路边的一位老人打听前进的方向。这位拄拐棍的老人留着山羊胡，戴着一副老式圆墨镜，见我是外地人，他开口了，却是满嘴的京片子：“要听东陵盗宝的故事吗？ 10 块钱一段，包您解渴……”

慈禧尸身的“三进二出”与溥仪亲日

1984 年，清东陵文物管理处奉命打开慈禧陵地宫，现代人终于再次面对面地看到了惨遭浩劫的慈禧陵地宫的情景。工作人员发现，自从 1928 年被盗之后，慈禧陵总算得到安宁，并没有再次被盗。这其实并不难理解，因为遭受孙殿英那次大规模洗劫之后，慈禧陵已经空空如也，后来的盗墓贼是不会再费力气去光顾这座对他们来说没有任何价值的陵墓了。于是，工作人员也得以看到当年皇室人员重新安葬慈禧尸体的原状。

只见慈禧尸体上面盖了几层被子（这些被子都是当年光绪皇帝、慈禧太后赏赐给皇室人员的）。工作人员将被子揭开，发现尸体上还裹着黄缎布。尸体旁边散落着一些捶碎了的珍珠颗粒。尸体上身赤裸，下身穿一条织满“寿”字的内裤，两只脚一只穿着袜子，一只没穿袜子。脸部左侧有一道两寸长的刀口，应该是匪兵从慈禧嘴里抠取夜明珠时用刺刀刺的。胸部塌陷干裂，皮肉还在，但贴在骨头上，没有弹性。两眼塌陷成深洞。

老照片里的清东陵。（供图 / 李寅）

头发散而不乱，发尾系了一根红头绳。工作人员对尸体进行了测量，发现尸体长 1.53 米。

国家文物局的人员将慈禧尸体的牙和头皮取出化验，喷洒了防腐液，然后将内棺封闭。后来，就再也没有打开过内棺。

慈禧生前备受争议，死后也不得安宁，命运多舛。她的尸体也经历“三进二出”：1909 年葬入清东陵的定东陵，是为一进；1928 年孙殿英盗墓将慈禧尸体抛尸墓外，是为一出；清皇室重新安葬慈禧尸体，是为二进；1984 年清东陵文物管理处打开慈禧陵内棺，是为二出；随后重新封闭内棺，是为三进。

那么，为何慈禧陵墓的珍宝至今也没有浮出水面、出现在公众视野和拍卖行中呢？据清东陵管理处的清史专家李寅介绍，这是因为慈禧太后爱财，生前收罗了大量珍宝，档案里都有记载，而且大都价值连城，所以手里藏有这些珍宝的人不好拿出来卖，况且离现在时间很近，毕竟是从陵墓里盗挖出来的，是不光彩的事情。

孙殿英的后人还曾筹划为孙殿英东陵盗墓重新翻案。因为当年孙殿英东陵盗墓事发之后，由于时局动荡，军阀割据，随后爆发了中原大战，各派军阀看重孙殿英的几万人马，竞相笼络他；再加上孙殿英四处用珍宝向国民政府高层行贿。所以，关于孙殿英盗墓之事一直拖延未能审理并给予最终定论。

东陵被盗直接导致的一个严重后果就是溥仪的亲日。因为孙殿英一直未能得到制裁，国民政府对保护清朝皇陵的承诺没有兑现，所以溥仪对国民政府非常失望。失望之下，溥仪逐渐开始转向投靠日本来寻求支持。

少林武僧

功夫背后的真实生活

“有少林的地方，就有江湖。”少林功夫已成为佛教文化展示的绝佳平台，禅宗发展的最大伴生品，更是少林寺对外的一张“王牌名片”。那么，在喧嚣的现代化进程中，从诞生之日起就笼罩着神秘色彩的少林功夫，经过武侠文学的渲染，如今的真实面目究竟是什么样的？

少林武术发源于河南嵩山的少林寺，该寺建于北魏孝文帝时期。（摄影 / 华卿）

功夫：从秘不示人到表演推广

如果不是门口写的“少林欢喜地”几个大字，我一定会以为这里是北京或上海的某个西餐厅：里面的装修既有几分现代感，又不失传统和幽静。其实这是嵩山少林寺大门左侧的一家素斋餐厅。我要了一份“罗汉拳饭”，一个大黑瓷碗里盛满了香菇、胡萝卜、菜花和米饭，其中香菇做成了肉的模样，配以酸豆角、酸笋等咸菜，一碗香菇汤，甚至还有一份带有清淡茶香味的果冻。摄影师老吴则埋头吃起了“功夫面条”，吃了一口后抬头说：“这面条有些硬，吃起来倒像是给牙齿练功。”看看周围，几位老外正襟危坐，脸上洋溢着新奇和兴奋，稍显笨拙地拿着筷子在搅动碗里的“功夫面条”，一边看一边在议论着什么。

少林绝技——飞檐走壁，属轻身功之一。（摄影/华卿）

少林寺山门前，不少游客热衷于在那里留影。这就是无数次出现在影视剧里的少林寺山门，令人觉得亲切熟悉。少林寺前，一条溪流蜿蜒而过，不过曾经流水潺潺的景象已不复存在，溪流干了，乱石铺满了河床。溪边的桃花正妖娆地开着。千百年来，桃花依旧在，而少林寺却在岁月变迁中开始了新的征程。

穿过干涸的溪流，我们走进了少林寺武僧团总教头延庄的办公室。延庄法师留着大胡子，身材较胖，性情温和敦厚。他的这间屋子只有 10 平方米左右，摆着两张床，陈设简陋。墙壁上挂着达摩祖师的画像，有一张延庄和俄罗斯总统普京的合影，以及延庄出国访问表演时的一些证件。昏暗的光线让房间里的一切看起来就像蒙着面纱的少林功夫一样，有点亦真亦幻的感觉。

延庄是河南人，很小就在少林寺习武，绝对是少林寺的“牛人”。他管理着少林寺 100 多人的武僧团队伍，其中年龄最小的不到 10 岁。

少林寺里也有一些从外国来习武的“洋弟子”，不过不属于武僧团，要进行单独培训。

“武僧团现在分4个组，平时有很多演出任务，如2010年的世博会，武僧有184天的表演，每天4场，40人参加；还有两个舞台剧，一个舞台剧是与英国签的演出合约，还有一个舞台剧名叫《快乐少林》；此外，还有出访非洲国家的任务。”延庄告诉我。听起来，少林寺武僧团的地位，似乎更像芭蕾舞团在俄罗斯的地位。

与中国的其他门派相比，少林功夫的创新和演变已经走在了前面，并且获得了相当的成功。传统武术通过电影、电视、舞台剧的形式走上社会，使得武术的形式发生了很大变化。少林功夫在创新上下足了功夫，将很多武术拿到舞台上表演，如大洪拳，进行创新后搬到了舞台。电影《新少林寺》的主演吴京、刘德华都到少林寺学习过传统拳术，学完后进行创新，然后搬到了电影里。“少林寺在保留传统功夫的同时，将创新的那部分推向了市场。因为就算把传统功夫搬到舞台，由于注重实战，动作的架子不够大方，不够舒展，所以观赏性不够。要想搬到舞台必须要适合观众的口味，动作要好看。”延庄对于少林功夫的创新已经摸索出一套方法。外界对少林功夫舞台化、商业化的质疑似乎并没有影响到少林寺的心态。这又让我想起了在“少林欢喜地”吃的那顿素餐，虽然还是过去的那几道饭菜，但已经完全包装成适合现代人口味的新式快餐了。

不过，对于很多练武之人而言，少林武僧团仍然是高不可攀的地方。外面的人想进入武僧团，必须要通过严格的武术考试来选拔。与一般武术学校不同，武僧团并没有具体的教学年限，不硬性规定武僧学多少年才可以毕业。武僧如果愿意，可以一直在这里习武。一些表现好的年长武僧，还可以被派到少林寺设在国外的文化交流中心教学。也有一些就留在寺庙里，转为常住僧人，继续深造。

武僧：从个人单修到文武兼修

沿着少林寺山门左侧的消防通道往北走，是一个斜坡，几只肥胖的鸽子悠闲地在雪后的空地上寻找着食物。上斜坡走大约两百米，东侧是一个刷成红色的简易房，如果不是里面传来的阵阵耍枪弄棒声，外人会以为这只不过是一座普通的仓库。房子的外墙上贴着一张褪了色的白纸，上面隐约能见到“演武厅”三个字。这里就是闻名天下的少林武僧团平时的训练场所。

两名七八岁的小武僧从演武厅里出来，在消防通道散步。其中一个外穿卡通棉套、练功长裤、绑着黄色绑腿的小武僧，指着南面的山峰对另一个同伴说：“你看，像不像仙境？”我看到对面的山峰被云雾遮掩着，确实美不可言。

还有两名武僧，在用手机互相拍摄自己在雪中的留影。其中一人名叫秦德生，郑州人。他说2006年在少林寺附近的塔沟武术学校习武，由于根基不错，2009年被少林寺选中进入了武僧团，而来这里学武是不需要交学费的。

我跟随秦德生走进演武厅。这是一个类似于工厂大车间的简易房子，面积有三四百平方米，正中是一块巨大的垫子，靠近南侧的墙壁上有一排大镜子，镜子上方有一面巨大的达摩画像，上面题字“九年面壁见性”。镜子前面有一些吊着的沙袋。最北侧是一个高出地面几十厘米的舞台，铺着绿色的地毯，上面北边的墙壁一侧立着释迦牟尼的塑像。一些武僧就在舞台上练习。练武厅的四周站满了武僧，大家开始做练武之前的热身活动，是一些助跑加翻腾、旋转、踢腿的动作，这叫“旋风脚”。沙袋旁，几名武僧开始对沙袋拳打脚踢，另有几名武僧手拿木棍、大刀，自顾自地舞动起来。

热身后，武僧分成三拨儿。第一拨即将去英国表演，第二拨要去南非表演，第三拨则要参加上海世博会的演出。他们在各自的师父带领下，排练自己的训练节目，整齐划一地演练拳术套路，师父不时走过去纠正一下弟子的动作。而总教头延庄则一言不发地站在一边，倒背着双手，看着自己弟子的训练。在武僧练功的休息间隙，一名进来不久的小武僧由于基本功不够扎实，几个伙伴就帮他劈腿、压腿。大家按住他的双腿呈一字形劈开，然后坐在他的腿上往下压。他显然被压得很疼，眼泪在眼眶里打转，小脸蛋也憋得通红。但他仍然坚持着，脸上显出倔强的神情。

我与一位年龄稍大的武僧王超攀谈起来。他明显比其他武僧老练世故。他老家在河南汝州（武术之乡，形意拳的发祥地），受《少林寺》电影的影响，7岁时就跟随喜欢武术的父亲习武，11岁进入少林寺，两年后又回老家学文化课，后来还学了形意拳。前两年高中毕业后，他再次回到少林寺。

王超平时主要练的是表演套路，兵器也会一些，最拿手的是刀。在寺庙里，“二指禅”“金钟罩”等功夫都是个人单修。“易筋经”更是上乘功夫，只有少林寺大师级的人物才能修。他说，以后想走文武兼修的路子。现在寺庙里还是单修的多，文武兼修的少。寺里一位延字辈大师告诉他，练拳不能死练，需要有很好的悟性。

作为一名武僧，王超的作息时间很有规律：早晨4时打板起床，4时30分去大殿上课诵经一个小时，然后早餐，早餐后读书。8时30分开始上课，一般有一节文化课，修禅、学经，或者上英语课。下午、晚上开始练武。晚餐后，一般是自习，或者是自己练功。晚上10时睡觉。他们一般都有手机，有些人还有电脑，可以上网。现在，王超一般不看电视，喜欢看佛经方面的书，每天早上起来都要背《心经》《大悲咒》，准备受戒正式出家。

王超说他从小就不吃肉。由于练武，体力消耗大，所以需要补充能量，一般是早上喝牛奶、豆浆，晚上吃鸡蛋。他们平时练武很辛苦，训练后也没有专职的按摩师，主要靠自我调整。

秘籍：从传统套路到禅武合一

“社会上传说的少林秘籍，究竟是否属实？”在演武厅，我抓住机会向延庄询问。“少林寺并没有什么秘籍。就算有什么秘籍，不管叫什么名称，都是功夫。功夫都是一样的，就看掌握功夫的人。功夫本身不厉害，是掌握这门功夫的人厉害。同样的一招一式，下的功夫多，就会运用自如；如果下的功夫少，效果就会差很远。”延庄说。

至于外界传说中非常神奇的“易筋经”“金钟罩”“铁布衫”，究竟是否真是一种上乘功法呢？延庄说，这些功法平时武僧团也都有训练。“金钟罩”“铁布衫”是用来练习抗击打能力的功法，也就是练挨打的能力。而“易筋经”是改变筋络的一种方法，主要用于养生，现在国家提倡全民健身，练练这个对健身很有好处。

被外界近乎神化的“易筋经”相传是达摩所创。达摩在少林寺面壁禅坐九年，以至石壁都留下了他的身影。然而也有后人认为，“易筋经”实为明末天台紫凝道人所创，原系道家导引之术，与佛教并无干系。

到了武侠小说里，“易筋经”就成了武林中人梦寐以求的武功秘籍。在金庸小说《天龙八部》中，庄聚贤就是因为习得“易筋经”自我疗伤，排除体内冰寒剧毒，从一个无名小辈变成了江湖上数一数二的高手。“易筋经”也与“九阴真经”“九阳真经”“神照经”并称为金庸笔下的四大内功秘籍。

不过，延庄认为金庸的武侠小说里对少林功夫的描述很真实、很专业，虽然有一些夸张和文学的色彩，但是书中所写很多都有根据。至于书中提到的轻功、“一苇渡江”之类的功夫，大家没看到，也不能简单地否定它不真实。达摩祖师到少林就是靠一苇渡江而来。现在也有人做实验，可以在水面上垫上席子跑，证明轻功、飞檐走壁是有的。

现在，少林寺传下来的很多传统功法，还没有对外公开展示。一些过去的功法练起来很苦，一般人不愿意练，不太适应现在的练功方法。不过，少林寺有专人在练习那些需要传承下去的传统功夫，少林寺功夫并没有断代，一直有人在传承。现在，少林寺还在不断从民间搜寻少林功夫的功法套路。

对于武僧来说，“禅武合一”是他们修习少林功夫的理想境界。可以说，禅赋予了少林功夫更为丰富的内涵，使少林功夫表现出特有的轻松、自在和神化的境界。习武修身，修禅修心，从而达到身心双修。这也是少林寺与其他武校最大的区别。许多从武校出来的人显得浮躁，而僧人则很平和。很多学武的人学的只是技术，而少林僧人对技术层面看得很淡，更加注重内在的修为。

“一般人习武，都是站在练武的角度看待武术；修禅后，就会站在练武之外的角度看待武术。而只有站在外面，才能看得更清楚。禅修讲究随缘，随缘生法，心生万法，法无定法。习武开始都有一定的定式和套路，但当你和别人对练时，就没有定式了。这就叫法无定法。对方出什么招，你就要随时去破解。如果还是按照平时训练的套路去打，那就不管用了。”延庄通过多年习武和修禅，对禅武之间关系有着自己的认识。

平时，少林武僧也将练功作为生活方式的一种，而生活也是练功的一种方式，生活和练功结合在了一起。可谓行走坐卧皆为禅，这就叫生活禅。过去少林寺有一种功夫叫“壁虎游墙”，训练时人需要睡在很窄的板凳上。不过，现在很少有人练这种功夫了。

少林寺外联处的郑书民认为，佛是讲静的，武是讲动，两者的结合非常完美。武术是禅宗最大的一个伴生品。早期佛教进入皇家，因为皇家最需要用武力来维持政权的稳定，而少林功夫，不仅提供了这种能量，自己也需要这种能量来保护自己。当然，现代社会的发展，这种色彩越来越淡，但是少林功夫依然找到了自己的空间，一直在为佛护法。

出路：从一枝独秀到百花齐放

我们从少林寺对面的王指沟少林新村下山，途经一个小山坡，被那里的嘈杂声吸引过去。原来这里是一个练功场所，几十名身穿僧人练功服的少年在此训练。两排队伍正在进行蛙跳训练，另外几队在练习拳术套路。令我惊讶的是，队伍里还有两名十几岁的女孩。

一位姓陈的中年男子告诉我，这是附近的少林武僧培训基地的学员在训练。随后，陈师傅带我们去少林武僧培训基地，培训基地就在少林新村。这是一个两层楼的四合院，门口挂着“嵩山少林武僧培训基地”的牌子，旁边则是一个“少林村卫生所”的招牌。

培训基地的负责人延旭在他的会客室接待了我们。他看起来挺年轻，面目慈祥。会客室里有供弟子们叩拜的蒲团。延旭说，习武先习道，弟子们每天起来，首先要背诵《弟子规》《三字经》。父亲卧病在床多年，延旭也一直在身边照顾。现在他的学生学成后，有读研究生的，有参加全国比赛的，还有出国开馆授徒的。

这是雪后的第二天早晨，天很阴冷，我虽然穿了冲锋衣和羽绒服，仍然感觉手脚很冷。而延旭只身着单薄的练功服，端坐一旁谈笑自若。他说，过去他一直误以为少林拳是外家拳，到后来才理解少林拳是内家拳，讲究刚柔并济。自己练拳刚开始时很刚猛，到后来出拳越来越柔。练到最后，光有意，没有动作，所谓“无招胜有招”。如果有招，就必有破绽。

说话间，延旭站起身来，示意我出拳向他打过去。他随手轻轻一拨，然后翻腕，将我的手掌压住，说：“拳术很注重技巧，并非要使蛮力。你出拳再猛，我也能把你的力道卸下来，正所谓四两拨千斤。”我猛然醒悟，这与武当太极拳的“以弱胜强”不是有异曲同工之妙吗?

延旭说,练武最怕贪多嚼不烂,练好一个套路,熟练掌握几个动作,就可以越练越精了。他7岁开始练武，小学四年级后到少林寺习武，以前练过很多少林拳，现在则只练大小洪拳、炮拳和少林棍。他还向上班族推荐了一组四个简单动作——金丝缠腕、弓步斜行、白云盖顶、五花坐山（又叫关公捋须）。这四个动作适合上班族平时训练，效果很好。

在谈话中，一些学员路过会客室，都会主动向延旭师父问好，还会向坐在一旁的延寿老和尚问好。延寿老和尚原来是少林寺里的一名僧人，习武多年，会寺里的很多传统武术。现在年龄大了，延旭就把他接过来。延寿的腿脚已经不太灵便，但平时也闲不住，还会手把手地纠正一下小学员的动作。

这天上午，一些外国游客过来体验少林功夫。延寿老和尚亲自出马，一个个纠正他们的动作。一位高大的老外在做一个弹指的动作时,怎么做也不能做到位,动作笨拙可笑。延寿一丝不苟，屡次纠正他的动作。或许，这位老外始终没搞明白，少林功夫中的这一弹指，为什么要从怀里绕一圈再翻腕突然弹出？还不如直接向对手猛击一拳来得实用。

而位于登封市区的登封市体校则是另外一番景象。这所体校建筑陈旧，是一所公立学校，由于县一级体校没有财政拨款，所以生存全靠自己。体校主要教授武术，包括套路和散打，实行的是学历教育，为高校输送后备人才。河南初中升高中，加入了武术的考核内容，要考小洪拳、五步拳。所以，体校的分量也在加重。

“在登封，少林寺的影子无处不在。有少林就有江湖。人在少林，人在江湖。”从小练习少林功夫的登封体校校长梁松华说起话来，掩饰不住一股豪迈之情。目前，梁松华带领几名学生在练习少林寺传统的罗汉拳。罗汉拳打起来不好看，比赛时也拿不了高分，所以很多人不愿意练。但是，梁松华说罗汉拳才是真正的少林传统拳术。

本书作者雷东军（中）与两位少林武僧合影。

后记

家乡的山水，塑造了我的人格特点

20 世纪 70 年代初，我出生在湖南永州市东安县一个叫竹木的小村子。看村名就知道，这里树木多，依山傍水，算得上山清水秀。周边的山，其实只是海拔两三百米的丘陵；水，村子北边大约 900 米处有一条大河，属湘江一级支流，叫芦洪市河。小时候的我，看到的都是周边起伏的山，而且目光越远山越高，只有村子周围是一块平地。这块平地，属于湖南西南部最精华的土地——零祁盆地的一小部分。那时，我脑子里想的就是什么时候能走出去，看看山外面的世界。

我的出生地，东侧 10 公里处是湘江，西侧 10 公里处是五岭的一支——越城岭。湘江和五岭的山水、丘陵，滋养了我的人格特点——一种典型的湖南人特点：吃苦、勤奋、认真，不轻易认输，认准了的事情，九头牛也拉不回来。

虽然小时候家里穷，但与父辈相比，至少还能吃饱饭，没有饿过肚子。当时全家 5 口人，分了 5 亩多水稻田，全靠母亲一人操持——父亲在外参军，是一名坦克修理兵。我看过父亲入伍的照片，全身戎装，英俊帅气中透出坚毅。就在当了十多年兵，家属可以随军的前夕，父亲做了一个让母亲至今都无法理解的举动——提前转业回老家。转业后的父亲先是在乡里修理农用机械，后来因落实转业军人政策，被调到永州市（当时还叫零陵）一家工厂修理汽车。进城的父亲算是“吃国家粮”的，户口也落在了城市。当时的政策是孩子的户口要随母亲，因此我们兄妹三人都只能跟着母亲在农村待着。

农村的生活简单而快乐，孩子都是“散养”，真正的无拘无束。小学就在离村子不远的地方，每天上学和放学都是自己步行去。印象中，除了上学，就是玩耍，村子周围广阔的田野都是我的游乐场——到水田、河沟里摸鱼，抓青蛙，捞蝌蚪，或者到附近的小山里采野菜，摘野果。

我经常赤脚踩在软软的田埂上，漫无目的地四处游走。我喜欢闻稻花的芬芳，听田里青蛙、虫子的鸣唱，还有小溪流水的潺潺声。天气一热，我和小伙伴们就跳进池塘或河里玩耍。大热天戏水是一种享受。当时没有风扇和空调，泡在水里就是最好的降温方法。不过，水塘看似好玩，却暗藏杀机，至少有两次差点要了我的小命——一次是在村里池塘边玩时，失足滑入水里。当时我还没上小学，不会游泳，结果就在我快被淹死时，一位堂兄把我捞了出来；另一次是在隔壁村的池塘里，和几位小伙伴在水里嬉戏。那时我年纪大一点，会游泳了。不过，意外还是发生了：不知为何，一个家伙突然使劲把我的头往水里摁，我挣扎了好一会儿才冒出头来，算是逃过一劫。

小时候，几乎所有的玩具都是自己动手做，包括弹弓、竹筒枪、铁环等。父亲回家探亲时，也会带一些城里的稀罕玩意儿，比如花炮。动手能力超强的父亲，还用汽车轴承给我做过一辆小玩具车。这辆小车，从那时开始就成了村里孩子们最喜欢的公共玩具了。那时，人们最主要的娱乐活动是看露天电影。记忆中，我常常跟着大人们四处看露天电影。到了 20 世纪 80 年代中期，隔壁一些富裕的村子开始有了电视机。大人们也会带我们去“蹭”电视看。有电视机的人家，会很大方地将电视机摆在院子里给大家看。那种场景，跟放露天电影的感觉一样。

农村的孩子早当家，除了玩，也得帮家里干活儿。我放过牛、鸭子、鹅这些家养动物，也下过地，插秧、割稻子。记忆中，最累的是“双抢”——收割完头季稻，马上就种第二季稻，由于时间间隔短，所以就得抢收抢种。作为孩子，我最多就是打打“酱油”。但母亲作为家里主要劳动力，是必须顶在最前面的。

村子前面有一条坑坑洼洼的公路（县道），我会时不时看一眼那条路，看是不是有车经过——父亲回家探亲，走的就是这条路。我当时想，长大后，要是能成为一名司机多好啊！这可能是我小时候的第一个人生理想——这个理想在我 30 岁那年拿到驾照时就实现了。

我常常盼着父亲回来。我最开心的事，就是假期时跟着父亲去他工作的城里玩。对于我来说，那是一个完全不同的世界。

母亲挑着担子，将我送进了中学

小学毕业后，我考到一所“奇葩”的新建学校——鹿马桥区范中学。说它奇葩，是因为它既不归县里管，又不归镇里管，我至今也没搞懂它的归属。我是这所学校的第一届学生。

母亲挑着一副担子，里面装着被褥和衣服，领我沿着村前崎岖不平的县道，走路前往相距十多里之外的学校报到。多年后，一想起母亲挑担子送我出远门上学，总是禁不住泪湿衣裳。

在这所围墙没修好、操场满是石头、睡觉打地铺、喝水要去外边井里挑的新学校待了一年半后，我就转学了。这次转学，应该是我人生命运的转折点。因为那时，母亲和我们三兄妹的户口已经转到永州市区，所以我可以去城里上学了。

我转学到了永州四中（后来相继改为二中、九中）。我开始收敛起乡下时形成的“野性”，处处谨小慎微，一心扑在学习上。

我们三兄妹上学，全靠父亲一人的工资。母亲进城后，还没有工作。为了补贴家用，她到工地干过苦工，养过鸭子，在工厂住地开荒种蔬菜。我在放学后还去菜地浇过水。

初中毕业会考，我的成绩还不错。班主任张作龙老师问我：“有一个保送的中专名额，你要不要？”

我心高气傲，一心想着读高中、考大学，就没把到手的中专放在眼里。那时，上中专可以分配工作，是很多人梦寐以求的。好在父母理解我的心情，学校也觉得我是上大学的料，所以没人为难我。

我还是在永州四中继续读了高中。在中学，我遇到了很多贵人，张作龙、周光昌、蒋家录等老师皆悉心栽培我。特别是教过我初中数学的彭爱国老师，他见我数学成绩不理想，就主动叫我去他家，给我单独辅导，从来没提补课费的事情。在他的帮助下，我的数学成绩大有长进。遗憾的是，彭老师后来跟他哥哥彭爱平（也是中学老师）一起去了广东教书，我跟他失去了联系。直到前不久，一个偶然的机会，我联系上了彭爱平老师，他告诉我：弟弟早在 2008 年就因车祸去世了。我再也无法当面向彭爱国老师表达感谢之情了。

高考那天，哥哥骑着自行车驮我去考点——永州一中。他还特意给我买了冰镇的健力宝饮料。这个健力宝真是我的幸运饮料，喝了它，我如有神助，高考发挥得很好。

就这样，我顺利走进了中山大学地理系。读大学时，地理还是冷门专业，就业不被看好，所以一般人不太愿意读这个专业。我填高考志愿时，本来也没报地理专业，是被调剂到这个专业的。其实，我是很喜欢地理的，高考时地理是所有学科里考分最高的。没承想到了大学我还是学了地理专业，而且在全国高校里，中山大学的地理学科还算是比较强的。更没想到的事情还在后头——我的职业生涯还是没有“摆脱”地理。

我把最美好的青春给了地理杂志

大学毕业后，似乎应验了地理专业不好求职的传言，我先后从事过不同职业：先是在一家国企做政工干部，后辞职下海，做过销售，卖过锅炉和厨房用具。但由于书生气浓，拉不下脸来跟人谈钱，知道自己不是做买卖的料。于是一度迷茫，开始怀疑人生，不知此生如何“虚度”。后来，好友赵宏涛点醒了我：“你文笔不错，应该去做媒体行业。”就这样，我不知深浅，一头扎进了媒体圈。2001年开始，媒体圈兴起了“地理热”，我又阴差阳错地进了地理杂志这个更小众的圈子。我喜欢舞文弄墨，又是地理专业出身，到地理杂志也算是入对了行。我先后在《文明》《中华遗产》《中国科学探险》《中国国家地理》杂志做编辑、策划工作，基本是在国内几本主要的地理杂志转了个遍，而且一干就是20年。这些年，领导和同事们的帮助让我受益匪浅。

我把自己最美好的20年青春光阴给了地理杂志，而地理杂志也待我不薄：不仅锤炼了我的业务能力（包括策划、编辑、写作、摄影、组织、统筹等），也给了我观察和认识世界的新方法——地理视角。在长期训练中，我渐渐形成了自己的“地理思维”——这并非狭隘的“地理决定论”，而是以地理为切入点，试图找到纷繁、复杂的世界背后所蕴藏的更多有趣的东西。

中国历朝历代大都重视历史，即“以史为鉴”的史学传统，更有世界上最完备的历史记录和档案管理系统。《史记》《资治通鉴》等大部头历史巨著，为中华文明的传承作出了重大贡献。可以说，史学在我国是一门“显学”。那么，地理呢？相比历史，地理只能算是“隐学”了。虽然也有诸如《山海经》《禹贡》《水经注》《大唐西域记》《徐霞客游记》等传世的地理学著作，但就影响力而言，还无法与《史记》《资治通鉴》等史学名著相比。

这并非是说地理之于人类的重要性不及历史，也不是说古人不重视地理。相反，古人对地理的重视可能是我们无法想象的。例如，古人对“风水”“黄道吉日”等事物就很重视，其实这些都属于地理学的范畴。就算是和农耕有关的种植、水利等，也与地理密切相关。甚至，在很多重大的历史关头，影响历史进程的重大事件中，也可以看到“地理”的影子。

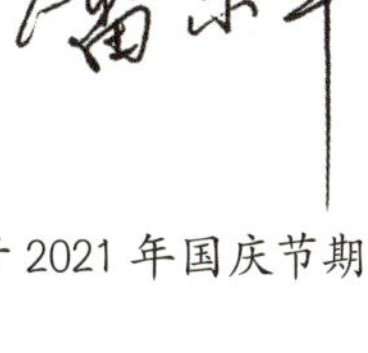

于2021年国庆节期间

图书在版编目（C I P）数据

行走中国：人文风情和自然生态发现之旅 / 雷东军著 .
-- 北京：中国工人出版社，2021.12
ISBN 978-7-5008-7761-5

Ⅰ . ①行… Ⅱ . ①雷… Ⅲ . ①中国 – 概况 Ⅳ . ① K92

中国版本图书馆 CIP 数据核字（2021）第 236899 号

行走中国：人文风情和自然生态发现之旅

出 版 人　王娇萍
策划编辑　葛忠雨
责任编辑　刘广涛
责任印制　黄　丽
出版发行　中国工人出版社
地　　址　北京市东城区鼓楼外大街 45 号　邮编：100120
网　　址　http://www.wp-china.com
电　　话　（010）62005043（总编室）（010）62005039（印制管理中心）
　　　　　（010）62379038（社科文艺分社）
发行热线　（010）82029051　62383056
经　　销　各地书店
印　　刷　北京盛通印刷股份有限公司
开　　本　710 毫米 ×1000 毫米　1/16
印　　张　23
字　　数　450 千字
版　　次　2022 年 2 月第 1 版　2025 年 10 月第 10 次印刷
定　　价　88.00 元